大数据图像处理丛书

正则化对偶模型研究及在图像重构中的应用

李旭超　著

U0308716

電子工業出版社
Publishing House of Electronics Industry
北京·BEIJING

内 容 简 介

本书阐述正则化对偶模型研究及在图像重构中的应用，主要内容包括迫近算子基本原理，正则化对偶模型基本原理，正则化原始-对偶模型基本原理，以及迫近算子、正则化对偶模型、正则化原始-对偶模型在图像重构中的应用。

本书可作为计算机科学与技术、数据科学与大数据技术、工业、医学图像处理及人工智能等专业高年级本科生、研究生的教材和参考书，也可作为相关领域教师、科研人员、医学工作者和工程技术人员等的参考书。

图书在版编目（CIP）数据

正则化对偶模型研究及在图像重构中的应用 / 李旭超著. —北京：电子工业出版社，2023.1
（大数据图像处理丛书）
ISBN 978-7-121-44354-1

Ⅰ. ①正…　Ⅱ. ①李…　Ⅲ. ①泛函数－正则化－应用－图像处理－研究　Ⅳ. ①TN911.73

中国版本图书馆 CIP 数据核字（2022）第 181050 号

责任编辑：徐蔷薇
印　　刷：北京市大天乐投资管理有限公司
装　　订：北京市大天乐投资管理有限公司
出版发行：电子工业出版社
　　　　　北京市海淀区万寿路 173 信箱　　邮编：100036
开　　本：720×1 000　1/16　印张：13.5　字数：281 千字
版　　次：2023 年 1 月第 1 版
印　　次：2023 年 1 月第 1 次印刷
定　　价：88.00 元

凡所购买电子工业出版社图书有缺损问题，请向购买书店调换。若书店售缺，请与本社发行部联系，联系及邮购电话：（010）88254888，88258888。

质量投诉请发邮件至 zlts@phei.com.cn，盗版侵权举报请发邮件至 dbqq@phei.com.cn。

本书咨询联系方式：xuqw@phei.com.cn。

前 言

正则化对偶模型在大数据图像和视频处理中的应用于 21 世纪初被提出，该技术不是直接对大规模非光滑原始正则化模型进行处理，而是利用对偶变换，将原始正则化模型转化为对偶模型，利用对偶模型较好的数学特性，使得不适定反问题容易被处理。近年来，随着数据科学与大数据技术的兴起及人工智能的广泛应用，无论是在理论研究上还是在实际工程应用中，正则化对偶模型都得到了飞速发展。

21 世纪，大数据科学和人工智能是推动社会发展的核动力，而图像和视频处理是检验大数据科学和人工智能技术应用的“试金石”。从本质上来讲，图像和视频都是非结构、大规模数据，重构的质量和速度是图像和视频在实际工程中应用发展的瓶颈，而解决这一问题的关键是建立准确的数学模型和有效的迭代算法。在大规模图像重构不适定反问题研究中，能量泛函正则化模型研究极其活跃，引起世界各国的广泛关注。然而，由于给定的正则化模型是大规模的、非光滑的，经典优化理论很难对其进行有效的处理，使得学术界不得不转向对优化理论进行研究，也就是说，急需发展一套适用于处理非光滑目标函数的优化理论。在国内，目前尚未见有关正则化对偶模型在图像重构中应用方面的专著出版。为推动该领域的发展，本书阐述如何将原始正则化模型转化为对偶模型，以使对偶模型具有良好的特性。在此基础上，针对大规模优化问题很难处理，以及处理速度慢的特点，本书利用算子分裂原理，将大规模优化问题分裂为几个小的子问题（子问题具有良好的特性，如光滑特性、具有封闭的解析解等），使得获得的子问题容易处理，进而设计高效、快速交替迭代的算法，使得大规模数据的实时处理成为可能。

本书是在参考大量国内外论文和学术专著的基础上，结合作者多年来在能量泛函正则化模型这一领域的研究积累撰写而成的。由于该领域属于交叉学科，涉及门类较多，作者为研究此领域，在美国密苏里大学圣路易斯校区、密苏里州圣路易斯华盛顿大学进行了为期一年多的访问学习，并在密苏里大学圣路易斯校区理学院进行了调和分析及成像问题研究。在新冠肺炎疫情期间，作者静下心来，对该领域进行深入思考、潜心钻研，几经寒暑易稿，最终成书，了却了作者出版一部“正则化对偶模型研究”方面专著的心愿。

在本书的素材准备过程中，边素轩女士提供了大量的图像素材，并对整本书进行了语言润色，在前后章节及每章结构安排等方面，提出了很多宝贵意见，并对稿件进行了排版。赤峰学院大数据图像处理研究所的王晓辉博士、姜喜玲博士和刘清荣博士为本书的出版提出了很多宝贵意见，使作者受益匪浅，在此表示衷心的感谢。感谢电子工业出版社徐蔷薇编辑为本书的出版所做的精心细致的工作。

本书得到了内蒙古科技厅自然科学基金（编号：2020MS06003、2016MS0602）的资助，从而得以顺利出版，作者在此对内蒙古科技厅的领导表示衷心的感谢。

全书共 6 章，第 1 章介绍正则化对偶模型国内外发展现状，着重介绍对偶模型、原始-对偶模型国内外研究的现状，分析其优缺点，并指明发展方向；第 2 章介绍正则化对偶模型研究的数学基础；第 3 章介绍图像重构基本原理；第 4 章介绍迭代算法在图像重构正则化模型中的应用；第 5 章介绍正则化对偶模型原理及在图像重构中的应用；第 6 章介绍正则化原始-对偶模型原理及在图像重构中的应用。

本书参考了国内外相关领域许多专家的研究成果，引用了其观点和数据，作者在此表示诚挚的谢意。

由于作者水平有限，加之负责新兴交叉学科数据科学与大数据方向的教学工作，教学任务繁重，对大数据处理研究处于探索阶段，书中难免存在不妥与疏漏之处，敬请相关领域的专家、学者和读者批评斧正，以期共同推动正则化对偶模型在大数据图像处理中的应用，为我国科技事业的快速发展贡献微薄之力。

李旭超

2022 年 2 月于赤峰学院

大数据图像处理研究所

目录

第1章

正则化对偶模型国内外发展现状

进入21世纪以来，科技发展日新月异，借助图像，人类实现了一次又一次的伟大壮举。在航天领域，利用航天器拍摄的图像，人类得以对太空进行了研究，如火星探测；在我们居住的星球，利用成像设备，人类得以对深海进行了研究；在生物医学领域，就细胞而言，利用医学图像，人类得以实现了从宏观世界到微观世界的深究，研究生命的奥秘等。每一次技术的突破，都离不开成像技术的进步，因此，图像科学的发展必将推动相关领域技术的革新，特别是对人类无法触及的世界，如外太空、微观世界和无损探伤领域等。

为对图像进行分析和处理，必须获得高质量的图像，但是成像设备的电子噪声、物体间的相对运动、采集环境的温度、大气扰动等因素，常常造成图像降质，为后续图像处理带来很大的困难。例如，若采集的医学图像模糊，则会造成对病人病理的误诊。因此，获得高质量的重构图像对后续图像处理会产生至关重要的影响。由于研究对象的不同，必须根据实际成像场景建立有效的图像重构模型，根据模型的特点，利用优化技术，将图像重构模型转化为有效的算法，利用计算机编程，获得理想的重构图像。

在工业图像重构、医学影像重构等领域，能量泛函正则化模型具有广阔的应用前景，近年来引起学术界、工业应用和医学诊断等领域的广泛关注。但是，由于图像重构所研究的问题往往是大规模的，且所建立的重构模型具有非线性、非光滑性等特点，无法直接获得精确的解析解，而实际图像重构问题，要求重构解具有较高的精度、求解算法具有较快的收敛速度。因此，建立有效的数学模型并设计高效求解算法，是图像重构反问题亟须解决的研究课题。为获得高精度重构解，国内外许多学者对图像重构模型和优化算法进行了广泛探索，从总体来看，图像重构模型主要经历了三个发展阶段：数据拟合阶段、贝叶斯理论应用阶段和能量泛函正则化模型阶段。

1.1 图像重构模型的发展阶段

1.1.1 数据拟合阶段

在图像重构模型研究的早期阶段，主要是建立图像统计分布的数据拟合模型。由标准的能量泛函正则化模型可知，数据拟合模型只有拟合项，没有正则项，最具有代表性的例子是最小二乘拟合。最小二乘具有很好的数学性质，如光滑特性、二阶可导，从而可以利用一阶导数信息设计最速下降迭代算法，利用二阶导数信息设计牛顿迭代算法及改进的牛顿迭代算法。由于迭代算法操作的是向量和矩阵，因此可以利用数值代数对矩阵进行预处理，进而获得有效的迭代算法，如 Jacobi 迭代算法、Gauss-Seidel 迭代算法、逐次超松弛迭代算法、对称松弛迭代算法和反对称松弛迭代算法等。若矩阵是非稀疏矩阵，则规模较大，且不具有特殊结构，会使基于矩阵操作的迭代算法具有较慢的收敛速度。为加快算法的收敛速度，可以利用矩阵的奇异值分解、上下三角分解、对角化及预条件技术改变矩阵的结构，设计迭代算法，如预条件极小残量迭代算法、预条件最速下降迭代算法等。若系统矩阵是对称矩阵，则可以利用标准空间正交基，设计极小残量迭代（MINRES）算法。若系统矩阵是非对称矩阵，则可以设计双共轭梯度迭代（BICG）算法、共轭梯度平方迭代算法、拟极小残量迭代算法和改进的双共轭梯度稳定迭代（BICG-Stability）算法等。若系统方程的系数矩阵是正定对称矩阵，则可以设计共轭梯度迭代（CG）算法、预条件共轭梯度迭代（PCG）算法；若系数矩阵是非对称、非正定矩阵，则可以设计预条件最小残量迭代（PMR）算法、最小残差法方程最速下降迭代（MRNSD）算法、预条件最小残差法方程最速下降迭代（PMRNSD）算法、广义共轭残量迭代（GCR）算法、广义极小残量迭代（GMRES）算法。

下面以卫星图像重构为例，给出 CG 算法、PCG 算法、PMR 算法、MRNSD 算法、PMRNSD 算法的重构结果，如图 1-1 所示。

（a）原始图像

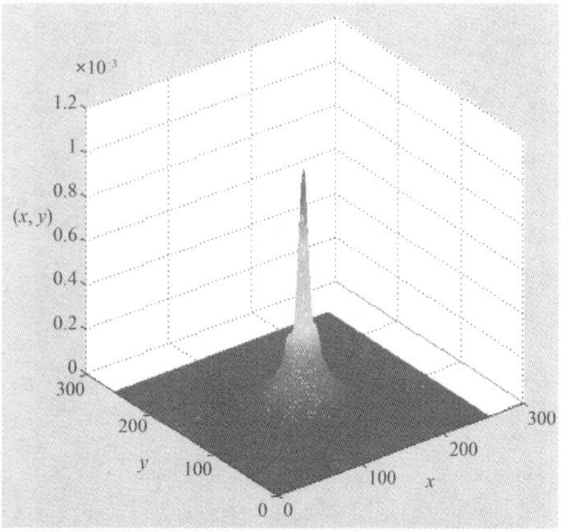

（b）系统矩阵

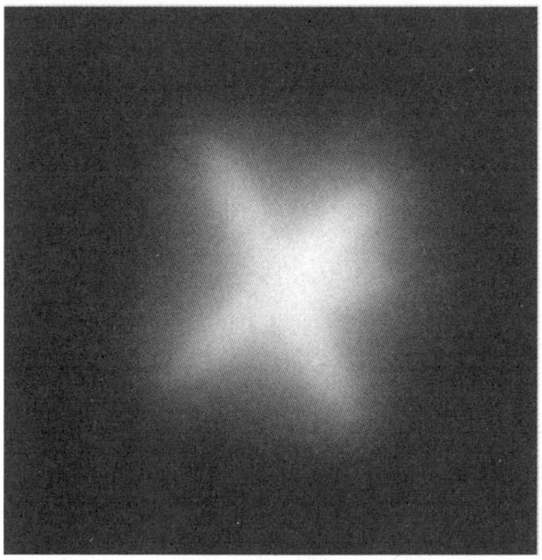

（c）采集图像

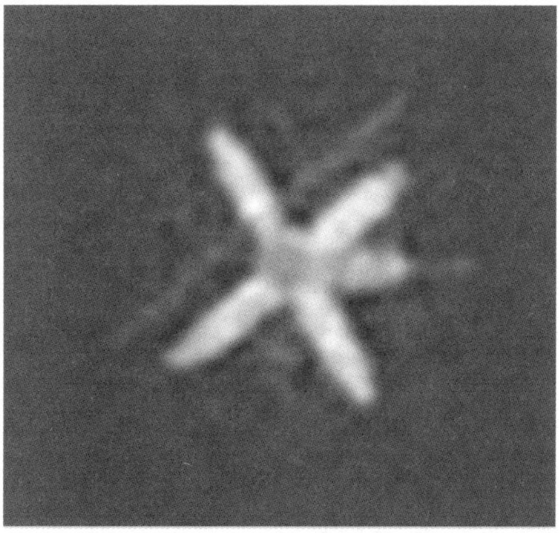

（d）CG 算法重构图像

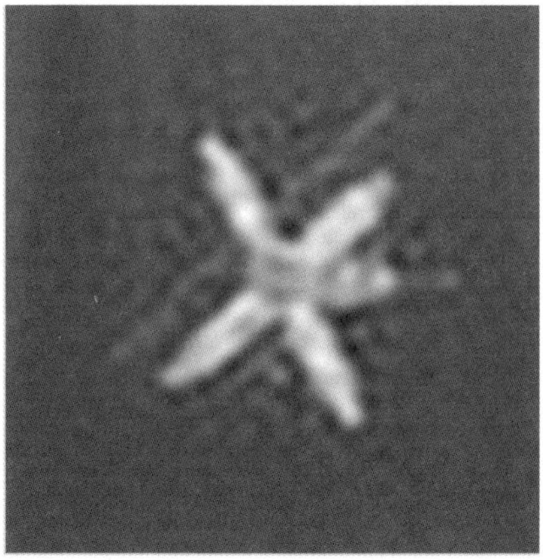

（e）PCG 算法重构图像

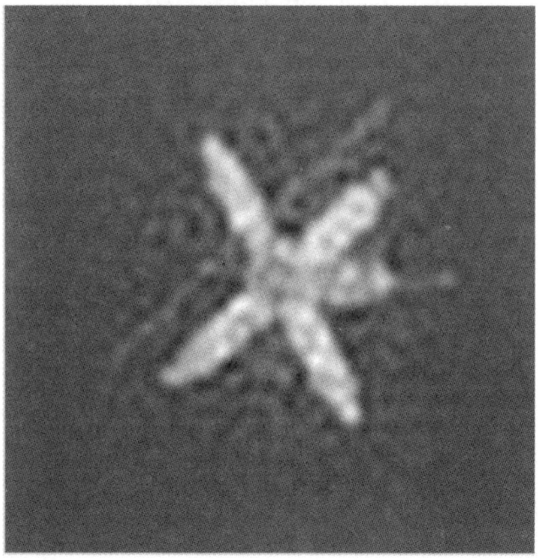

（f）PMR 算法重构图像

图 1-1　不同迭代算法重构的卫星图像

（g）MRNSD 算法重构图像

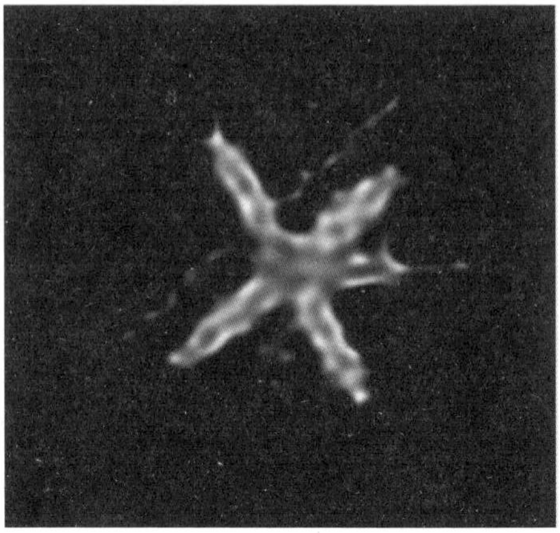

（h）PMRNSD 算法重构图像

图 1-1　不同迭代算法重构的卫星图像（续）

从图 1-1 所示重构结果来看，利用最小二乘拟合图像的统计分布，CG 算法、PCG 算法、PMR 算法、MRNSD 算法和 PMRNSD 算法获得的图像细节信息丢失比较严重，与原始图像对比可知，重构图像与原始图像具有较大的差异，这是由于利用最小二乘拟合图像的统计分布，不考虑图像本身的结构信息，因此建立的统计模型具有天然的不足，即统计模型无法准确体现图像的结构特征，而图像的结构，如图像的边缘、纹理和跳跃间断点等，是图像的内在属性，对图像重构的视觉效果会产生十分重要的影响。但是，从算法设计的角度来讲，利用最小二乘拟合图像的统计分布，借助数值代数和矩阵论，通过对矩阵进行操作，可以获得许多高效迭代算法，优化算法设计比较容易。

1.1.2　贝叶斯理论应用阶段

图像重构模型的第二个发展阶段是贝叶斯理论应用阶段。该阶段主要借助贝叶斯理论，将先验概率分布、条件概率分布和后验概率分布三者形成统一体，建立图像重构模型。基于贝叶斯理论建立的图像重构模型，从统计分布的角度实现对图像数据进行拟合，利用优化理论设计迭代算法，获得重构图像的最大后验估计。贝叶斯理论认为，图像由许多不同的结构组成，不同的结构服从不同的统计分布，可以用条件概率来描述，通过加权组合形成混合概率分布模型，来拟合图像的统计分布，如有限高斯混合模型、有限 t 分布混合模型和有限瑞利分布混合模型等。具体地讲，有限混合模型中的先验概率，可以对图像的结构施加先验限制，有利于表征图像的结构特征。从能量泛函正则化模型的角度来讲，先验概率相当于正则项，条件概率相当于拟合项，而后验概率就是获得的重构图像。贝叶斯理论是建立在数理统计基础上的，因此，先验概率和条件概率可以利用高等概率统计中的统计分布来描述。随着对图像统计分布研究的深入，为了更准确地描述图像的统计分布，对图像施加变换，如空域层次金字塔模型、小波域和紧框架域有限高斯隐马尔可夫模型等。在变换域，有限隐马尔可夫模型对每一像素都用两个正态分布来拟合，不同分辨率之间的像素用条件概率来描述，提高了数据拟合的准确性，但代价是大大增加了模型计算的复杂度。在有限高斯混合模型、有限瑞利分布混合模型、有限高斯隐马尔可夫模型的算法设计上，最有效的优化算法是期望最大值（Expectation Maximization，EM）算法。该算法由美国数学家 Dempster A. P、Laird N. M 和 Rubin D. B 于 1977 年提出，主要由期望步（E–步）和最大似然步（M–步）两步迭代组成，利用交替迭代的思想，对具有“隐含变量”或“丢失数据”的概率模型进行估计，以计算统计模型最大后验概率分布。该算法是当代优化理论交替迭代算法的雏形，其思想对交替迭代算法发展起到了巨大的推动作用。由于有限高斯混合模型、有限高斯隐马尔可夫模型需要对模型进行训练，优化的参数较多，EM 算法计算比较耗时，且最优解依赖初始值，容易陷入局部极值，获得的往往是局部最优解，在某种程度上，对图像重构的视觉效果造成一定的影响。

下面以小波域有限高斯隐马尔可夫模型为例重构 lena 图像。在小波域，选用不同支撑长度的 Daubechies 系列小波作为滤波器，如图 1-2（a)、(b）所示。图 1-2（d)、(f)、(h）为原始图像三维表面、采集图像三维表面和重构图像三维表面。从图 1-2（e)、(f）可知，采集图像三维表面与原始图像、原始图像三维表面差异较大，图 1-2（h）为用有限高斯隐马尔可夫模型重构的图像，从视觉效果上看，重构图像三维表面与原始图像三维表面相似，由图 1-2（g）与图 1-2（c）对比可知，重构图像比原始图像光滑，表明重构图像有细节信息丢失。

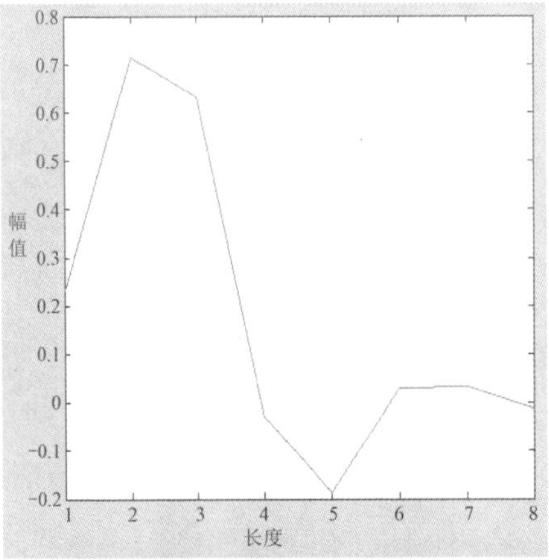

（a）“db8”小波滤波器

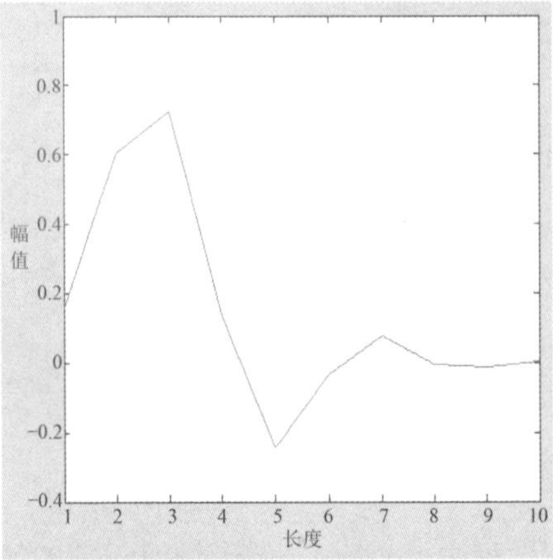

（b）“db10”小波滤波器

（c）原始 lena 图像

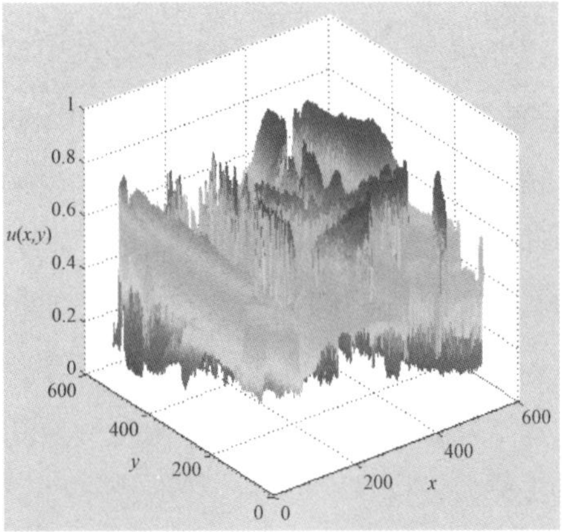

（d）原始图像三维表面

（e）采集图像

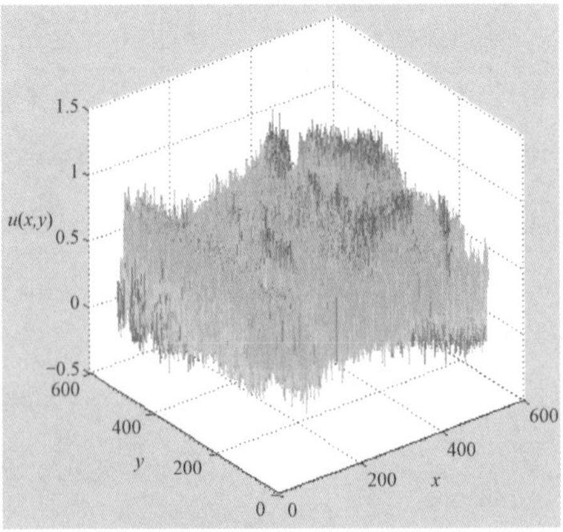

（f）采集图像三维表面

图 1-2　小波域有限高斯隐马尔可夫模型重构图像

（g）重构图像

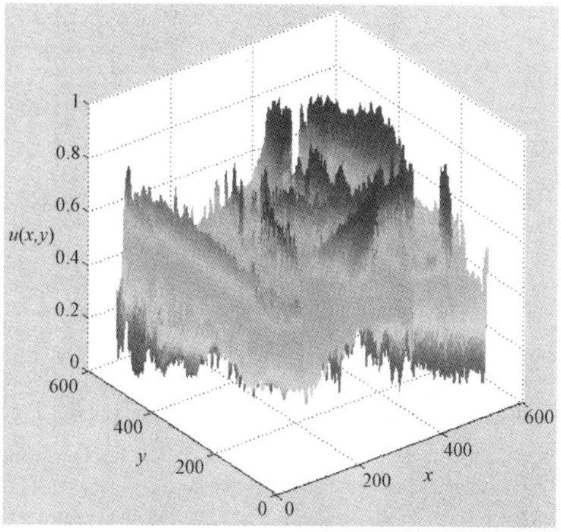

（h）重构图像三维表面

图 1-2　小波域有限高斯隐马尔可夫模型重构图像（续）

对于采集图像，不同的拟合模型和不同的迭代算法会得到不同的重构结果。为了说明问题，下面用不同的统计模型和迭代算法重构“星型”图像。采用最小二乘拟合图像的统计分布，用 MRNSD 算法重构图像；采用泊松分布拟合图像，用 EM 算法重构图像。

图 1-3（a）、（b）为原始图像及其三维表面，图 1-3（c）、（d）为采集图像及其三维表面，图 1-3（e）、（f）为 MRNSD 算法重构图像及其三维表面，图 1-3（g）、（h）为 EM 算法重构图像及其三维表面。由图 1-3（e）、（g）可知，MRNSD 算法和 EM 算法能重构图像的基本轮廓，由图 1-3（f）、（h）与图 1-3（b）对比可知，重构图像三维表面与原始图像三维表面差异较大。由原始图像三维表面可知，三维表面阶梯层次明显，且形状规则；重构图像三维表面阶梯层次不明显，表明在非平稳区域，图像重构模型无法表征图像的边缘，而且重构的三维表面呈现出单点阶跃式分布，表明在平稳区域产生伪边缘。

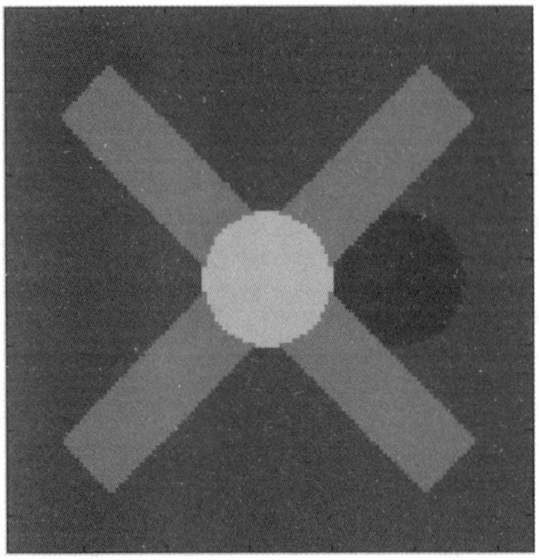

（a）原始图像

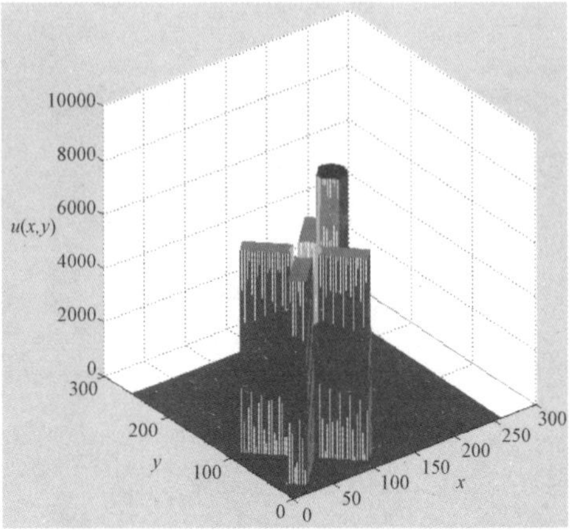

（b）原始图像三维表面

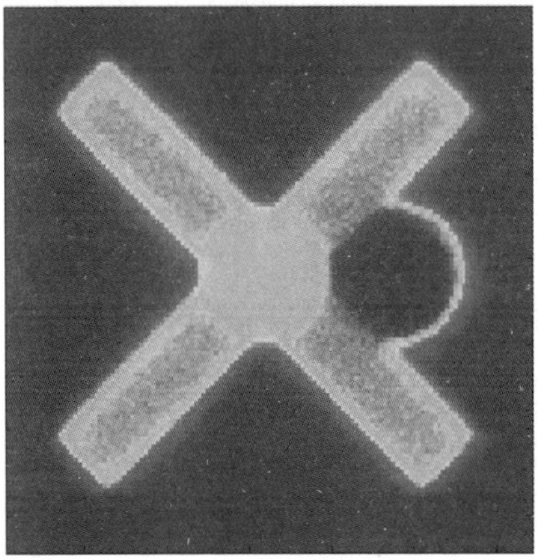

（c）采集图像

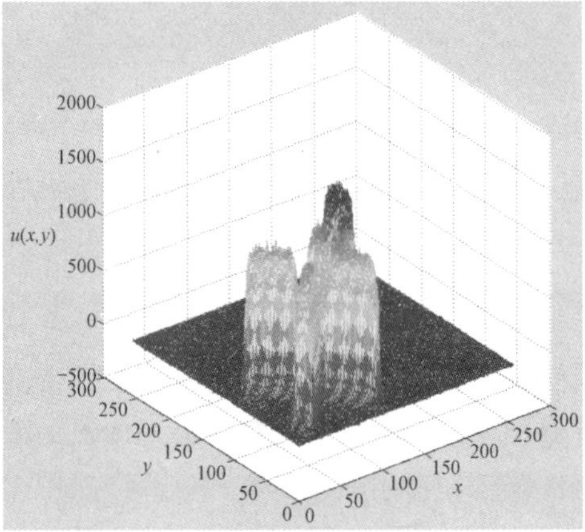

（d）采集图像三维表面

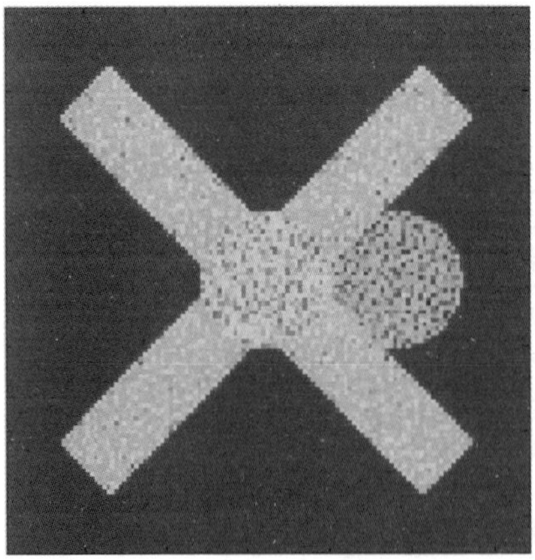

（e）MRNSD 算法重构图像

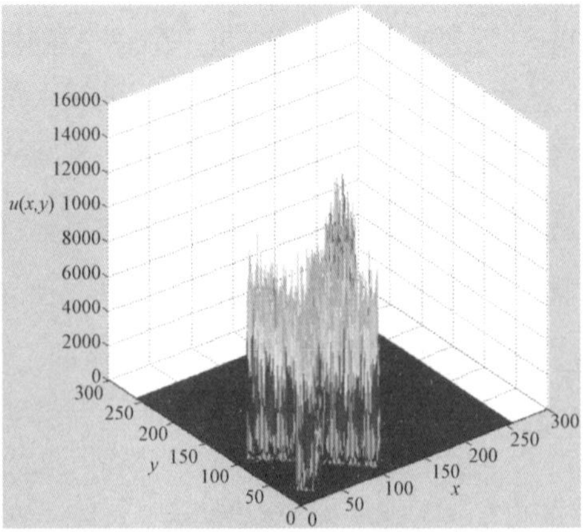

（f）MRNSD 算法重构图像三维表面

图 1-3　小波域有限隐马尔可夫模型重构图像

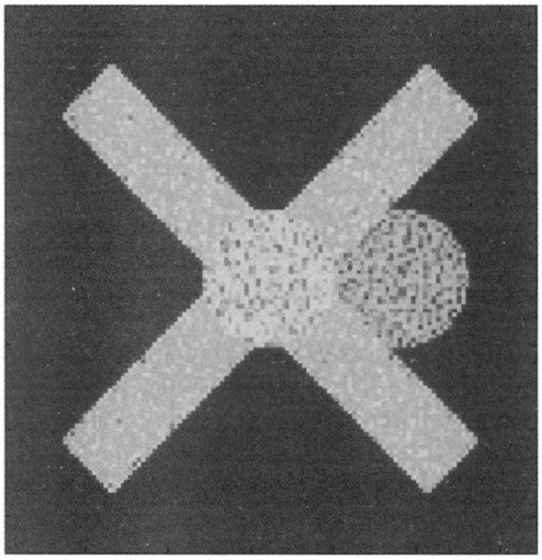

（g）EM 算法重构图像

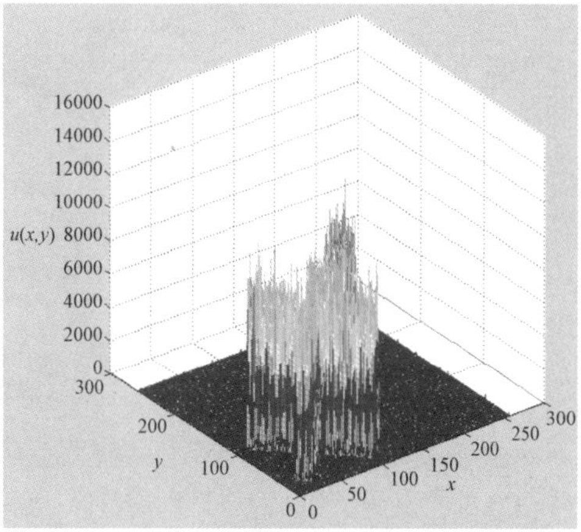

（h）EM 算法重构图像三维表面

图 1-3　小波域有限隐马尔可夫模型重构图像（续）

图 1-4（a）、（b）为用 MRNSD 算法和 EM 算法重构星型图像时，迭代解、真解残差与真解的比值随迭代次数的变化。从图 1-4 中可以看出，迭代算法具有较快的收敛速度，但是随着迭代次数的增加，相对迭代残差不是一直在减小，而是先减小后增大，说明算法重构效果与迭代次数有关，具有半收敛特性。

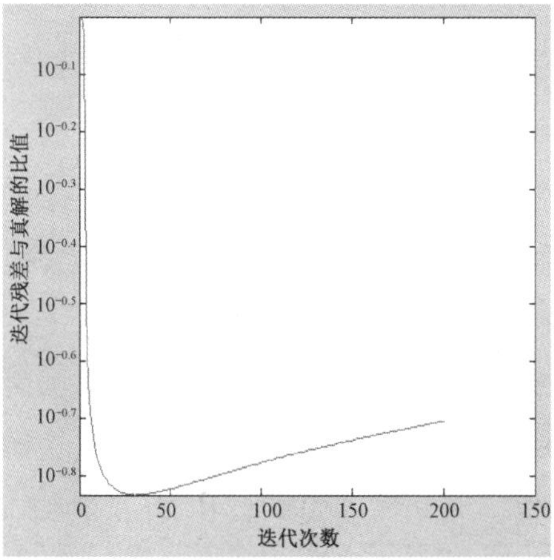

（a）MRNSD 算法

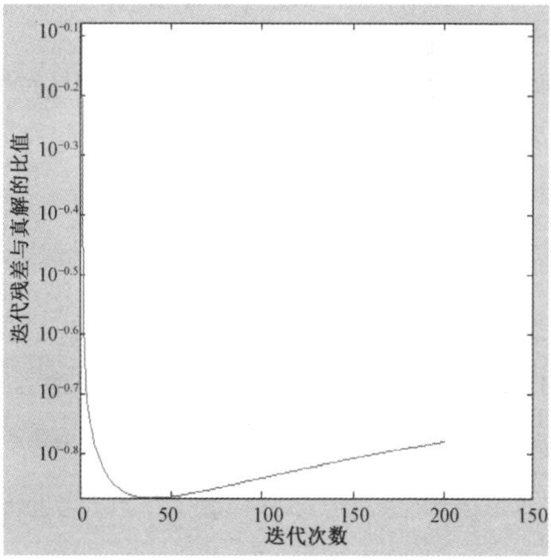

（b）EM 算法

图 1-4　迭代解、真解残差与真解的比值随迭代次数的变化

1.1.3 能量泛函正则化模型阶段

第三个发展阶段是能量泛函正则化模型阶段。在无损探伤、医学影像和文物修复等领域，无法触及目标，为准确获得目标的结构信息，利用计算机断层扫描技术，科技工作者获得观测数据，应用能量泛函正则化模型，获得理想的重构图像。但是，由于观测数据往往受成像环境的影响而降质，且点扩散函数（系统矩阵）往往都是未知的，即使是已知的，往往条件数较大，因此，利用观测数据和系统矩阵重构未知的扫描对象，是不适定问题，很难获得理想解。为解决此问题，20 世纪 70 年代，苏联 Tikhonov 院士综合第一阶段数据拟合模型和第二阶段贝叶斯理论模型的优点，即分别利用采集数据的拟合特性和贝叶斯理论的先验特性，提出能量泛函正则化模型。该模型由两部分组成，一部分是拟合项，利用成像系统的某种范数或分布描述数据的统计特性；另一部分是正则项，利用理想解的先验信息（如扫描对象的边缘、纹理、跳跃间断点和解的函数空间等），使其尽可能逼近理想扫描对象的结构特征。拟合项和正则项通过加权组合构成能量泛函正则化模型，表达式为

$$\boldsymbol{u}^* = \inf_{\boldsymbol{u}\in X}\left\{\boldsymbol{\Phi}\left(\boldsymbol{u}\right)+\boldsymbol{R}\left(\boldsymbol{Du}\right)\right\} \tag{1-1}$$

式中，inf 表示下确界；$\boldsymbol{u}$ 表示未知的理想解；$\boldsymbol{u}^*$ 表示通过最优迭代算法获得的最优解，在某种范数意义下，该最优解是真解的逼近解；$\boldsymbol{\Phi}(\boldsymbol{u})$ 为拟合项；$\boldsymbol{D}$ 为算子（如一阶微分算子、二阶微分算子、分数阶微分算子、傅里叶算子、小波算子和紧框架算子等）；$\boldsymbol{R}(\boldsymbol{Du})$ 为正则项。

在能量泛函正则化模型发展的早期阶段，Tikhonov 院士提出用 L_2 范数描述解的拟合特性，用光滑函数描述解的结构特征，二者加权组合形成 Tikhonov 正则化模型。该正则化模型形式简单，但其理论意义影响深远，决定了后续正则化模型的发展方向，是反问题研究的里程碑。Tikhonov 院士提出的能量泛函正则化模型中的拟合项和正则项全部用 L_2 范数来描述，将目标解限定为光滑函数且具有二阶连续的导数，因此可以利用一阶、二阶导数信息，设计基于梯度、矩阵的迭代算法，如经典的最速下降迭代算法、牛顿迭代算法等。Tikhonov 院士提出的正则化模型的优点是形式简单、容易处理。但是，由于正则项中的算子为单位算子，即 $\boldsymbol{D}=\boldsymbol{I}$，$\boldsymbol{I}$ 为单位矩阵，对解施加的是光滑约束，而实际的理想对象，

即目标解是奇异的，如图像的边缘、跳跃间断点等。目标解的奇异特性对理想解会产生至关重要的影响，如在医学 MRI 图像、CT 图像中，若抹杀微小结构所具有的奇异特性，可能造成对病人病理的误诊甚至错过早期病变治理的最佳时间。

尽管 20 世纪 70 年代 Tikhonov 院士提出的正则化模型具有划时代的意义，但受当时函数空间理论在实际应用的深度和广度的制约，Tikhonov 院士提出的正则化模型无法准确描述理想解的结构信息，但其理论思想值得借鉴。随着函数空间理论的发展和实际应用的迫切需求，1992 年，Rudin 等用全变差函数（Total Variation，TV）作为正则项，描述理想解的奇异特性，提出 ROF（Rudin-Osher-Fatemi，ROF）模型，该模型的最大特点是用非光滑函数来描述正则项，从而将光滑型 Tikhonov 正则化模型推广到非光滑型 ROF 模型，是非光滑型正则化模型发展的里程碑，为后续非光滑型正则化模型的发展指明了方向，即根据目标解的结构特征，选用合理的函数空间来建立能量泛函正则化模型。由函数空间理论可知，全变差函数能准确描述目标解的奇异特征，ROF 模型应用于重构图像的仿真实验结果表明，ROF 模型可以获得较高精度的重构解。以 ROF 模型的提出为标志，国内外学术界、工业界掀起了研究非光滑型能量泛函正则化模型的热潮，取得了很多有意义的研究成果。

目前，就处理模型所在的函数空间而言，对非光滑型能量泛函正则化模型的研究主要有三个发展方向：原始能量泛函正则化模型、对偶型能量泛函正则化模型和原始-对偶型能量泛函正则化模型。

1.1.3.1　原始能量泛函正则化模型

原始能量泛函正则化模型主要有两个发展方向：①利用函数空间理论，用不同的函数空间描述解的特性，如二阶全变差函数空间、变指数函数空间、Besov 函数空间、负希尔伯特-索伯列夫函数空间（Hilbert-Sobolev）和分数阶 Sobolev 函数空间等，具体内容可以参考笔者在电子工业出版社出版的著作《能量泛函正则化模型在图像恢复中的应用》；②对原始能量泛函正则化模型算法的研究。由于正则项用函数空间的半范数来描述，使得原始正则化模型具有非线性、非光滑等特性，直接进行操作比较困难。针对模型的特点，在算法设计上，主要有三个发展子方向：一是利用变分原理，对原始正则化模型进行变分，获得各向异性发展型偏微分方程，对其进行离散化逼近，获得线性方程组，然后利用数值分析，设计迭代算法，如 Jacobi 迭代算法、Gauss-Seidel 迭代算法、SOR 迭代算法、代数多重网格迭代算法和几何多重网格迭代算法等；二是对非光滑的正则项进行光滑化，利用传统优化理论，设计基于梯度和矩阵的迭代算法，但是由于对非光滑的正则项进行光滑化，破坏了目标解所属的函数空间，对解的精确度造成不利影响，特别是大数据的兴起，研究对象往往是大规模的，使得矩阵的规模较大，若矩阵不具有特殊结构，则会造成经典的优化迭代算法收敛较慢，从而制约非线性能量泛函正则化模型的应用；三是利用算子分裂原理，设计交替迭代算法。例如，根据正则项的非线性特性，利用 Bregman 距离，设计分裂 Bregman 迭代算法；利用拟合项的光滑特性和正则项的非光滑特性，通过对光滑项进行二阶逼近，然后与正则项进行组合，设计牛顿-迫近（Proximal）算子分裂迭代算法；通过引入辅助参数，将模型转化为由“拟合项+正则项”表示的紧缩矩阵的形式，利用交替方向乘子原理，将紧缩的非线性正则化模型分裂为一系列容易处理的小的子问题，通过子问题交替迭代，形成快速交替迭代算法。

1.1.3.2 对偶能量泛函正则化模型

为使大规模非线性原始能量泛函正则化模型容易被处理，学术界转而在对偶空间中对式（1-1）进行研究，以期获得高效、快速迭代求解算法及高精度理想解。在对偶空间中，使用对偶变换，将原始能量泛函正则化模型式（1-1）转化为对偶正则化模型，表达式为

$$\boldsymbol{v}=\sup_{\boldsymbol{v}\in \boldsymbol{Y}}\left\{-\boldsymbol{\Phi}^{*}\left(\boldsymbol{D}^{*}\boldsymbol{v}\right)-\boldsymbol{R}^{*}\left(-\boldsymbol{v}\right)\right\} \tag{1-2}$$

式中，sup 表示上确界；$\boldsymbol{v}$ 为对偶变量；$\boldsymbol{\Phi}^{*}(\cdot)$、$\boldsymbol{R}^{*}(-\boldsymbol{v})$ 分别为式（1-1）中拟合项 $\boldsymbol{\Phi}(\cdot)$、正则项 $\boldsymbol{R}(\cdot)$ 的对偶变换；$\boldsymbol{D}^{*}$ 为 $\boldsymbol{D}$ 的伴随算子，$\boldsymbol{D}$ 是微分算子、小波变换和紧框架算子等。

式（1-2）的优点是利用函数的对偶空间，使得对偶正则化模型中的“拟合项”和“正则项”具有良好的特性，如连续性、光滑性等。目前，式（1-2）已在最优控制、偏微分方程、图像重构等领域得到广泛应用。

对偶模型的研究主要有四种发展趋势：一是利用 Legendre-Fenchel 对偶变换，将原始正则化模型转化为对偶模型；二是将正则项作为约束条件，利用约束条件的对偶，将原始正则化模型转化为对偶模型；三是引入辅助变量，将正则化模型转化为增广拉格朗日模型，再利用一阶 KKT（Karush-Kuhn-Tucker）条件，

将模型转化为对偶模型；四是将原始目标函数分裂出的部分子问题转化为对偶模型。下面分别对这四种发展趋势进行阐述。

一是直接将原始正则化模型转化为对偶模型进行研究。Chambolle A 开创了对偶模型在图像处理领域应用的先河，其用 L_2 范数描述拟合项，用 TV 描述正则项，建立"L_2+TV"型正则化模型，利用 Fenchel 变换，将原始正则化模型转化为有约束条件的最优化模型。由一阶 KKT 条件，确定存在拉格朗日乘子，将目标函数表示成无约束条件的最优化问题，利用优化理论，获得半隐（Semi-implicit）梯度下降算法。根据 CFL（Courant-Friedrichs-Lewy）条件确定最优迭代步长满足的条件，利用泛函分析证明算法的收敛特性。在图像重构质量上，该对偶模型重构图像的边缘优于原始 ROF 模型。在 Chambolle A 算法的基础上，在文献[23]中利用 Kullback-Leibler（KL）函数描述拟合项，用 TV 描述正则项，利用 Anscombe 变换，将其转化为"L_2+TV"标准形式的能量泛函正则化模型，由 Fenchel 变换转化为对偶模型。利用文献[21]中提出的半隐梯度下降算法，重构被泊松噪声降质的图像，重构图像的性能指标峰值信噪比（Peak Signal-to-Noise Ratio，PSNR）高于分裂 Bregman 迭代算法。实验发现，对式（1-1）用分裂 Bregman 迭代算法容易抹杀图像的奇异特性，造成图像的纹理信息丢失，重构后的图像呈卡通特性，这说明用 Bregman 距离逼近式（1-1）中的正则项容易产生过平滑现象，而用对偶模型式（1-2）可以获得较高精度的理想解。文献[25]利用正则项中微分算子 $\boldsymbol{D}$ 的对偶是散度算子这一特点，将"L_2+TV"原始正则化模型转化为有约束条件的离散二次型对偶模型，利用约束条件，设计显式梯度投影迭代算法，并利用回溯线性搜索策略和 Barzilai-Borwein 策略，给出最优迭代步长更新准则，这种显式梯度投影迭代算法只需计算矩阵-向量的乘积，无须计算逆矩阵，从而降低计算机的运算负担，加快算法的收敛速度。将其应用于图像重构，图像重构的 PSNR 高于文献[21]提出的半隐梯度下降算法，且算法的运算速度是文献[21]提出的算法运算速度的 1 ~ 4 倍。

二是利用正则项的有界性，将原始正则化模型转化为对偶模型进行研究。文献[26]采用 L_2 范数描述拟合项，用 TV 的幅值作为约束条件，建立有约束条件的最优化模型；利用约束条件的对偶，将有约束条件的最优化模型转化为对偶模型，对偶模型具有"拟合项+正则项"的标准形式；利用"拟合项"，形成梯度下降子问题；利用"正则项"，形成 TV 校正子问题，二者交替迭代形成前向-后向（Forward-Backward，FB）TV 投影迭代算法。构造类 Bregman（Bregman-like）距离，对拟合项进行一阶泰勒展开，利用展开式的残差，证明迭代算法的收敛率为 $O(1/k)$，k 为迭代次数。将其应用于医学图像重构，图像重构质量明显得到改善。文献[27]在文献[26]的基础上，采用 Gamma 分布的似然函数描述拟合项，用 TV 的 L_1 范数小于给定阈值作为约束条件，建立有约束条件的最优化模型，利用约束条件的对偶，将有约束条件的最优化模型转化为无约束条件的对偶模型，然后将对偶模型表示成“拟合项+正则项”标准形式，利用算子分裂原理，将对偶模型分裂为“拟合项子问题”和“正则项子问题”，“拟合项子问题”采用梯度下降迭代算法，“正则项子问题”采用迫近（Proximal）迭代算法，二者交替迭代，形成乘子交替方向迭代算法（Alternating Direction Method of Multipliers，ADMM）。

三是引入辅助变量，将原始正则化模型转化为对偶模型进行研究。文献[28]利用能量泛函正则化模型式（1-1）的形式，引入辅助变量，将无约束条件的最优化问题转化为具有等式约束的最优化问题，利用拉格朗日乘子，将有条件约束的最优化问题转化为拉格朗日乘子的形式，利用一阶 KKT 条件，获得原始正则化模型的对偶模型，并表示成“拟合项+正则项”的标准形式。若“拟合项”的梯度满足 Lipschitz 连续条件，且前向算子的谱范数容易计算，利用“拟合项”设计梯度下降迭代算法；若“正则项”是真（Proper）函数，则利用“正则项”设计迫近迭代算法，二者交替迭代，形成快速对偶迫近梯度迭代算法，利用凸优化理论和算子的非扩张特性，分析迭代算法收敛的相关条件。若迭代步长满足一定条件，则算法的收敛率为 $O\left(1/k^2\right)$，而基于原始能量泛函正则化模型式（1-1）的交替迭代算法的收敛率为 $O\left(1/\sqrt{k}\right)$。文献[29]用 L_1 范数描述拟合项，用 TV 描述正则项，建立“L_1+TV”型正则化模型，通过引入辅助项，将原始正则化模型转化为松弛正则化模型，由于拟合项和正则项都是非光滑的，无法应用经典迭代算法求解。利用 Fenchel 变换，将松弛正则化模型转化为有约束条件的对偶模型，而对偶模型是凸集上的二次最小化问题，利用经典 Arrow-Hurwicz 的思想，设计出分裂交替投影梯度下降-上升（descent-ascent）迭代算法，并从理论上推导出迭代算法步长更新准则。将其应用于重构被椒盐噪声降质的图像，算法的运算速度比快速全变差解卷积（Fast Total Variation Deconvolution，FTVD）迭代算法的运算速度快 2 ~ 5 倍，重构图像的 PSNR 比 FTVD 算法获得的 PSNR 提高约 10 分贝。

四是将原始能量泛函正则化模型分裂出的部分子问题转化为对偶模型进行研究。文献[17]建立“L_1+TV”型正则化模型，由于拟合项和正则项都是非光滑的，无法直接求解。通过引入辅助变量，将原始正则化模型转化为具有等式约束的最优化模型，利用拉格朗日乘子，将有约束条件的最优化模型转化为增广拉格朗日模型，利用最大单调算子及算子分裂原理，将模型分裂为两个子问题，第一个子问题由非光滑项和光滑项组成，无法直接求解，利用 Fenchel 变换，将子问题转化为对偶模型；利用 KKT 条件，获得一阶迭代算法；利用优化理论，给出迭代算法收敛的理论证明。将其应用于图像重构，重构图像边缘的质量明显优于基于原始能量泛函正则化模型重构图像边缘的质量。

1.1.3.3　原始-对偶能量泛函正则化模型

由 1.1.3.1 节和 1.1.3.2 节的论述可知，将 ROF 模型应用于图像重构，基于原始正则化模型获得的重构解不理想，但利用 ROF 模型的对偶模型获得解的质量明显得到改善，那么问题是，通过对偶模型获得的对偶解是最佳解，进行对偶逆变换获得的原始解是否也是最优的，也就是说，对于给定的正则化模型，通过施加哪些限制条件，使获得的原始解和对偶解同时为最优解。为使优化式（1-1）和式（1-2）获得的对偶解和原始解相互制约，原始-对偶模型应运而生。

若拟合项 $\boldsymbol{\Phi}(\boldsymbol{u})$ 和正则项 $\boldsymbol{R}(\boldsymbol{Du})$ 都是真（Proper）、凸、下半连续（Lower Semi-continuous）函数，利用 Fenchel-Moreau 定理，则原始正则化模型式（1-1）转化为原始-对偶模型，表达式为

$$(\boldsymbol{u},\boldsymbol{v})=\inf_{\boldsymbol{u}\in X}\sup_{\boldsymbol{v}\in Y}\left\{\boldsymbol{\Phi}(\boldsymbol{u})+\langle\boldsymbol{Du},\boldsymbol{v}\rangle-\boldsymbol{R}^*(\boldsymbol{v})\right\} \tag{1-3}$$

式中，sup 、$\boldsymbol{R}^*(\boldsymbol{v})$、$\boldsymbol{v}$ 的含义同式（1-2），$\langle\cdot,\cdot\rangle$ 为内积。式（1-3）常称为鞍点问题，也称极小值-极大值问题。目前，式（1-3）在扩散传感器成像、图像修补、图像重构、压缩感知、大数据处理和人工智能等领域得到广泛应用。

在原始-对偶模型的研究上，主要有五种发展趋势。一是对原始正则化模型进行转化，获得的式（1-3）是光滑的，设计二阶原始-对偶模型牛顿迭代算法；二是将“光滑的拟合项+非光滑的正则项”形式的正则化模型，经对偶转化获得

的式（1-3）是非光滑的，设计一阶交替迭代算法；三是将“非光滑的拟合项+非光滑的正则项”形式的正则化模型，经转化获得的式（1-3）是非光滑的，设计一阶原始-对偶模型交替迭代算法；四是在式（1-3）中，成像系统中的“前向算子 $\boldsymbol{A}$ 不具有特殊结构或算子 $\boldsymbol{D}$ 是非线性的”，通过逼近或线性化，设计一阶交替迭代算法；五是根据极值原理，将原始-对偶模型分裂为算子，利用算子设计交替迭代算法。下面分别对这五种发展趋势进行阐述。

一是经过转化，获得的式（1-3）是光滑的，设计二阶迭代算法。文献[31]开创了二阶原始-对偶模型牛顿迭代算法在图像处理领域应用的先例，该文用“L_2 范数”描述拟合项，用“TV”描述正则项，组成式（1-1）标准形式的能量泛函正则化模型，变分后获得欧拉-拉格朗日方程。为消除正则项的奇异特性对欧拉-拉格朗日方程的不利影响，引入对偶变量，将模型转化为光滑的“原始子问题”和“对偶子问题”，利用优化理论中的一阶、二阶 KKT 条件，设计二阶原始-对偶模型牛顿迭代算法。若由式（1-3）获得的雅可比矩阵是 Lischitz 连续的，牛顿迭代算法局部二次收敛；若采用 Armijo 线性搜索策略更新迭代步长，牛顿迭代算法具有全局收敛特性。在文献[32]中，作者利用“L_2 范数”描述拟合项，用“伪 Huber 函数”描述正则项，建立原始能量泛函正则化模型，利用 Fenchel 变换，将原始能量泛函正则化模型转化为式（1-3）的形式，对式（1-3）应用一阶、二阶 KKT 条件，推导出二阶原始-对偶模型牛顿迭代算法，采用 Armijo 线性回溯搜索策略，更新原始步、对偶步的迭代步长，运用优化理论分析交替迭代算法的收敛特性，将其应用于图像重构，重构图像的 PSNR 高于软阈值迭代算法。在二阶牛顿迭代算法中，由于涉及内、外双重循环，内迭代次数很难确定，一直以来都是牛顿迭代算法应用的难点。若迭代次数较多，则可能造成过拟合现象，获得的解并不理想，同时，牛顿迭代算法中的海森矩阵由拟合项和正则项共同决定，若矩阵的规模较大且不具有特殊结构，则计算海森矩阵的逆矩阵比较耗时，因此会造成迭代算法收敛较慢。因此，应用二阶牛顿迭代算法计算式（1-3），一般都使二阶矩阵具有特殊结构或用循环矩阵来逼近，如块循环-循环块结构、Toeplitz-Hankel 矩阵、块循环 Toeplitz 块矩阵等，通过快速傅里叶变换、快速正弦变换和快速余弦变换对矩阵进行对角化，有时不得不通过牺牲图像的质量来换取算法的快速性，或者通过牺牲算法的快速性来换取图像的质量。为克服此缺点，近几年，国内外学者转而对一阶原始-对偶模型交替迭代算法进行研究。

一阶原始-对偶模型交替迭代算法最早由 Chambolle Antonin 和 Pock Thomas 提出，简称 Chambolle-Pork 迭代算法，开创了一阶交替迭代算法在图像处理领域应用的先河。Chambolle-Pork 迭代算法，首先将目标函数表示成“光滑项”与“非光滑项”加权和的形式，光滑项、非光滑项可能有多项，也可能全部是非光滑项，然后利用算子分裂原理，将模型分裂为光滑项子问题和非光滑项子问题，光滑项子问题利用经典优化理论进行算法设计，非光滑项子问题利用次微分（Subgradient）和迫近（Proximal）算子进行算法设计，因此，次微分和迫近算子在非光滑优化理论中的地位如同一阶、二阶导数在光滑优化理论中的地位，在迭代算法设计的过程中，次微分和迫近算子的形式和计算复杂度决定非光滑优化问题的成败。

二是由“光滑的拟合项+非光滑的正则项”获得式（1-3），设计一阶交替迭代算法。文献[34]研究了“L_2（光滑的拟合项）+TV（非光滑的正则项）”型的能量泛函正则化模型，利用 Fenchel 变换，将其转化为式（1-3）。假定正则项的对偶、拟合项形成的迫近算子容易计算，式（1-3）的求解可分裂为对偶子问题和原始子问题，两个子问题交替迭代，形成交替迭代算法。利用式（1-3）的上确界与下确界的差（简称原始-对偶差）有界，在对偶步长、原始步长和前向算子的乘积满足一定的条件下，该算法具有二次收敛速度，而且可并行实现。但是，如果研究的问题规模较大，前向算子的规模较大，造成计算前向算子的范数比较耗时，同时，算法的收敛速度受步长制约，由于收敛条件要求苛刻，造成迭代步长较小，导致算法的收敛速度较慢。为克服计算前向算子的范数，以及原始步、对偶步的迭代步长较小，造成 Chambolle-Pork 迭代算法收敛较慢的缺点，文献[35] 研究“L_2（光滑的拟合项）+非光滑正则项（下半连续凸函数）”型能量泛函正则化模型，利用 Fenchel 变换获得式（1-3），提出最大限度地更新原始、对偶变量迭代步长的一阶原始-对偶模型交替迭代算法，以及加速迭代算法。该算法不仅不需要估计前向算子的范数，而且还可以推广到由“L_2（光滑的拟合项）+多项非光滑正则项（下半连续凸函数）” 构成的能量泛函正则化模型优化问题。利用模拟数据进行实验，该算法比改进的 FB 迭代算法、快速软阈值迭代算法的收敛速度更快。文献[37]研究“L_2（光滑的拟合项）+复合 TV（非光滑的正则项)”型的能量泛函正则化模型，该“复合 TV”正则项由三个因素构成，而不是由单一因素构成，利用 Fenchel 变换，将其转化为式(1-3)。利用 Chambolle-Pork 思想，将目标函数分裂为原始子问题和对偶子问题，二者交替迭代，形成一阶原始-对偶混合梯度(Primal Dual Hybrid Gradient，PDHG)迭代算法。根据 Moreau 等式，确定 PDHG 迭代算法收敛的最优条件，利用原始变量和对偶变量的迭代残差，获得最优步长更新准则，将其应用于彩色图像重构，图像重构质量优于单一因素“TV”型正则化模型，这表明正则项的形式对重构解的精确度会产生重要影响。

三是由“非光滑的拟合项+非光滑的正则项”获得式(1-3)，设计一阶原始-对偶模型交替迭代算法。文献[38]研究了“L_1+L_1+TV+示性函数”型能量泛函正则化模型，模型中的拟合项和正则项都是非光滑的，且正则项由多项组成，利用 Fenchel 变换，将其转化为式(1-3)的形式，基于集值(Set-valued)算子和可分离单调闭包(Monotone Inclusion)原理，应用 Douglas-Rachford 分裂(DRS)思想，将目标函数分裂为四个子问题，子问题交替迭代，形成交替迭代算法，将其应用于图像重构，该算法获得的 PSNR 高于 FB 迭代算法。文献[39]研究了由“非光滑的拟合项+有限非光滑的正则项”组成的一般形式的能量泛函正则化模型优化问题，利用 Fenchel-Moreau 定理，获得式(1-3)。基于迫近算子和算子分裂原理，给出通用原始-对偶模型一阶迭代算法，该算法仅涉及线性操作和迫近算子运算，通过设置参数可知，PDHG 算法、DRS 算法是文献[39]一阶迭代算法的特例。文献[39]利用一阶 KKT 最优条件，将算法表述为单调闭包问题，并假定前向算子 $\boldsymbol{A}$ 为最大单调算子，利用不动点迭代原理，给出算法收敛的理论证明，并分析算法收敛的相关条件。将通用原始-对偶模型一阶迭代算法应用于重构模拟医学 phantom 图像和真实医学 CT 图像，图像重构质量明显优于 PDHG 算法。文献[40]采用高阶全变差函数作为目标优化函数，用拟合项的示性函数作为约束条件，建立有约束条件的目标优化函数。引入辅助矩阵，将目标函数表示成“非光滑拟合项+非光滑正则项”标准形式，利用 Fenchel 变换，将目标函数表示成式(1-3)的形式，利用文献[34]的思想，设计交替迭代算法。为克服 Chambolle-Pork 迭代算法步长较小造成算法收敛较慢的缺点，给出更大步长更新准则，加快算法的收敛，将其应用于重构 JPEG 图像，与用标准 TV 作为目标函数重构的图像进行对比可知，用高阶 TV 作为目标函数重构图像的三维表面与原始图像的三维表面几乎接近，而用标准 TV 作为目标函数重构的图像会在平坦区域产生阶梯效应和虚假边缘。

四是式（1-3）中的“前向算子 $\boldsymbol{A}$ 不具有特殊结构或者算子 $\boldsymbol{D}$ 是非线性的”，通过逼近或线性化，设计一阶交替迭代算法。若式（1-3）中的前向算子 $\boldsymbol{A}$ 不具有特殊结构，其与正则项中的微分算子 $\boldsymbol{D}$ 组合在一起，形成大规模矩阵，导致 ADMM 算法非常耗时；而使用 PDHG 算法，虽然每步迭代次数较少，但若循环次数较多，算法的运算量也是巨大的。为解决此问题，文献[31]构造循环矩阵，使其逼近由前向算子和微分算子组成的矩阵，利用快速傅里叶变换对矩阵进行对角化，获得一种近似循环分裂（Near-Circulant Splitting，NCS）的迭代算法，重构平行束、扇束、锥束扫描获得的医学 CT 图像。NCS 迭代算法运算速度优于 PDHG 算法，尽管 ADMM 算法在早期迭代阶段优于 NCS 迭代算法，但随着迭代的增加，ADMM 算法获得的图像质量变差，而 NCS 迭代算法可以获得更高质量的重构图像，且在运算速度上，NCS 迭代算法也比 ADMM 算法收敛速度快。文献[34]研究式（1-3）耦合项中的算子 $\boldsymbol{D}$ 是线性的，文献[42]在此基础上，研究式（1-3）中的算子 $\boldsymbol{D}$ 不具有双线性（Bilinear）结构，即耦合项是非线性的，对其进行线性化，用一阶 Bregman 距离逼近，假定非线性项关于原始变量的梯度和对偶变量的梯度是 Lipschitz 连续的，利用算子分裂原理，形成原始子问题和对偶子问题，二者交替迭代，附加动量项，形成一阶加速原始-对偶模型交替迭代算法。同时，利用原始-对偶函数迭代残差的有界性，设计原始步、对偶步步长更新准则，将加速交替迭代算法应用于处理核矩阵最优化问题，取得了比镜像追近迭代算法和内点迭代算法更小的迭代残差。利用对偶变换或由内积诱导的范数，将原始模型转化为原始-对偶模型，把原始极小值问题转化为极小值-极大值问题，也称鞍点问题。

五是由原始-对偶模型获得极值所满足的最优条件，将原始-对偶模型分裂为两个算子，利用辅助变量，将两个算子进行耦合，设计交替迭代算法。文献[44]将原始-对偶模型分裂为最大单调算子和反对称线性连续算子，借助辅助变量，形成交替迭代算法。文献[45]将原始-对偶模型分裂为两个最大单调算子，将两个单调算子用紧缩的变分不等式来表示，利用追近点算法，形成预测与校正子问题，定性地给出耦合参数的取值范围，而且在较大步长的情况下，该算法仍具有较好的收敛特性，大大提高了算法的效率。

1.2 迭代步长更新准则

在步长的确定上，主要有两种模式。一种模式是固定模式，主要有精确搜索方法和非精确搜索方法。精确搜索方法主要有二分搜索方法、Fibonacci 方法和黄金分割法；非精确搜索方法主要有 Armijo 搜索准则、Goldstein 准则、Wolf 准则、Barzilai-Borwein（BB）准则等。另一种模式是非固定模式，根据模型的特点，自适应地设计步长搜索准则，以期达到最快的收敛速度。文献[46]分别用迫近算子表示原始子问题和对偶子问题，形成经典半隐 Arrow-Hurwicz 交替迭代算法，但该算法只有线性收敛速度。文献[47]证明只有较小的步长才能保证算法收敛，这对 Arrow-Hurwicz 算法的收敛速度造成十分不利的影响。文献[48]为保证 PDHG 算法收敛，利用 $\boldsymbol{A}^{\mathrm{T}}\boldsymbol{A}$ 逆矩阵的谱，从理论上分析原始与对偶子问题步长自适应更新的相关条件。为定量地确定 PDHG 算法的步长更新准则，文献[49]分析原始与对偶变量步长更新原理，以图像恢复和降噪为例，定量地给出 PDHG 算法中原始、对偶变量步长更新表达式。

1.3 正则化对偶模型存在的问题及发展方向

1.3.1 正则化对偶模型存在的问题

在模型的建立上，正则化对偶模型是从原始正则化模型转化而来的，因此，原始模型的特性直接影响正则化对偶模型的特性。尽管对偶 ROF 模型重构图像的质量好于原始 ROF 模型，但问题是，建立的原始正则化模型需要考虑哪些图像特性，才能使对偶模型重构图像质量最佳，目前还没有现成的理论供参考。

在算法设计上，目前使用的图像重构模型中的迫近算子往往都是容易计算的，但是若考虑图像的因素较多，则经原始模型转化后获得的对偶模型中的迫近算子不容易计算，或者计算比较耗时，从而限制了对偶模型的应用。

在图像重构质量判断上，目前主要通过定性视觉效果来判断；在定量指标评价上，利用局部图像还是全局图像评判图像的重构质量，目前还没有定论。因为不同的研究对象，感兴趣的对象不同，如何定量判断图像重构质量，从而设定迭代算法终止条件，目前仍处于探索阶段。

1.3.2　正则化对偶模型的发展方向

在模型的设计上，综合考虑图像的特征，建立不同权重的正则项，是今后图像重构模型发展的主流。

在算法设计上，通过引入合适的辅助变量，将原始正则化模型转化为对偶正则化模型，通过算子分裂原理寻求快速、高效的迭代算法，是未来主要发展方向。

在图像重构质量上，探索用不同的函数描述图像的不同组成部分，然后将其进行加权组合，与迭代算法的终止条件结合在一起，是图像重构质量评价的发展趋势。

1.4　本章小结

本章首先回顾图像重构模型发展的三个阶段：数据拟合阶段、贝叶斯理论应用阶段和能量泛函正则化模型发展阶段。在数据拟合阶段，对主要经典算法进行回顾，以最小二乘模型为例重构卫星图像，从重构结果可知，图像的结构信息丢失严重，表明拟合模型无法体现图像的结构特征。在贝叶斯理论应用阶段，以小波域有限高斯隐马尔可夫模型为例，重构真实的 lena 图像和模拟的图像，从重构结果可知，该模型容易抹杀图像的非平稳区域，并在平稳区域产生伪边缘。在能量泛涵正则化模型发展阶段，简要分析原始正则化模型的结构，重点分析对偶正则化模型、原始-对偶正则化模型的优缺点和算法的发展历程，并分析其优缺点，指出未来的发展方向。

本章参考文献

[1] 李旭超. 能量泛函正则化模型理论分析及应用[M]. 北京：科学出版社，2018.

[2] 李旭超. 能量泛函正则化模型在图像恢复中的应用[M]. 北京：电子工业出版社，2014.

[3] STEPHEN B, JEROME B, CANDES E J. NESTA: a fast and accurate first-order method for sparse recovery [J]. SIAM Journal on Imaging Sciences, 2011, 4(1): 1-39.

[4] FIGUEIREDO M A T, BIOUCAS D J M. Restoration of Poissonian images using alternating direction optimization[J]. IEEE Signal Processing Society, 2010, 19(12):3133-3145.

[5] ISSA S. JAZAR M, HAMIDI A E. Ill-posedness of sublinear minimization problems [J]. Journal of the Egyptian Mathematical Society, 2011, 19(1-2): 88-90.

[6] AUBERT G, HAMIDI A E, GHANNAM C, et al. On a class of ill-posed minimization problems in image processing [J]. Journal of Mathematical Analysis and Applications, 2009, 352(1): 380-399.

[7] DEMPSTER A P, LAIRD N M, RUBIN D B. Maximum likelihood from incomplete data via the EM algorithm [J]. Journal of the Royal Statistical Society, 1977, Series B(39): 1-38.

[8] XU L, JORDAN M I. On convergence properties of the EM algorithm for Gaussian mixtures[J]. Neural Computation, 1996, 8(1): 129-151.

[9] BILMES J A. A gentle tutorial of the EM algorithm and its application to parameter estimation for Gaussian mixture and hidden Markov models[R]. International Computer Science Institute, Technical Report, 2000.

[10] VILA J P, SCHNITER P. Expectation-Maximization Gaussian-mixture approximate message passing[J]. IEEE Transactions on Signal Processing, 2013, 61(10): 4658-4672.

[11] BAUSCHKE H H, COMBETTES P L. Convex analysis and monotone operator theory in Hilbert space [M]. New York: Springer, 2011.

[12] 李旭超，马松岩，边素轩. 图像恢复中的凸能量泛函正则化模型综述[J]. 中国图象图形学报，2016, 21(4): 405-415.

[13] VOGEL C R. Computational methods for inverse problems[M]. Philadelphia: Society for Industrial and Applied Mathematics, 2012.

[14] RUDIN L I, OSHER S, FATEMI E. Nonlinear total variation based noise removal algorithms [J]. Physical D: Nonlinear Phenomena, 1992, 60(1): 259-268.

[15] AUBERT G, KORNPROBST P. Mathematical problems in image processing, partial differential equations and the calculus of variations [M]. Berlin:Springer Science & Business Media, 2006.

[16] CLASON C, KUNISCH K. A duality-based approach to elliptic control problems in non-reflective Banach spaces [J]. ESAIM Control, Optimization and Calculus of Variations, 2011, 17(1): 243-266.

[17] 李旭超，马松岩，边素轩. 对偶算法在紧框架域 TV-L_1 去模糊模型中的应用[J]. 中国图象图形学报，2015, 20(11): 1434-1445.

[18] BOYD S. VANDENBERGHE L. Convex optimization[M]. Cambridge, UK: Cambridge University Press, 2004.

[19] VALKONEN T. First-order primal-dual methods for nonsmooth non-convex optimization [J/OL]. ArXiv: 1910.00115v1, 2019: 1-30.

[20] PARISOTTO S, MASNOU S, SCHONLIEB C B. Higher-order total directional variation, part II: analysis[J/OL]. ArXiv:1812.05061v2, 2019: 1-23.

[21] CHAMBOLLE A. An algorithm for total variation minimization and applications[J]. Journal of Mathematical Imaging and Vision, 2004, 20 (1-2): 89-97.

[22] 张文生. 科学计算中的偏微分方程有限差分法[M]. 北京：高等教育出版社，2008.

[23] DURAN J, COLL B, SBERT C. Chambolle’s projection algorithm for total

variation denoising[J]. Image Processing on Line, 2013, 3: 301-321.

[24] GETREUER P. Rudin-Osher-Fatemi total variation denoising using split Bregman [J]. Image Processing on Line, 2012, 2: 74-95.

[25] ZHU M Q, WRIGHT S J, CHAN T F. Duality-based algorithms for total variation regularized image restoration [J]. Computational Optimization and Applications, 2010, 47(3): 377-400.

[26] FADILI J M, PEYRE G. Total variation projection with first order schemes [J]. IEEE Transactions on Image Processing, 2011, 20(3): 657-669.

[27] HAO Y, XU J L. An effective dual method for multiplicative noise removal [J]. Journal of Visual Communication & Image Representation, 2014, 25(2): 306-312.

[28] BECK A, TEBOULLE M. A fast dual proximal gradient algorithm for convex minimization and applications [J]. Operations Research Letters, 2014, 42(1): 1-6.

[29] CALSON C, JIN B T, KUNISCH K. A duality-based splitting method for L1-TV image restoration with automatic regularization parameter choice [J]. SIAM Journal of Scientific Computing, 2009, 32(3): 1484-1505.

[30] YANG J F, ZHANG Y, YIN W T. An effective TV- L_1 algorithm for deblurring multichannel images corrupted by implusive noise [J]. SIAM Journal of Scientific Computing, 2009, 31(4): 2842-2865.

[31] CHAN T, GOLUB G, MULET P. A nonlinear primal-dual method for total variation-based image restoration [J]. SIAM Journal on Scientific Computing, 1999, 20(6): 1964-1977.

[32] 李旭超，宋博. 原始-对偶模型的牛顿迭代原理与图像恢复[J]. 电子学报，2015, 43(10): 1984-1993.

[33] BECK A, TEBOULLE M. A fast iterative shrinkage-thresholding algorithm for linear inverse problem[J]. SIAM Journal on Imaging Sciences, 2009, 2(1): 183-202.

[34] CHAMBOLLE A, POCK T. A first-order primal-dual algorithm for convex

problems with applications to imaging [J]. Journal of Mathematical Imaging and Vision, 2011, 40(1): 120-145.

[35] MALITSKY Y, POCK T. A first-order primal-dual algorithm with linear search[J]. SIAM Journal on Optimization, 2018, 28(1): 411-432.

[36] TSENG P. A modified forward-backward splitting method for maximal monotone mappings[J]. SIAM Journal on Control and Optimization, 2000, 38(2): 431-446.

[37] DURAN J, MOELLER M, SBERT C, et al. On the implementation of collaborative TV regularization: application to cartoon+texture decomposition[J]. Image Processing on Line, 2016, 5: 27-74.

[38] BOT R I, HENDRICH C. A Douglas-Rachford type primal-dual method for solving inclusions with mixtures of composite and parallel-sum type monotone operators [J]. SIAM Journal on Optimization, 2013, 23(4): 2541-2565.

[39] BANERT S, RINGH A, ADLER J, et al. Data-driven nonsmooth optimization [J/OL]. ArXiv: 1808.00946v1, 2018: 1-33.

[40] BREDIES K, HOLLER M. A TGV-based framework for variational image decompression, zooming and reconstruction, Part II: numerics [J]. SIAM Journal on Imaging Sciences, 2015, 8(4): 2851-2886.

[41] RYU E K, KO S, WON J H. Splitting with near-circulant linear systems: applications to total variation CT and PET[J/OL]. ArXiv: 1810.13100v2, 2019: 1-22.

[42] HAMEDANI E Y, AYBAT N S. A primal-dual algorithm for general convex-concave saddle point problems[J/OL]. ArXiv: 1803.01401v1, 2018: 1-19.

[43] HE N, JUDITSKY A, NEMIROVSKI A. Mirror prox algorithm for multi-term composite minimization and semi-separable problems[J]. Computational Optimization and Applications, 2015, 61(2): 275-319.

[44] ARIAS L M B, COMBETTES P L. A monotone+skew splitting model for composite monotone inclusions in duality[J]. SIAM Journal on Optimization, 2011, 21(4):1230-1250.

[45] HE B S, YUAN X M. Convergence analysis of primal-dual algorithms for

saddle-point problem: from contraction perspective [J]. SIAM Journal on Imaging Science, 2012, 5(1):119-149.

[46] ZHU M Q, CHAN T. An efficient primal-dual hybrid gradient algorithm for total variation image restoration[R]. Computational and Applied Mathematics Reports, University of California, Los Angeles, 2008.

[47] ESSER E, ZHANG X, CHAN T. A general framework for a class of first order primal-dual algorithms for TV minimization [R]. Computational and Applied Mathematics Reports, University of California, Los Angeles, 2009.

[48] GOLDSTEIN T, LI M, YUAN X, et al. Adaptive primal-dual hybrid gradient methods for saddle-point problems [J/OL]. ArXiv: 1305.0546, 2013: 1-26.

[49] BONETTINI S, RUGGIERO V. On the convergence of primal-dual hybrid gradient algorithms for total variation image restoration[J]. Journal of Mathematical Imaging and Vision, 2012, 44(3): 236-253.

第 2 章

正则化对偶模型研究的数学基础

图像是离散数字信号，且是有限长的，即尺寸的大小是有限的，而进行图像处理时，往往需要信号是无限长的，因此，需要将有限长信号转化为无限长信号，即对图像进行延拓。图像的延拓有零延拓、零阶光滑延拓、一阶光滑延拓、半点对称延拓、整点对称延拓、半点反对称延拓、整点反对称延拓和周期延拓等。

在图像成像过程中，需要用第一种类的积分方程来描述，表达式为

$$\boldsymbol{u}(\boldsymbol{x})=\int_{R}\boldsymbol{k}(\boldsymbol{x}-\boldsymbol{y})\boldsymbol{f}(\boldsymbol{y})\,\mathrm{d}\boldsymbol{y} \tag{2-1}$$

式中，$\boldsymbol{k}(\boldsymbol{x}-\boldsymbol{y})$称为点扩散函数，具有紧支撑特性。通过矩形法、梯形法、抛物线法（又称辛普森法），并施加边界条件，离散化积分式（2-1），则有

$$\boldsymbol{Af}=\boldsymbol{u}+\boldsymbol{n} \tag{2-2}$$

式中，$\boldsymbol{n}$是噪声，矩阵$\boldsymbol{A}$的结构依赖点扩散函数$\boldsymbol{k}(\boldsymbol{x}-\boldsymbol{y})$和施加的边界条件，其对信号或图像处理算法的设计会产生至关重要的影响。

2.1 图像延拓

1. 零延拓

对图像进行零延拓，表达式为

$$u(i,j)=\begin{cases}u(i,j) & 0\leqslant i,j\leqslant n\\ 0 & \text{其他}\end{cases} \tag{2-3}$$

这种方法是在图像的边缘外补零，优点是简单，编程容易实现；缺点是造成图像的边界不连续，产生阶跃信号，在图像重构时，由于边界的奇异特性，容易产生虚假边缘和振铃效应。在 MATLAB 软件中，函数为 wextend(2，'zpd'，$u(i,j)$)。

2. 光滑延拓

对图像进行光滑延拓，表达式为

$$u(i,j)=\begin{cases}u(i,j) & 0\leqslant i,j\leqslant n\\ u(0,j),u(n,j),u(i,0),u(i,n) & 0\leqslant i,j\leqslant n\end{cases} \tag{2-4}$$

零延拓容易产生阶跃信号，对图像的特征造成不利影响，为避免在图像重构时产生伪边缘，在图像重构时，可以采用光滑延拓。此种方法用图像的边界值代替延拓后图像的组成，对图像的边界进行光滑化处理，使得延拓后图像的边界连续，从图像的延拓结果看出，延拓后的图像失真较大。在 MATLAB 软件中，函数为 wextend(2，'spd'，$u(i,j)$)。

3. 周期延拓

对图像进行周期延拓，表达式为

$$u(i,j)=\begin{cases}u(i+N,j+N) & -N\leqslant i,j\leqslant 0\\ u(i,j) & 0\leqslant i,j\leqslant N\\ u(i-N,j-N) & N\leqslant i,j<2N\end{cases} \tag{2-5}$$

通过这种方法延拓后，获得的图像具有周期性，图像的边界值相差较大，产生阶梯信息，容易造成重构图像失真，但是若滤波器的延拓方式与图像的延拓方式一样，则可以避免由于边缘的阶跃信号对图像重构产生的不利影响。周期延拓的优点是利用周期特性，可以设计快速傅里叶变换对图像进行处理，形成高效、快速迭代处理算法。在 MATLAB 软件中，函数为 wextend(2，'per'，$u(i,j)$)。

4. 对称延拓

对图像进行对称延拓，表达式为

$$u(i,j)=\begin{cases}u(-N-i,-N-j) & -N\leqslant i,j\leqslant 0\\ u(i,j) & 0\leqslant i,j\leqslant N\\ u(2N-i-1,2N-j-1) & N\leqslant i,j<2N\end{cases} \tag{2-6}$$

这种方法是延拓部分和原始图像关于边缘对称，原始图像的边界是对称轴，沿着边界翻折，延拓前后的图像重合，对于图像边界的四个顶点，通过坐标平移，关于原点对称。在图像处理中，可以利用图像的对称性，使用离散余弦变换设计快速迭代算法。在 MATLAB 软件中，函数为 wextend(2，'symw'，$u(i,j)$)。

5. 反对称延拓

对图像进行反对称延拓，表达式为

$$u(i,j)=\begin{cases} u_{1-i,j}=2u_{1,j}-u_{1+i,j},u_{n+i,j}=2u_{n,j}-u_{n-i,j} & 1\leqslant i,j\leqslant n \\ u_{1-i,1-j}=4u_{1,1}-2u_{1,1+j}-2u_{1+i,1}+u_{1+i,1+j} & 1\leqslant i,j\leqslant n \\ u_{1-i,n+j}=4u_{1,n}-2u_{1,n-j}-2u_{1+i,n}+u_{1+i,n-j} & 1\leqslant i,j\leqslant n \\ u(i,j) & 1\leqslant i,j\leqslant n \\ u_{j,1-i}=2u_{j,1}-u_{j,i+1},u_{j,n+i}=2u_{j,n}-u_{j,n-i} & 1\leqslant i,j\leqslant n \\ u_{n+i,1-j}=4u_{n,1}-2u_{n,1+j}-2u_{n-i,1}+u_{n-i,1+j} & 1\leqslant i,j\leqslant n \\ u_{n+i,n+j}=4u_{n,n}-2u_{n,n-j}-2u_{n-i,n}+u_{n-i,n-j} & 1\leqslant i,j\leqslant n \end{cases} \tag{2-7}$$

这种方法可以利用正弦变换进行算法设计。在 MATLAB 软件中，函数为 wextend(2，'asymw'，$u(i,j)$)。

给定合成模拟图像，五种延拓仿真结果对比如图 2-1 所示。

（a）原始合成模拟图像

（b）零延拓

图 2-1　合成模拟图像五种延拓仿真结果对比

（c）光滑延拓

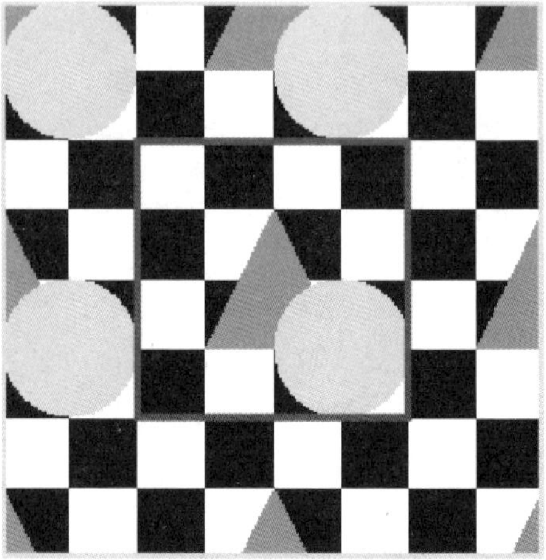

（d）周期延拓

（e）对称延拓

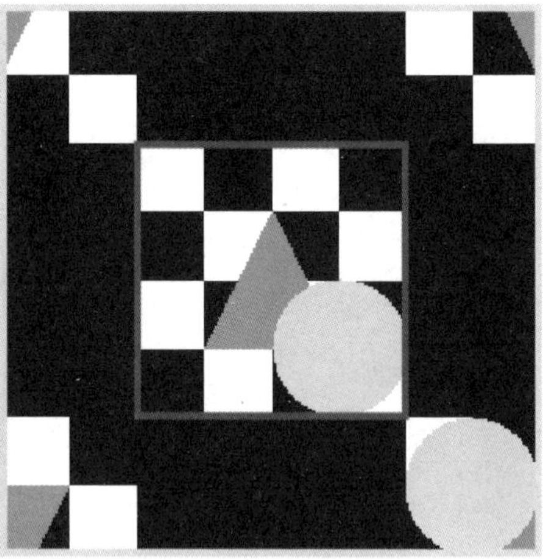

（f）反对称延拓

图 2-1 合成模拟图像五种延拓仿真结果对比（续）

给定真实“花”图像，五种延拓仿真结果对比如图 2-2 所示。

（a）原始“花”图像

（b）零延拓

（c）光滑延拓

（d）周期延拓

（e）对称延拓

（f）反对称延拓

图 2-2　“花”图像五种延拓仿真结果对比

给定真实医学 MRI 图像，五种延拓仿真结果对比如图 2-3 所示。

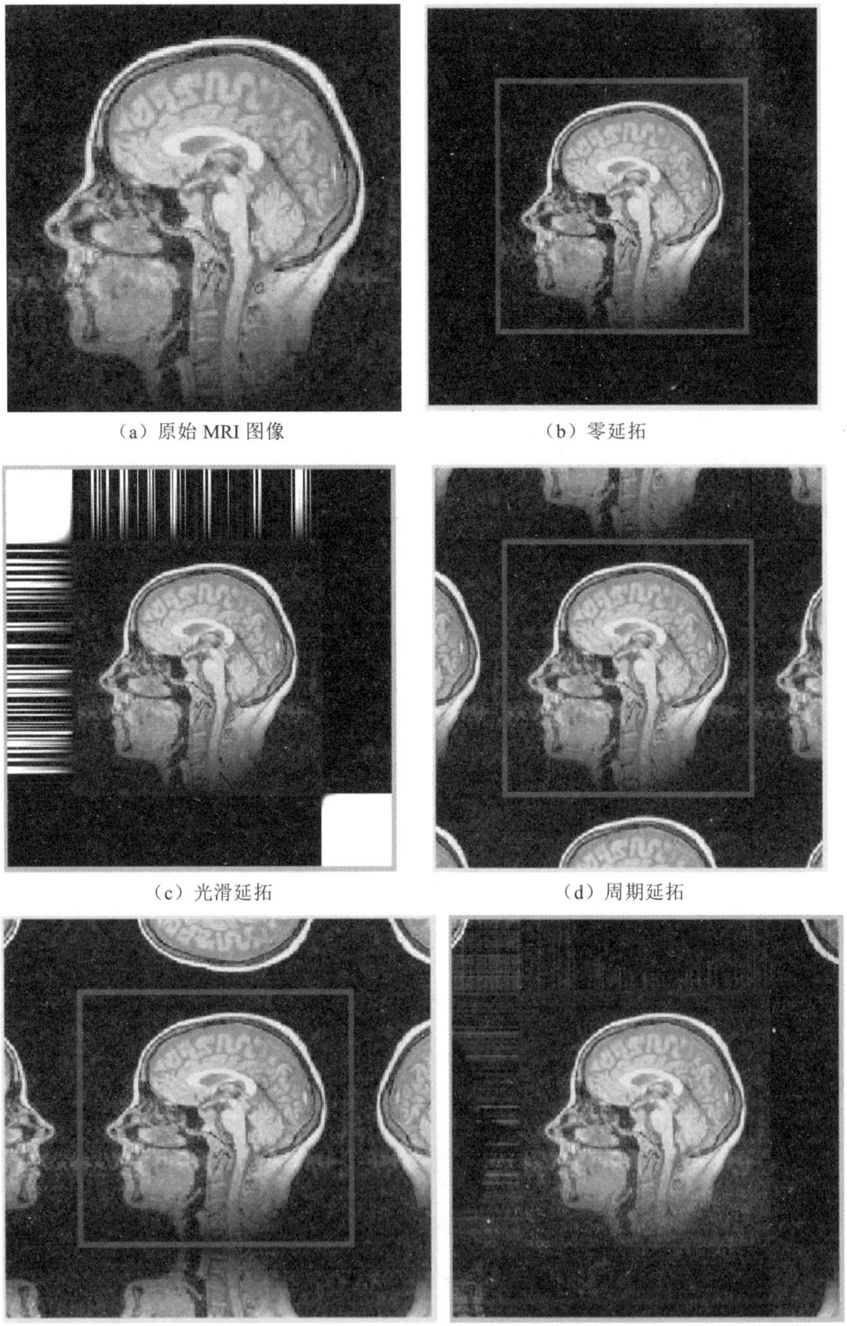

（a）原始 MRI 图像　　（b）零延拓

（c）光滑延拓　　（d）周期延拓

（e）对称延拓　　（f）反对称延拓

图 2-3　医学 MRI 图像五种延拓仿真结果对比

四种图像延拓方法对矩阵 $\boldsymbol{A}$ 的结构影响如表 2-1 所示。

表 2-1　四种图像延拓方法对矩阵 $\boldsymbol{A}$ 的结构影响

延拓类型	点扩散函数	利用的变换
零延拓	Toeplitz 矩阵	快速傅里叶变换
周期延拓	Circulant 矩阵	Circulant 矩阵
对称延拓	Toeplitz+Hankel 矩阵	快速余弦变换
反对称延拓	Toeplitz+Hankel+Rank2 矩阵	快速正弦变换

2.2　有限差分法

图像是数字信号，灰度值在规则的网络点上。但在实际应用中，大多用连续函数来描述图像的统计分布，因此，在计算机编程阶段，需要将连续函数转化为离散函数。由数值分析可知，通过选取合适的离散步长，利用有限差分法可对图像的数学模型进行离散化。

在图像重构研究中，建立的是能量泛函正则化模型，而通过变分获得的是偏微分方程，而且大部分偏微分方程不具有显式解，需要离散化，以获得离散的逼近解。常用的离散化方法有有限差分法、有限元法和谱方法。由于图像的天然网格特性，本章主要关注有限差分法。

2.2.1　一元函数的泰勒公式

若函数 $u(x)$ 在 x_0 的某邻域内具有直到 $n+1$ 阶导数，则对该邻域内的任意 x，n 阶泰勒展开式为

$$u(x)=u(x_0)+u'(x_0)(x-x_0)+\frac{u''(x_0)}{2!}(x-x_0)+\cdots+$$
$$\frac{u^{(n)}(x_0)}{n!}(x-x_0)^n+\cdots+\frac{u^{(n+1)}(x_0+\eta(x-x_0))}{(n+1)!}(x-x_0)^{n+1} \quad (2\text{-}8)$$

式中，$0<\eta<1$。从上式可以看出，用 n 次多项式来近似表达函数 $u(x)$ 的值，其误差是高阶无穷小，即 $\lim\limits_{x\to x_0}\frac{(x-x_0)^{n+1}}{(x-x_0)^n}=0$。在实际信号处理中，随着多项式阶

数的增加，算法的计算复杂度增加，同时使得处理后的信号光滑性增强，容易抹杀信号的奇异特性。因此，在实际使用中，考虑信号的特征和算法的复杂度，常用一至四阶泰勒展开式来逼近连续信号。选择几阶泰勒展开式，取决于研究的信号的特性。低阶泰勒展开式，如一阶泰勒展开式，容易体现信号的间断特性，二至四阶泰勒展开式能更好地体现信号的平滑特性。

在信号处理中，常用“L_2范数”描述信号的拟合项，用光滑函数描述图像的正则项，通过变分获得欧拉-拉格朗日方程（椭圆型偏微分方程），而为和计算机有机地结合，用动态过程计算椭圆偏微分方程的离散解，需将其转化为发展型偏微分方程，通过离散化时间，引入算法的迭代次数，设计快速迭代算法，编写程序，以获得发展型偏微分方程的数值解。

例 2.1 已知连续发展型偏微分方程表达式为

$$\frac{\partial u}{\partial t}=C\frac{\partial^2 u}{\partial x^2} \tag{2-9}$$

式中，$u=u(x,t)$，$C>0$，$x\in R$，将其进行离散化。

解： 将$u(x,t)$在$(i\Delta x, j\Delta t)$处进行泰勒展开，则有

$$u\big((i+1)\Delta x, j\Delta t\big)=\left(u+\Delta x\frac{\partial u}{\partial x}+\frac{\Delta^2 x}{2}\frac{\partial^2 u}{\partial x^2}\right)(i\Delta x, j\Delta t)+O\left(\Delta^3 x\right) \tag{2-10}$$

$$u\big((i-1)\Delta x, j\Delta t\big)=\left(u-\Delta x\frac{\partial u}{\partial x}+\frac{\Delta^2 x}{2}\frac{\partial^2 u}{\partial x^2}\right)(i\Delta x, j\Delta t)+O\left(\Delta^3 x\right) \tag{2-11}$$

$$u\big(i\Delta x,(j+1)\Delta t\big)=\left(u+\Delta t\frac{\partial u}{\partial t}\right)(i\Delta x, j\Delta t)+O\left(\Delta^2 t\right) \tag{2-12}$$

式中，$u\big((i+1)\Delta x, j\Delta t\big)$、$u\big((i-1)\Delta x, j\Delta t\big)$和$u\big(i\Delta x,(j+1)\Delta t\big)$分别记为$u_{i+1}^j$、$u_{i-1}^j$和$u_i^{j+1}$。

将式（2-10）与式（2-11）相加，则有

$$\frac{\partial^2 u}{\partial x^2}(i\Delta x, j\Delta t)=\frac{u_{i+1}^j-2u_i^j+u_{i-1}^j}{\Delta^2 x} \tag{2-13}$$

若式（2-12）忽略高阶无穷小，则有

$$\frac{\partial u}{\partial t}(i\Delta x, j\Delta t)=\frac{u_i^{j+1}-u_i^j}{\Delta t} \tag{2-14}$$

则式（2-9）的离散化表达式为

$$\frac{u_i^{j+1}-u_i^j}{\Delta t}=C\frac{u_{i+1}^j-2u_i^j+u_{i-1}^j}{\Delta^2 x} \tag{2-15}$$

经整理，则有

$$u_i^{j+1}=\left(1-\frac{C\Delta t}{\Delta^2 x}\right)u_i^j+\frac{C\Delta t}{\Delta^2 x}\left(u_{i+1}^j+u_{i-1}^j\right) \tag{2-16}$$

通过迭代，获得式（2-9）的离散解。

2.2.2　二元函数的泰勒公式

在图像处理中，图像是二维信号，需要使用两个变量的多项式来逼近图像的特性。若函数 $u(x,y)$ 在 (x_0,y_0) 的某一邻域内 $(x_0+\Delta x, y_0+\Delta y)$ 具有直到 $n+1$ 阶偏导数，则对该邻域内的任意 (x,y)，n 阶泰勒展开式为

$$u(x,y)=u(x_0,y_0)+\begin{pmatrix}\Delta x\\ \Delta y\end{pmatrix}^{\mathrm T}\begin{pmatrix}\dfrac{\partial}{\partial x}\\ \dfrac{\partial}{\partial x}\end{pmatrix}u(x_0,y_0)+\frac{1}{2!}\left(\begin{pmatrix}\Delta x\\ \Delta y\end{pmatrix}^{\mathrm T}\begin{pmatrix}\dfrac{\partial}{\partial x}\\ \dfrac{\partial}{\partial x}\end{pmatrix}\right)^2u(x_0,y_0)+\cdots+$$
$$\frac{1}{n!}\left(\begin{pmatrix}\Delta x\\ \Delta y\end{pmatrix}^{\mathrm T}\begin{pmatrix}\dfrac{\partial}{\partial x}\\ \dfrac{\partial}{\partial x}\end{pmatrix}\right)^n u(x_0,y_0)+\frac{1}{(n+1)!}\left(\begin{pmatrix}\Delta x\\ \Delta y\end{pmatrix}^{\mathrm T}\begin{pmatrix}\dfrac{\partial}{\partial x}\\ \dfrac{\partial}{\partial x}\end{pmatrix}\right)^{n+1}u(x_0+\eta\Delta x, y_0+\eta\Delta y) \tag{2-17}$$

式中，常数 $0<\eta<1$，其余项 $\begin{pmatrix}\Delta x\\ \Delta y\end{pmatrix}^{\mathrm T}\begin{pmatrix}\dfrac{\partial}{\partial x}\\ \dfrac{\partial}{\partial x}\end{pmatrix}u(x_0,y_0)=\Delta x\dfrac{\partial u(x_0,y_0)}{\partial x}+\Delta y\dfrac{\partial u(x_0,y_0)}{\partial y}$，

$\left(\begin{pmatrix}\Delta x\\ \Delta y\end{pmatrix}^{\mathrm T}\begin{pmatrix}\dfrac{\partial}{\partial x}\\ \dfrac{\partial}{\partial x}\end{pmatrix}\right)^2u(x_0,y_0)=(\Delta x)^2\dfrac{\partial^2u(x_0,y_0)}{\partial x^2}+2\Delta x\Delta y\dfrac{\partial^2u(x_0,y_0)}{\partial x\partial y}+(\Delta y)^2\dfrac{\partial^2u(x_0,y_0)}{\partial y^2}$，

$\left(\begin{pmatrix}\Delta x\\ \Delta y\end{pmatrix}^{\mathrm T}\begin{pmatrix}\dfrac{\partial}{\partial x}\\ \dfrac{\partial}{\partial x}\end{pmatrix}\right)^n u(x_0,y_0)=\displaystyle\sum_{i=0}^{n}C_n^i(\Delta x)^i(\Delta y)^{n-i}\dfrac{\partial^n u(x_0,y_0)}{\partial x^i\partial y^{n-i}}$，最后一项是拉格朗日余项。

例 2.2 已知连续发展型偏微分方程表达式为

$$\frac{\partial u}{\partial t}=C\left(\frac{\partial^2 u}{\partial x^2}+\frac{\partial^2 u}{\partial y^2}\right) \tag{2-18}$$

式中，$u=u(x,y,t)$，$C>0$，$x\times y\in R^2$，将其进行离散化。

解：将$u(x,y,t)$在$(i\Delta x, j\Delta y, k\Delta t)$处进行泰勒展开，则有

$$u((i+1)\Delta x, j\Delta y, k\Delta t)=\left(u+\Delta x\frac{\partial u}{\partial x}+\frac{\Delta^2 x}{2}\frac{\partial^2 u}{\partial x^2}\right)(i\Delta x, j\Delta y, j\Delta t)+O(\Delta^3 x) \tag{2-19}$$

$$u((i-1)\Delta x, j\Delta y, k\Delta t)=\left(u-\Delta x\frac{\partial u}{\partial x}+\frac{\Delta^2 x}{2}\frac{\partial^2 u}{\partial x^2}\right)(i\Delta x, j\Delta y, k\Delta t)+O(\Delta^3 x) \tag{2-20}$$

$$u(i\Delta x,(j+1)\Delta y, k\Delta t)=\left(u+\Delta y\frac{\partial u}{\partial y}+\frac{\Delta^2 y}{2}\frac{\partial^2 u}{\partial y^2}\right)(i\Delta x, j\Delta y, j\Delta t)+O(\Delta^3 y) \tag{2-21}$$

$$u(i\Delta x,(j-1)\Delta y, k\Delta t)=\left(u-\Delta y\frac{\partial u}{\partial y}+\frac{\Delta^2 y}{2}\frac{\partial^2 u}{\partial y^2}\right)(i\Delta x, j\Delta y, k\Delta t)+O(\Delta^3 y) \tag{2-22}$$

$$u(i\Delta x, j\Delta y,(k+1)\Delta t)=\left(u+\Delta t\frac{\partial u}{\partial t}\right)(i\Delta x, j\Delta y, k\Delta t)+O(\Delta^2 t) \tag{2-23}$$

式中，$u((i+1)\Delta x, j\Delta y, k\Delta t)$、$u((i-1)\Delta x, j\Delta y, k\Delta t)$、$u(i\Delta x,(j+1)\Delta y, k\Delta t)$、$u(i\Delta x,(j-1)\Delta y, k\Delta t)$和$u(i\Delta x, j\Delta y,(k+1)\Delta t)$分别记为$u_{i+1,j}^k$、$u_{i-1,j}^k$、$u_{i,j+1}^k$、$u_{i,j-1}^k$和$u_{i,j}^{k+1}$。

将式（2-19）与式（2-20）相加，则有

$$\frac{\partial^2 u}{\partial x^2}(i\Delta x, j\Delta y, k\Delta t)=\frac{u_{i+1,j}^k-2u_{i,j}^k+u_{i-1,j}^k}{\Delta^2 x} \tag{2-24}$$

将式（2-21）与式（2-22）相加，则有

$$\frac{\partial^2 u}{\partial y^2}(i\Delta x, j\Delta y, k\Delta t)=\frac{u_{i,j+1}^k-2u_{i,j}^k+u_{i,j-1}^k}{\Delta^2 y} \tag{2-25}$$

若式（2-23）忽略高阶无穷小，则有

$$\frac{\partial u}{\partial t}(i\Delta x, j\Delta y, k\Delta t)=\frac{u_{i,j}^{k+1}-u_{i,j}^k}{\Delta t} \tag{2-26}$$

则式（2-18）的离散化表达式为

$$\frac{u_{i,j}^{k+1}-u_{i,j}^k}{\Delta t}=C\left(\frac{u_{i+1,j}^k-2u_{i,j}^k+u_{i-1,j}^k}{\Delta^2 x}+\frac{u_{i,j+1}^k-2u_{i,j}^k+u_{i,j-1}^k}{\Delta^2 y}\right) \tag{2-27}$$

经整理，则有

$$u_{i,j}^{k+1}-u_{i,j}^{k}=C\Delta t\left(\frac{u_{i+1,j}^{k}-2u_{i,j}^{k}+u_{i-1,j}^{k}}{\Delta^2 x}+\frac{u_{i,j+1}^{k}-2u_{i,j}^{k}+u_{i,j-1}^{k}}{\Delta^2 y}\right) \tag{2-28}$$

$$u_{i,j}^{k+1}=\left(1-\frac{C\Delta t}{\Delta^2 x}-\frac{C\Delta t}{\Delta^2 y}\right)u_{i,j}^{k}+C\Delta t\left(\frac{u_{i+1,j}^{k}+u_{i-1,j}^{k}}{\Delta^2 x}+\frac{u_{i,j+1}^{k}+u_{i,j-1}^{k}}{\Delta^2 y}\right) \tag{2-29}$$

通过迭代，获得式（2-18）的离散解。

2.2.3　利用差分计算扩散函数的解

定义 2.1　若图像的扩散方程为 $u_t=\delta u_{xx}$，$t>0$，则其基本解表达式为

$$u(x,t)=\frac{1}{\sqrt{4\pi\delta t}}\mathrm{e}^{-\frac{x^2}{4\delta t}} \tag{2-30}$$

当 $\delta=1$ 时，式中的解表示为 $u(x,t)=\frac{1}{\sqrt{4\pi t}}\mathrm{e}^{-\frac{x^2}{4t}}$。

在迭代算法中，需要给定初始值，然后进行迭代。下面以扩散方程为例，讨论初始值问题。

定理 2.1　对 $x\in\mathbb{R}$，若函数的初始值 $u(x,0)=u(x)$，则扩散方程 $u_t=\delta u_{xx}$ 的解为

$$u(x,t)=\frac{1}{\sqrt{4\pi\delta t}}\int_{-\infty}^{\infty}u(s)\,\mathrm{e}^{-\frac{(x-s)^2}{4\delta t}}\mathrm{d}s \tag{2-31}$$

讨论：① $\frac{1}{\sqrt{4\pi\delta t}}\int_{-\infty}^{\infty}\mathrm{e}^{-\frac{s^2}{4\delta t}}\mathrm{d}s=\int_{-\infty}^{\infty}\frac{1}{\sqrt{4\pi\delta t}}\mathrm{e}^{-\frac{s^2}{4\delta t}}\mathrm{d}s$，令 $s=r\sqrt{4\delta t}\Rightarrow \mathrm{d}s=\sqrt{4\delta t}\mathrm{d}r$，则

$$\frac{1}{\sqrt{4\pi\delta t}}\int_{-\infty}^{\infty}\mathrm{e}^{-\frac{s^2}{4\delta t}}\mathrm{d}s=\int_{-\infty}^{\infty}\frac{1}{\sqrt{\pi}}\mathrm{e}^{-r^2}\mathrm{d}r=2\int_{0}^{\infty}\frac{1}{\sqrt{\pi}}\mathrm{e}^{-r^2}\mathrm{d}r=\frac{2}{\sqrt{\pi}}\int_{0}^{\infty}\mathrm{e}^{-r^2}\mathrm{d}r=\frac{2}{\sqrt{\pi}}\Gamma\left(\frac{1}{2}\right)=1\text{。}$$

②式（2-31）为卷积表达式，即 $u(x,t)=\int_{-\infty}^{\infty}u(s)u(x,t)\,\mathrm{d}s=\int_{-\infty}^{\infty}u(s)u(x-s,t)\,\mathrm{d}s$，也就是基本解与初始值的卷积。

下面给出定理 2.1 的证明。

$$u_t=\delta u_{xx} \tag{2-32}$$

对式（2-32）进行离散化处理，则有

$$\frac{u_{i,n}-u_{i,n-1}}{\delta}=\frac{\Delta^2}{2\delta}\frac{u_{i+1,n-1}-2u_{i,n-1}+u_{i-1,n-1}}{\Delta^2} \tag{2-33}$$

式中，$u_{i,n}=\frac{1}{2}\left(u_{i+1,n-1}+u_{i-1,n-1}\right)$，对 $u_{i,n}$ 进行转化，则有

$$\sum_{i=-\infty}^{\infty}u_{i,n}=\frac{1}{2}\sum_{i=-\infty}^{\infty}\left(u_{i+1,n-1}-2u_{i,n-1}+u_{i-1,n-1}\right)+\sum_{i=-\infty}^{\infty}u_{i,n-1} \tag{2-34}$$

由于

$$\frac{1}{2}\sum_{i=-\infty}^{\infty}\left(u_{i+1,n-1}-2u_{i,n-1}+u_{i-1,n-1}\right)=0 \tag{2-35}$$

所以

$$\sum_{i=-\infty}^{\infty}u_{i,n}=\sum_{i=-\infty}^{\infty}2\Delta x\frac{1}{2\Delta x}u_{i,n}=\text{const}=1\text{，}\int_{-\infty}^{\infty}u(x,t)\,\mathrm{d}x=\text{const}=1 \tag{2-36}$$

$Q=\frac{1}{2\Delta}\frac{n!}{2^n\left(\frac{n-i}{2}\right)!\left(\frac{n+i}{2}\right)!}$，令 $x=i\Delta$，$t=n\delta\Rightarrow n=\frac{t}{\delta}$，$x$ 和 t 是给定的，当 $\Delta\to 0$，$\delta\to 0$ 时，则 $\frac{\Delta^2}{2\delta}=\sigma$，受此条件的限制

$$Q=\frac{1}{2\Delta}\frac{n!}{2^n\left(\frac{n-i}{2}\right)!\left(\frac{n+i}{2}\right)!}=\frac{1}{2\Delta}\frac{\left(\frac{t}{\delta}\right)!}{2^n\left(\frac{\frac{t}{\delta}-\frac{x}{\Delta}}{2}\right)!\left(\frac{\frac{t}{\delta}+\frac{x}{\Delta}}{2}\right)!} \tag{2-37}$$ [①]

$\lim\limits_{N\to\infty}N!=N^N\mathrm{e}^{-N}\sqrt{2\pi N}$

$$Q=\frac{\frac{1}{2\Delta}\left(\frac{t}{\delta}\right)^{\frac{t}{\delta}}\mathrm{e}^{-\frac{t}{\delta}}\sqrt{2\pi\frac{t}{\delta}}}{2^{\frac{t}{\delta}}\left(\frac{t}{2\delta}+\frac{x}{2\Delta}\right)^{\left(\frac{t}{2\delta}+\frac{x}{2\Delta}\right)}\mathrm{e}^{-\frac{t}{2\delta}-\frac{x}{2\Delta}}\sqrt{2\pi\left(\frac{t}{2\delta}+\frac{x}{2\Delta}\right)}\left(\frac{t}{2\delta}-\frac{x}{2\Delta}\right)^{\left(\frac{t}{2\delta}-\frac{x}{2\Delta}\right)}\mathrm{e}^{-\frac{t}{2\delta}+\frac{x}{2\Delta}}\sqrt{2\pi\left(\frac{t}{2\delta}-\frac{x}{2\Delta}\right)}} \tag{2-38}$$

---

① 杨辉三角，$p_{i,n}=\frac{n!}{2^n\left(\frac{n-i}{2}\right)!\left(\frac{n+i}{2}\right)!}$（类似二项式系数的展开 $C_n^{\frac{n+i}{2}}$）。

消项过程如下：

$$Q=\frac{1}{2\Delta}\frac{\left(\frac{t}{\delta}\right)^{\frac{t}{\delta}}\mathrm{e}^{-\frac{t}{\delta}}\sqrt{2\pi\frac{t}{\delta}}}{2^{\frac{t}{\delta}}\left(\frac{t}{2\delta}+\frac{x}{2\Delta}\right)^{\left(\frac{t}{2\delta}+\frac{x}{2\Delta}\right)}\mathrm{e}^{-\frac{2t}{2\delta}-\frac{x}{2\Delta}+\frac{x}{2\Delta}}\sqrt{2\pi\left(\frac{t}{2\delta}+\frac{x}{2\Delta}\right)}\left(\frac{t}{2\delta}-\frac{x}{2\Delta}\right)^{\left(\frac{t}{2\delta}-\frac{x}{2\Delta}\right)}\sqrt{2\pi\left(\frac{t}{2\delta}-\frac{x}{2\Delta}\right)}}\tag{2-39}$$

$$Q=\frac{1}{2\Delta}\frac{\left(\frac{t}{\delta}\right)^{\frac{t}{\delta}}\sqrt{2\pi\frac{t}{\delta}}}{2^{\frac{t}{\delta}}\left(\frac{t}{2\delta}+\frac{x}{2\Delta}\right)^{\left(\frac{t}{2\delta}+\frac{x}{2\Delta}\right)}\sqrt{2\pi\left(\frac{t}{2\delta}+\frac{x}{2\Delta}\right)}\left(\frac{t}{2\delta}-\frac{x}{2\Delta}\right)^{\left(\frac{t}{2\delta}-\frac{x}{2\Delta}\right)}\sqrt{2\pi\left(\frac{t}{2\delta}-\frac{x}{2\Delta}\right)}}\tag{2-40}$$

$$Q=\frac{\frac{1}{2\Delta}\left(\frac{t}{\delta}\right)^{\frac{t}{\delta}}\sqrt{\frac{t}{\delta}}}{2^{\frac{t}{\delta}}\left(\frac{t}{2\delta}\right)^{\left(\frac{t}{2\delta}+\frac{x}{2\Delta}\right)}\left(1+\frac{x}{2\Delta}\frac{2\delta}{t}\right)^{\left(\frac{t}{2\delta}+\frac{x}{2\Delta}\right)}\sqrt{2\pi\left(\frac{t}{2\delta}+\frac{x}{2\Delta}\right)}\left(\frac{t}{2\delta}\right)^{\left(\frac{t}{2\delta}-\frac{x}{2\Delta}\right)}\left(1-\frac{x}{2\Delta}\frac{2\delta}{t}\right)^{\left(\frac{t}{2\delta}-\frac{x}{2\Delta}\right)}\sqrt{\frac{t}{2\delta}-\frac{x}{2\Delta}}}\tag{2-41}$$

$$Q=\frac{\frac{1}{2\Delta}\left(\frac{t}{\delta}\right)^{\frac{t}{\delta}}\sqrt{\frac{t}{\delta}}}{2^{\frac{t}{\delta}}\left(\frac{t}{2\delta}\right)^{\left(\frac{t}{2\delta}+\frac{x}{2\Delta}+\frac{t}{2\delta}-\frac{x}{2\Delta}\right)}\left(1+\frac{x}{2\Delta}\frac{2\delta}{t}\right)^{\left(\frac{t}{2\delta}+\frac{x}{2\Delta}\right)}\sqrt{2\pi\left(\frac{t}{2\delta}+\frac{x}{2\Delta}\right)}\left(1-\frac{x}{2\Delta}\frac{2\delta}{t}\right)^{\left(\frac{t}{2\delta}-\frac{x}{2\Delta}\right)}\sqrt{\frac{t}{2\delta}-\frac{x}{2\Delta}}}\tag{2-42}$$

$$Q=\frac{\frac{1}{2\Delta}\left(\frac{t}{\delta}\right)^{\frac{t}{\delta}}\sqrt{\frac{t}{\delta}}}{2^{\frac{t}{\delta}}\left(\frac{t}{2\delta}\right)^{\left(\frac{t}{\delta}\right)}\left(1+\frac{x}{2\Delta}\frac{2\delta}{t}\right)^{\left(\frac{t}{2\delta}+\frac{x}{2\Delta}\right)}\sqrt{2\pi\left(\frac{t}{2\delta}+\frac{x}{2\Delta}\right)}\left(1-\frac{x}{2\Delta}\frac{2\delta}{t}\right)^{\left(\frac{t}{2\delta}-\frac{x}{2\Delta}\right)}\sqrt{\frac{t}{2\delta}-\frac{x}{2\Delta}}}\tag{2-43}$$

$$Q=\frac{\frac{1}{2\Delta}\left(\frac{t}{\delta}\right)^{\frac{t}{\delta}}\sqrt{\frac{t}{\delta}}}{2^{\frac{t}{\delta}}\frac{1}{2^{\frac{t}{\delta}}}\left(\frac{t}{\delta}\right)^{\left(\frac{t}{\delta}\right)}\left(1+\frac{x}{2\Delta}\frac{2\delta}{t}\right)^{\left(\frac{t}{2\delta}+\frac{x}{2\Delta}\right)}\sqrt{2\pi\left(\frac{t}{2\delta}+\frac{x}{2\Delta}\right)}\left(1-\frac{x}{2\Delta}\frac{2\delta}{t}\right)^{\left(\frac{t}{2\delta}-\frac{x}{2\Delta}\right)}\sqrt{\frac{t}{2\delta}-\frac{x}{2\Delta}}}\tag{2-44}$$

$\sqrt{\frac{t}{2\delta}-\frac{x}{2\Delta}}=\sqrt{\frac{t\sigma}{\Delta^2}-\frac{x}{2\Delta}}$，$\frac{\Delta^2}{2\delta}=\sigma\Rightarrow\delta=\frac{\Delta^2}{2\sigma}$，当 $\Delta\to 0$ 时，$\frac{t\sigma}{\Delta^2}>>\frac{x}{2\Delta}$，则 $\sqrt{\frac{t}{2\delta}-\frac{x}{2\Delta}}=\sqrt{\frac{t\sigma}{\Delta^2}-\frac{x}{2\Delta}}\approx\sqrt{\frac{t\sigma}{\Delta^2}}$

$$Q=\frac{\frac{1}{2\Delta}\sqrt{\frac{t}{\delta}}}{\sqrt{\frac{t\pi}{\delta}}\sqrt{\frac{t}{2\delta}}\left(1+\frac{x\delta}{\Delta t}\right)^{\frac{t}{2\delta}}\left(1+\frac{x\delta}{\Delta t}\right)^{\frac{x}{2\Delta}}\left(1-\frac{x\delta}{\Delta t}\right)^{\frac{t}{2\delta}}\left(1-\frac{x\delta}{\Delta t}\right)^{-\frac{x}{2\Delta}}} \tag{2-45}$$

$$Q=\frac{1}{2\Delta\sqrt{\frac{t\pi}{2\delta}}\left(1-\frac{x^2\delta^2}{\Delta^2t^2}\right)^{\frac{t}{2\delta}}\left(1+\frac{x\delta}{\Delta t}\right)^{\frac{x}{2\Delta}}\left(1-\frac{x\delta}{\Delta t}\right)^{-\frac{x}{2\Delta}}} \tag{2-46}$$

$$Q=\frac{1}{\sqrt{4\pi\sigma t}\left(1-\frac{x^2\delta^2}{2\sigma\delta t^2}\right)^{\frac{t}{2\delta}}}=\frac{1}{\sqrt{4\pi\sigma t}\left(1-\frac{x^2}{2\sigma t}\frac{\delta}{t}\right)^{\frac{t}{2\delta}}}=\frac{1}{\sqrt{4\pi\sigma t}\left(1-\frac{x^2}{4\sigma t}\frac{2\delta}{t}\right)^{\frac{t}{2\delta}}} \tag{2-47}$$

令 $B=\frac{t}{2\delta}\to 0$，$\frac{1}{B}=\frac{2\delta}{t}$，$Q=\frac{1}{\sqrt{4\pi\sigma t}\left(1-\frac{x^2}{4\sigma t}\frac{1}{B}\right)^B}$，因为 $\left(1-\frac{x^2}{4\sigma t}\frac{1}{B}\right)^B=\mathrm{e}^{-\frac{x^2}{4\sigma t}}$（注：$\lim\limits_{B\to 0}\left(1+a\frac{1}{B}\right)^B=\mathrm{e}^a$），所以 $Q=\frac{1}{\sqrt{4\pi\sigma t}}\mathrm{e}^{-\frac{x^2}{4\sigma t}}$。命题得证。

2.3 图像的矢量分析

信号和图像的采集需要传感器，为描述这种采集过程，常采用第一种类型的积分方程，由于计算机处理的是离散信号，而积分方程是连续的，因此需要对积分方程进行离散化处理，使得离散形式的微分方程逼近连续形式的积分方程，这样就将图像采集过程表述为一个矩阵方程，利用矩阵、数值分析和优化算法，对系统矩阵和采集获得的信息进行处理，获得理想的重构图像。

2.3.1 一阶微分算子

在通过设备采集获得信号或图像后，为获取所需信息，需要对信号和图像进行处理。为获得目标函数的理想解，需要建立合理的数学模型，如能量泛函正则化模型，而正则化模型往往不具有显式的解析解，为获得正则化模型的理想解，需要利用优化理论，设计迭代算法，通过算法的迭代来获得理想解的逼近解。

根据所建立的能量泛函正则化模型，若拟合项和正则项都是光滑的，则可以对其进行一阶微分，以获得目标函数的梯度，设计基于梯度的迭代算法，如最速下降迭代算法、Landwer 迭代算法，以及步长自适应的不动点迭代算法。

图像重构质量一方面取决于所建立模型的准确性，另一方面算法的有效性对图像重构质量也会产生至关重要的影响。而图像的高频信息是图像重构质量的关键，就数字图像而言，高频信息常用前向一阶差分算子来描述，表达式为

$$\mathbf{Grad}(\boldsymbol{u})=\begin{bmatrix}\left(\nabla_x^+\boldsymbol{u}\right)_{i,j}\\ \left(\nabla_y^+\boldsymbol{u}\right)_{i,j}\end{bmatrix} \tag{2-48}$$

式中，$\left(\nabla_x^+\boldsymbol{u}\right)_{i,j}=\begin{cases}\boldsymbol{u}_{i+1,j}-\boldsymbol{u}_{i,j} & 1\leqslant i<m\\ 0 & i=m\end{cases}$，$\left(\nabla_y^+\boldsymbol{u}\right)_{i,j}=\begin{cases}\boldsymbol{u}_{i,j+1}-\boldsymbol{u}_{i,j} & 1\leqslant j<m\\ 0 & j=m\end{cases}$。为便于描述，因此利用矩阵定义一阶差分算子，表达式为

$$\mathbf{Diff}=\begin{bmatrix}-1 & 1 & 0 & 0 & \cdots & 0\\ 0 & -1 & 1 & 0 & \cdots & 0\\ \vdots & \vdots & \vdots & \vdots & \cdots & \vdots\\ 0 & \cdots & 0 & -1 & 1 & 0\\ 0 & \cdots & 0 & 0 & -1 & 1\\ 0 & \cdots & 0 & 0 & 0 & 0\end{bmatrix}_{m\times m} \tag{2-49}$$

对于给定的图像，水平和竖直方向对应的一阶差分算子可以表示为

$$\nabla_x^+=\boldsymbol{I}_m\otimes\mathbf{Diff}\,,\quad \nabla_y^+=\mathbf{Diff}\otimes\boldsymbol{I}_m \tag{2-50}$$

式中，$\boldsymbol{I}_m$ 表示单位阵，$\otimes$ 表示 Kronecker 积。

为进行优化算法设计，往往需要计算前向差分算子的逆算子，即利用后向一阶差分算子来描述图像，表达式为

$$\mathbf{BD}(\boldsymbol{u})=\begin{bmatrix}\left(\nabla_x^-\boldsymbol{u}\right)_{i,j}\\ \left(\nabla_y^-\boldsymbol{u}\right)_{i,j}\end{bmatrix} \tag{2-51}$$

式中，$\left(\nabla_x^-\boldsymbol{u}\right)_{i,j}=\begin{cases}\boldsymbol{u}_{1,j} & i=1\\ \boldsymbol{u}_{i,j}-\boldsymbol{u}_{i-1,j} & 1<i<m\\ -\boldsymbol{u}_{m-1,j} & i=m\end{cases}$，$\left(\nabla_y^-\boldsymbol{u}\right)_{i,j}=\begin{cases}\boldsymbol{u}_{i,1} & j=1\\ \boldsymbol{u}_{i,j}-\boldsymbol{u}_{i,j-1} & 1<j<m\\ -\boldsymbol{u}_{i,m-1} & j=m\end{cases}$。

在进行算法设计时，通过计算梯度算子 $\mathbf{Grad}(\boldsymbol{u})$ 的逆算子，可以获得对应的散

度算子，表达式为

$$\mathbf{Div} = -\mathbf{Grad}^* \tag{2-52}$$

式中，$\mathbf{Grad}^*$ 是 $\mathbf{Grad}$ 的伴随算子。若给定梯度如式（2-48）所示，由式（2-51）和式（2-52），可知其对应的散度算子，表达式为

$$\mathbf{Div} = \left(\nabla_x^- \boldsymbol{u}\right)_{i,j} + \left(\nabla_y^- \boldsymbol{u}\right)_{i,j} \tag{2-53}$$

为了对图像的梯度和散度有一个直观的认识，选用直升机图像和医学 MRI 图像进行试验，观察图像水平方向的梯度、垂直方向的梯度、梯度幅值和散度的图像表示，如图 2-4 和图 2-5 所示。

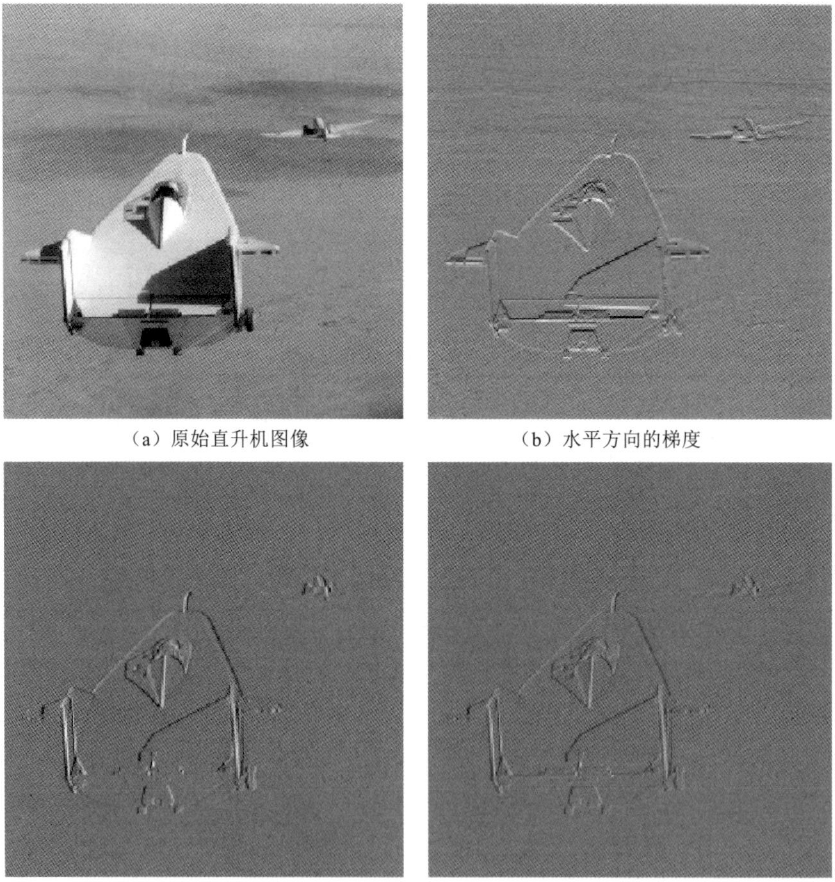

（a）原始直升机图像　（b）水平方向的梯度

（c）垂直方向的梯度　（d）梯度

图 2-4　直升机图像梯度、散度图

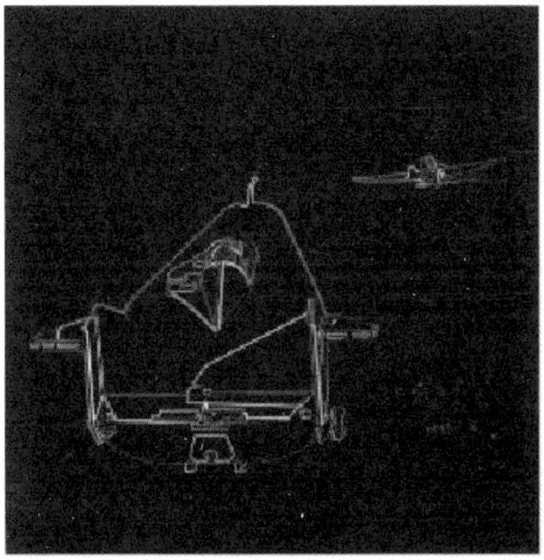

（e）梯度幅值

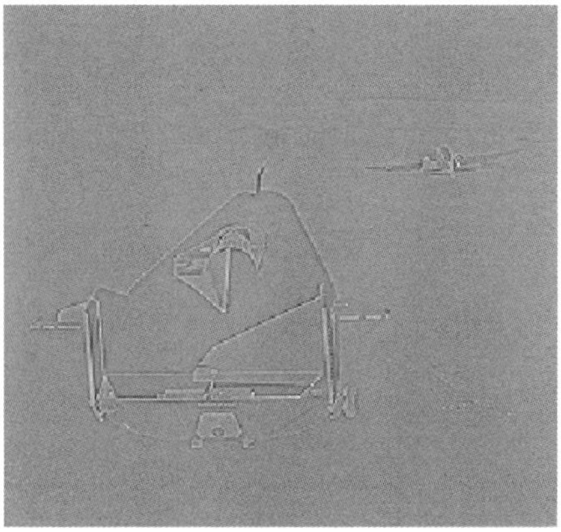

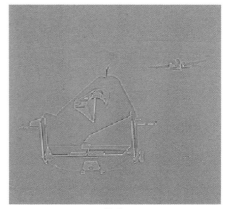

（f）散度

图 2-4　直升机图像梯度、散度图（续）

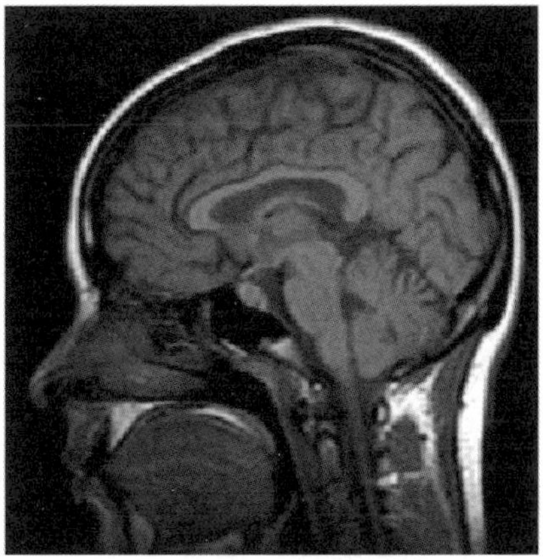

（a）原始医学 MRI 图像

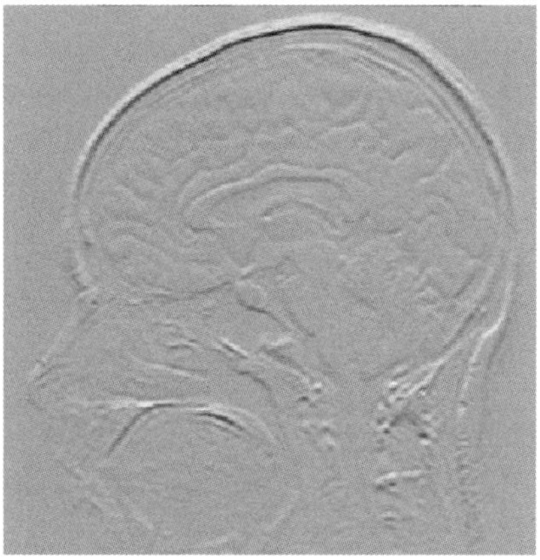

（b）水平方向的梯度

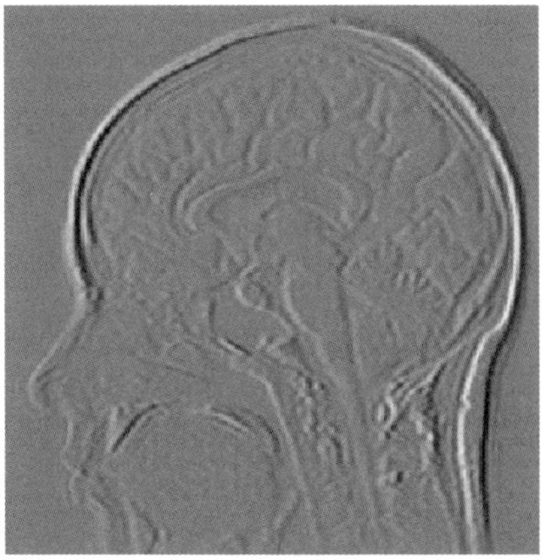

（c）垂直方向的梯度

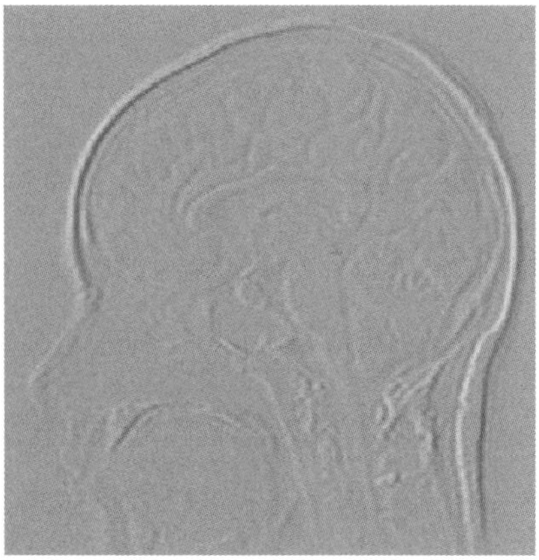

（d）梯度

图 2-5　医学 MRI 图像梯度、散度图

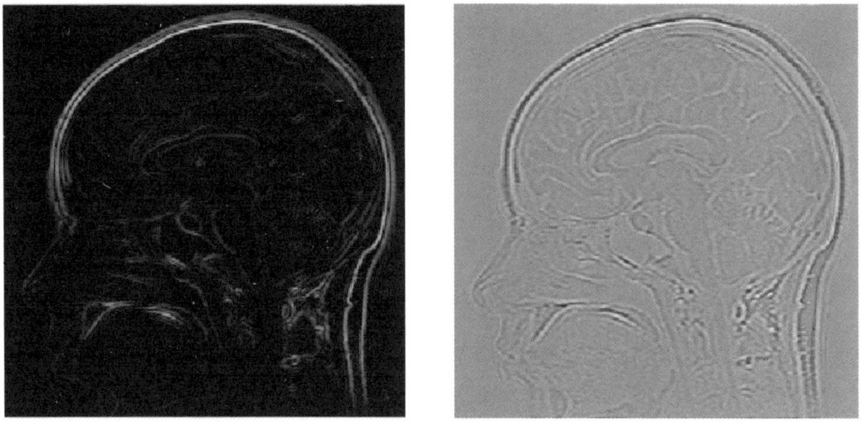

（e）梯度幅值　　（f）散度

图 2-5　医学 MRI 图像梯度、散度图（续）

2.3.2　二阶微分算子

若能量泛函正则化模型是光滑的，则可以直接计算目标函数的二阶导数；若能量泛函正则化模型是非光滑的，则可以利用“磨光”技术，对目标函数进行光滑逼近，然后计算目标函数的二阶导数。基于数值分析和矩阵论，设计牛顿迭代算法、拟牛顿迭代算法、改进的牛顿迭代算法等。

二阶差分算子是一阶差分算子的复合，表达式为

$$\mathbf{Hess}(\boldsymbol{u})=\begin{bmatrix} \left(\nabla_x^-\nabla_x^+\boldsymbol{u}\right)_{i,j} & \frac{1}{2}\left(\left(\nabla_y^-\nabla_x^+ + \nabla_x^-\nabla_y^+\right)\boldsymbol{u}\right)_{i,j} \\ \frac{1}{2}\left(\left(\nabla_y^-\nabla_x^+ + \nabla_x^-\nabla_y^+\right)\boldsymbol{u}\right)_{i,j} & \left(\nabla_y^-\nabla_y^+\boldsymbol{u}\right)_{i,j} \end{bmatrix} \tag{2-54}$$

图像经二阶差分后，获得海森矩阵，为表征图像的二阶差分信息，选用平坦区域较大、细节较少的直升机图像，如图 2-4（a）所示。选用细节比较丰富、平坦区域较小，但块数较多的医学 MRI 图像，如图 2-5（a）所示。选用边缘比较明显的玫瑰图像，如图 2-6（a）所示。选用细节比较丰富的视网膜图像，如图 2-6（b）所示。计算图像二阶差分，将获得的海森矩阵用图像显示，如图 2-7 所示。

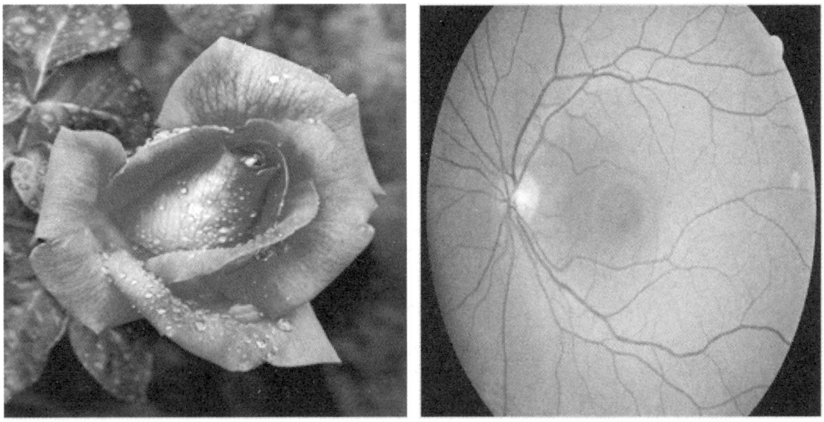

（a）玫瑰图像　　（b）视网膜图像

图 2-6　原始图像

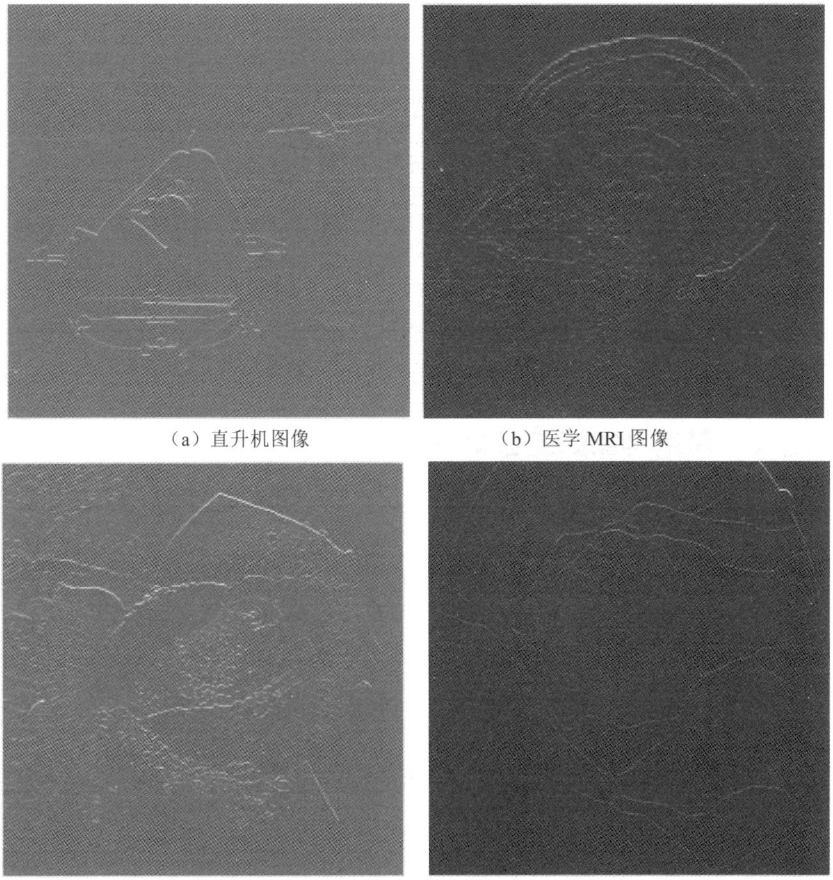

（a）直升机图像　　（b）医学 MRI 图像

（c）玫瑰图像　　（d）视网膜图像

图 2-7　海森矩阵的图像显示

2.4 非参数化迫近算子及参数化迫近算子

迫近算子由 Moreau 于 1962 年提出，是凸投影算子的一种推广，目前已在非线性信号重构问题中得到广泛应用。迫近算子通过将非线性目标函数投影到凸集上，获得容易计算的封闭解，或通过具体和简单的计算就能获得目标函数的解。一般情况下，可以将所建立的能量泛函正则化模型表示成光滑部分和非光滑部分，问题的关键是采用何种算子分裂技术，将目标函数分裂为光滑子问题和非光滑子问题，利用经典迭代算法计算光滑部分，利用迫近算子计算非光滑部分。迫近算子主要有两种形式：非参数化迫近算子和参数化迫近算子，二者统称为迫近算子。

2.4.1 非参数化迫近算子的定义

定义 2.2　非参数化迫近算子 假定目标函数 $f(x)$ 是闭真、凸、下半连续函数，则非参数化迫近算子表达式为

$$\operatorname{prox}_f(u)=\arg\min_x\left\{f(x)+\frac{1}{2}\|x-u\|_2^2\right\} \tag{2-55}$$

2.4.2 常用函数的迫近算子

为了对迫近算子有一个直观的认识，下面举几个常用函数的迫近算子计算方法。在不同学科的实际应用中，读者可能建立的目标函数不同，但为获得目标函数的理想解，都需要对目标函数进行优化，可以借鉴下面的具体推导过程，推导适用于具体工程模型的迫近算子。

例 2.3　幅值伸缩函数的迫近算子 若 $f(x)$ 满足闭真、凸、下半连续函数的条件，s 为尺度，且 $s>0$，$sf(x)$ 伸缩函数的迫近算子表达式为

$$x=\operatorname{prox}_{sf}(u)=(s\partial f+I)^{-1}(u) \tag{2-56}$$

解： 由迫近算子的定义，则幅值伸缩函数迫近算子的目标优化函数为

$$\mathrm{prox}_f(u)=\arg\min_x\left\{sf(x)+\frac{1}{2}\|x-u\|_2^2\right\} \tag{2-57}$$

对上式右边求关于 x 的偏导数，则有

$$0\in s\partial f(x)+x-u \tag{2-58}$$

$$s\partial f(x)+x=u \tag{2-59}$$

$$(s\partial f+I)x=u\Rightarrow x=(I+s\partial f)^{-1}u \tag{2-60}$$

记作

$$x=\mathrm{prox}_{sf}(u) \tag{2-61}$$

式中，$\mathrm{prox}_{sf}=(I+s\partial f)^{-1}$。

例 2.4　自变量伸缩函数的迫近算子　若 $f(x)$ 满足闭真、凸、下半连续函数的条件，s 为尺度，且 $s>0$，$f(sx)$ 伸缩函数的迫近算子表达式为

$$x=\mathrm{prox}_{s^2f}=\left(I+s^2\partial f\right)^{-1}(u) \tag{2-62}$$

解： 由迫近算子的定义可知，伸缩函数迫近算子的目标优化函数为

$$\mathrm{prox}_f(u)=\arg\min_x\left\{f(sx)+\frac{1}{2}\|x-u\|_2^2\right\} \tag{2-63}$$

令 $sx=y\Rightarrow x=\dfrac{y}{s}$，则目标函数变为

$$\arg\min_y\left\{f(y)+\frac{1}{2}\left\|\frac{y}{s}-u\right\|_2^2\right\} \tag{2-64}$$

对上式右边求关于 y 的偏导数，则有

$$0\in\partial f(y)+\frac{1}{s}\left(\frac{y}{s}-u\right) \tag{2-65}$$

$$y+s^2\partial f(y)=su \tag{2-66}$$

$$\frac{1}{s}\left(s^2\partial f+I\right)y=u\Rightarrow y=s\left(I+s^2\partial f\right)^{-1}u \tag{2-67}$$

记作

$$x=\mathrm{prox}_{s^2f}(u) \tag{2-68}$$

式中，$\mathrm{prox}_{s^2f}=\left(I+s^2\partial f\right)^{-1}$。

例 2.5　平移函数的迫近算子　若 $f(x)$ 满足闭真、凸、下半连续函数的条件，a 为水平位移，且 $a>0$，则平移函数 $f(x-a)$ 的迫近算子表达式为

$$x=\operatorname{prox}_f(u-a)+a=(I+\partial f)^{-1}(u-a)+a \tag{2-69}$$

解：由迫近算子的定义可知，伸缩函数迫近算子的目标优化函数为

$$\operatorname{prox}_f(u)=\arg\min_x\left\{f(x-a)+\frac{1}{2}\|x-u\|_2^2\right\} \tag{2-70}$$

令 $y=x-a \Rightarrow x=a+y$，则目标函数变为

$$\arg\min_y\left\{f(y)+\frac{1}{2}\|y+a-u\|_2^2\right\} \tag{2-71}$$

对上式右边求关于 y 的偏导数，则有

$$0\in\partial f(y)+y+a-u \tag{2-72}$$

$$\partial f(y)+y=u-a \tag{2-73}$$

$$(\partial f+I)y=u-a \Rightarrow y=(I+\partial f)^{-1}(u-a) \tag{2-74}$$

$$x=(I+\partial f)^{-1}(u-a)+a \tag{2-75}$$

记作

$$x=\operatorname{prox}_f(u-a)+a \tag{2-76}$$

式中，$\operatorname{prox}_f=(I+\partial f)^{-1}$。

例 2.6　伸缩-平移函数的迫近算子　若 $f(x)$ 满足闭真、凸、下半连续函数的条件，s 为尺度，且 $s>0$，a 为水平位移，且 $a>0$，则伸缩-平移函数 $sf(x-a)$ 的迫近算子表达式为

$$x=\operatorname{prox}_f(u-a)+a=(I+s\partial f)^{-1}(u-a)+a \tag{2-77}$$

解：由迫近算子的定义可知，伸缩函数迫近算子的目标优化函数为

$$\operatorname{prox}_f(u)=\arg\min_x\left\{sf(x-a)+\frac{1}{2}\|x-u\|_2^2\right\} \tag{2-78}$$

令 $y=x-a \Rightarrow x=a+y$，则目标函数变为

$$\arg\min_y\left\{sf(y)+\frac{1}{2}\|y+a-u\|_2^2\right\} \tag{2-79}$$

对上式右边求关于 y 的偏导数，则有

$$0\in s\partial f(y)+y+a-u \tag{2-80}$$

$$s\partial f(y)+y=u-a \tag{2-81}$$

$$(s\partial f+I)y=u-a \Rightarrow y=(I+s\partial f)^{-1}(u-a) \tag{2-82}$$

$$x=(I+s\partial f)^{-1}(u-a)+a \tag{2-83}$$

记作

$$x=\operatorname{prox}_f(u-a)+a \tag{2-84}$$

式中，$\operatorname{prox}_f=(I+s\partial f)^{-1}$。

例 2.7　自变量伸缩-平移函数的迫近算子　若 $f(x)$ 满足闭真、凸、下半连续函数的条件，a 为水平位移，且 $a>0$，则自变量伸缩-平移函数 $f(sx-a)$ 的迫近算子表达式为

$$x=\frac{1}{s}\operatorname{prox}\left(u-\frac{1}{s}\right)+\frac{a}{s}=\frac{1}{s}\left(s\partial f+\frac{1}{s}\right)^{-1}\left(u-\frac{1}{s}\right)+\frac{a}{s} \tag{2-85}$$

解：由迫近算子的定义可知，伸缩函数迫近算子的目标优化函数为

$$\operatorname{prox}_f(u)=\arg\min_x\left\{f(sx-a)+\frac{1}{2}\|x-u\|_2^2\right\} \tag{2-86}$$

令 $y=sx-a\Rightarrow x=\dfrac{a+y}{s}$，则目标函数变为

$$\arg\min_y\left\{f(y)+\frac{1}{2}\left\|\frac{y+a}{s}-u\right\|_2^2\right\} \tag{2-87}$$

对上式右边求关于 y 的偏导数，则有

$$0\in\partial f(y)+\frac{1}{s}\left(\frac{y+a}{s}-u\right)\Rightarrow 0\in s\partial f(y)+\frac{1}{s}y+\frac{1}{s}-u \tag{2-88}$$

$$s\partial f(y)+\frac{1}{s}y=u-\frac{1}{s} \tag{2-89}$$

$$(\partial f+I)y=u-a\Rightarrow y=(I+\partial f)^{-1}(u-a)$$

$$\left(s\partial f+\frac{1}{s}\right)y=u-\frac{1}{s}\Rightarrow y=\left(s\partial f+\frac{1}{s}\right)^{-1}\left(u-\frac{1}{s}\right) \tag{2-90}$$

$$sx-a=\left(s\partial f+\frac{1}{s}\right)^{-1}\left(u-\frac{1}{s}\right) \tag{2-91}$$

$$x=\frac{1}{s}\left(s\partial f+\frac{1}{s}\right)^{-1}\left(u-\frac{1}{s}\right)+\frac{a}{s} \tag{2-92}$$

记作

$$x=\frac{1}{s}\operatorname{prox}\left(u-\frac{1}{s}\right)+\frac{a}{s} \tag{2-93}$$

式中，$\operatorname{prox}_f=\left(s\partial f+\dfrac{1}{s}\right)^{-1}$。

例 2.8　$f(x)$+仿射函数的迫近算子　若 $f(x)$ 满足闭真、凸、下半连续函数的条件，a、b 为常数，则函数 $f(x)+ax+b$ 的迫近算子表达式为

$$x=\operatorname{prox}(u-a)=(I+\partial f)^{-1}(u-a) \tag{2-94}$$

解： 由迫近算子的定义可知，伸缩函数迫近算子的目标优化函数为

$$\operatorname{prox}_f(u)=\arg\min_x\left\{f(x)+ax+b+\frac{1}{2}\|x-u\|_2^2\right\} \tag{2-95}$$

对上式右边求关于 x 的偏导数，则有

$$0\in\partial f(x)+a+x-u\Rightarrow 0\in\partial f(x)+x+a-u \tag{2-96}$$

$$(\partial f+I)x=u-a\Rightarrow x=(I+\partial f)^{-1}(u-a) \tag{2-97}$$

记作

$$x=\operatorname{prox}_f(u-a) \tag{2-98}$$

式中，$\operatorname{prox}_f=(I+\partial f)^{-1}$。

例 2.9　$f(x)+\frac{\rho}{2}\|x-a\|_2^2$ 函数的迫近算子　若 $f(x)$ 满足闭真、凸、下半连续函数的条件，a、ρ 为常数，则函数 $f(x)+\frac{\rho}{2}\|x-a\|_2^2$ 的迫近算子表达式为

$$x=\operatorname{prox}_f(\rho a+u)=\left[\partial f+(\rho+1)\right]^{-1}(\rho a+u) \tag{2-99}$$

解： 由迫近算子的定义可知，伸缩函数迫近算子的目标优化函数为

$$\operatorname{prox}_f(u)=\arg\min_x\left\{f(x)+\frac{\rho}{2}\|x-a\|_2^2+\frac{1}{2}\|x-u\|_2^2\right\} \tag{2-100}$$

对上式右边求关于 x 的偏导数，则有

$$0\in\partial f(x)+\rho(x-a)+(x-u)\Rightarrow 0\in\partial f(x)+(\rho+1)x-(\rho a+u) \tag{2-101}$$

$$\partial f(x)+(\rho+1)x=(\rho a+u) \tag{2-102}$$

$$x=\left[\partial f+(\rho+1)\right]^{-1}(\rho a+u) \tag{2-103}$$

记作

$$x=\operatorname{prox}_f(\rho a+u) \tag{2-104}$$

式中，$\operatorname{prox}_f=\left[\partial f+(\rho+1)\right]^{-1}$。

2.4.3　参数化迫近算子的定义

为了实际工程的应用，可将非参数化迫近算子转化为参数化函数迫近算子。

定义 2.3　参数化迫近算子　已知参数$\lambda \in (0,+\infty)$，若$f(x)$为闭、真、凸函数，则参数化迫近算子表达式为

$$\operatorname{prox}_f^{\lambda}(u) = \arg\min_x \left\{ f(x) + \frac{1}{2\lambda}\|x-u\|_2^2 \right\} \tag{2-105}$$

对上式右端求关于x的偏导数，则有

$$0 \in \partial f(x) + \frac{x-u}{\lambda} \tag{2-106}$$

整理后则有表达式

$$u \in \lambda \partial f(x) + x \Rightarrow u \in (I + \lambda \partial f)(x) \Rightarrow x = (I + \lambda \partial f)^{-1} u \Rightarrow x = \operatorname{prox}_f^{\lambda}(u) \tag{2-107}$$

式（2-107）表明，当$x = \operatorname{prox}_f^{\lambda}(u)$时，式（2-105）获得最小值，由于式（2-105）的右端是凸函数，那么算子$(I+\lambda\partial f)^{-1}$是单值映射。从上面的分析中可以得出如下具有等价性的结论，表达式为

$$\arg\min_x \left\{ f(x) + \frac{1}{2\lambda}\|x-u\|_2^2 \right\} \Leftrightarrow x = \operatorname{prox}_f^{\lambda}(u) \Leftrightarrow u - x \in \lambda \partial f(x) \tag{2-108}$$

在应用迫近算子时，式（2-108）之间的等价关系经常用到。当$\lambda = 1$时，参数化迫近算子式（2-105）转化为非参数化迫近算子式（2-55）。

2.4.4　常用函数参数化迫近算子

例 2.10　在图像重构中，设$\boldsymbol{x}$是理想图像，$\boldsymbol{b}$是采集图像，若采集过程受高斯噪声的干扰，常使用L_2范数描述拟合项，即$\boldsymbol{f}(\boldsymbol{x}) = \frac{1}{2}\|\boldsymbol{x}-\boldsymbol{b}\|_2^2$，其对应的参数化迫近算子表达式为

$$\operatorname{\mathbf{prox}}_f^{\lambda}(\boldsymbol{u}) = \frac{\boldsymbol{u} + \lambda \boldsymbol{b}}{1+\lambda} \tag{2-109}$$

解：由参数化迫近算子的定义可知，$\boldsymbol{f}(\boldsymbol{x}) = \frac{1}{2}\|\boldsymbol{x}-\boldsymbol{b}\|_2^2$的参数化函数表达式为

$$\arg\min_{\boldsymbol{x}} \left\{ \frac{1}{2}\|\boldsymbol{x}-\boldsymbol{b}\|_2^2 + \frac{1}{2\lambda}\|\boldsymbol{x}-\boldsymbol{u}\|_2^2 \right\} \tag{2-110}$$

对式（2-110）求关于$\boldsymbol{x}$的偏导数，则有

$$\boldsymbol{x} = \frac{\boldsymbol{u} + \lambda \boldsymbol{b}}{1+\lambda} \tag{2-111}$$

利用参数化迫近算子的定义，则 $\boldsymbol{x}=\mathbf{prox}_f^{\lambda}(\boldsymbol{u})$。

例 2.11 在医学图像重构中，采集过程受泊松噪声的干扰，若 $\boldsymbol{x}$ 是理想图像，$\boldsymbol{b}$ 是采集图像，常使用 KL 距离描述拟合项，即 $\boldsymbol{f}(\boldsymbol{x})=\|\boldsymbol{x}-\boldsymbol{b}\lg\boldsymbol{x}\|_1$，其对应的参数化迫近算子表达式为

$$\mathbf{prox}_f^{\lambda}(\boldsymbol{u})=\begin{cases}\dfrac{\boldsymbol{u}-\lambda+\sqrt{(\boldsymbol{u}-\lambda)^2+4\lambda\boldsymbol{b}}}{2} & \boldsymbol{b}>0\\ \max(\boldsymbol{u}-\lambda,0) & \boldsymbol{b}=0\end{cases} \tag{2-112}$$

解： 由参数化迫近算子的定义可知，当 $\boldsymbol{b}>0$，$\boldsymbol{x}-\boldsymbol{b}\lg\boldsymbol{x}>0$ 时，$\boldsymbol{f}(\boldsymbol{x})=\|\boldsymbol{x}-\boldsymbol{b}\lg\boldsymbol{x}\|_1$ 的参数化函数表达式为

$$\arg\min_{\boldsymbol{x}}\left\{\boldsymbol{x}-\boldsymbol{b}\lg\boldsymbol{x}+\frac{1}{2\lambda}\|\boldsymbol{x}-\boldsymbol{u}\|_2^2+\boldsymbol{I}_{R^+}(\boldsymbol{x})\right\} \tag{2-113}$$

式中，$\boldsymbol{I}_{R^+}(\boldsymbol{x})$ 为示性函数，满足 $\boldsymbol{x}>0$ 的要求，使对数函数有意义。对式（2-113）求关于 x 的偏导数，则有

$$1-\frac{\boldsymbol{b}}{\boldsymbol{x}}+\frac{1}{\lambda}(\boldsymbol{x}-\boldsymbol{u})=0 \tag{2-114}$$

对式（2-114）去分母，整理后则有

$$\boldsymbol{x}^2+(\lambda-\boldsymbol{u})\boldsymbol{x}-\lambda\boldsymbol{b}=0 \tag{2-115}$$

式（2-115）为一元二次方程，根据实际物理意义，舍去负根，则有

$$\boldsymbol{x}=\frac{\boldsymbol{u}-\lambda+\sqrt{(\boldsymbol{u}-\lambda)^2+4\lambda\boldsymbol{b}}}{2} \tag{2-116}$$

当 $\boldsymbol{b}=0$，$\boldsymbol{x}>0$ 时，由参数化迫近算子的定义可知，$\boldsymbol{f}(\boldsymbol{x})=\|\boldsymbol{x}-\boldsymbol{b}\lg\boldsymbol{x}\|_1=\|\boldsymbol{x}\|_1$ 的参数化函数表达式为

$$\arg\min_{\boldsymbol{x}}\left\{\|\boldsymbol{x}\|_1+\frac{1}{2\lambda}\|\boldsymbol{x}-\boldsymbol{u}\|_2^2+\boldsymbol{I}_{R^+}(\boldsymbol{x})\right\} \tag{2-117}$$

$$\boldsymbol{x}=\max(\boldsymbol{u}-\lambda,0) \tag{2-118}$$

综合式（2-116）和式（2-118），则有表达式（2-112）。

例 2.12 在图像重构中，为体现图像的特征，采用 L_1 范数作为正则项，假定 $\boldsymbol{x}$ 是理想图像，则用 $\boldsymbol{f}(\boldsymbol{x})=\|\boldsymbol{x}\|_1$ 描述解的稀疏性，其对应的参数化迫近算子表达式为

$$\mathbf{prox}_f^{\lambda}(\boldsymbol{u})=\max(|\boldsymbol{u}|-\lambda,0)\frac{\boldsymbol{u}}{|\boldsymbol{u}|} \tag{2-119}$$

例 2.13　在图像重构中，为将有条件约束的最优化问题转化为无条件约束的最优化问题，常把目标函数的约束条件转化为示性函数，然后设计迭代算法。若 $\boldsymbol{x}$ 是理想图像，Ω 是正则化模型解的可行集，则示性函数表达式为

$$\boldsymbol{I}_{\Omega}(\boldsymbol{x})=\begin{cases}0 & \boldsymbol{x}\in\Omega\\ +\infty & \boldsymbol{x}\notin\Omega\end{cases} \tag{2-120}$$

式（2-120）对应的参数化迫近算子表达式为

$$\operatorname{prox}_{I}^{\lambda}(\boldsymbol{u})=\underset{\boldsymbol{x}\in\Omega}{\arg\min}\left\{\boldsymbol{I}_{C}(\boldsymbol{x})+\frac{1}{2\lambda}\|\boldsymbol{x}-\boldsymbol{u}\|_{2}^{2}\right\}=\underset{\boldsymbol{x}\in\Omega}{\arg\min}\left\{\|\boldsymbol{x}-\boldsymbol{u}\|_{2}^{2}\right\}=\boldsymbol{P}_{\Omega}(\boldsymbol{u}) \tag{2-121}$$

为了便于解释和阐述，假定例 2.12 中的 u，x^{*} 是标量，若 $u>\lambda$，则 $\operatorname{prox}_{f}^{\lambda}(u)=u-\lambda$；若 $|u|\leqslant\lambda$，则 $\operatorname{prox}_{f}^{\lambda}(u)=0$；若 $u<\lambda$，则 $\operatorname{prox}_{f}^{\lambda}(u)=u+\lambda$。将式（2-119）取得的最优迫近算子记作 x^{*}，则有函数

$$\begin{aligned}f_{\lambda}(u)&=f\left(x^{*}\right)+\frac{1}{2\lambda}\left\|x^{*}-u\right\|_{2}^{2}\\&=f(\operatorname{prox}(u))+\frac{1}{2\lambda}\|\operatorname{prox}(u)-u\|_{2}^{2}=\begin{cases}u-\dfrac{\lambda}{2} & u>\lambda\\ \dfrac{u^{2}}{2\lambda} & |u|\leqslant\lambda\\ -u-\dfrac{\lambda}{2} & u<-\lambda\end{cases}\end{aligned} \tag{2-122}$$

式（2-122）是 $f(x)=\|x\|_{1}$ 的逼近函数，也称为 L_1 范数的 Moreau 包络函数。

为了便于解释和阐述，假定例 2.13 中的 u，x^{*} 为标量，将式（2-121）取得的最优迫近算子记作 x^{*}，则有函数

$$\begin{aligned}f_{\lambda}(u)&=f\left(x^{*}\right)+\frac{1}{2\lambda}\left\|x^{*}-u\right\|_{2}^{2}=f(\operatorname{prox}(u))+\frac{1}{2\lambda}\|\operatorname{prox}(u)-u\|_{2}^{2}\\&=\begin{cases}\dfrac{1}{2\lambda}(u-\lambda)^{2} & u>\lambda\\ 0 & |u|\leqslant\lambda\\ \dfrac{1}{2\lambda}(u+\lambda)^{2} & u<-\lambda\end{cases}\end{aligned} \tag{2-123}$$

式（2-123）是示性函数的逼近函数，也称为示性函数的 Moreau 包络函数。

图 2-8（a）中的实线表示绝对值函数，虚线表示其包络函数，图 2-8（b）表示绝对值函数的迫近算子。图 2-9（a）中的实线表示示性函数，虚线表示其包络函数，图 2-9（b）表示示性函数的迫近算子。由式（2-122）和式（2-123）可

知，包络函数是对原函数进行光滑化后获得的逼近函数。

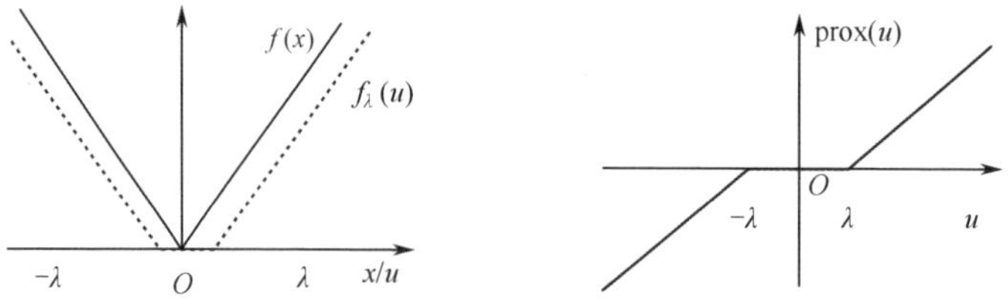

（a）绝对值函数、包络函数　　（b）绝对值函数的迫近算子

图 2-8　绝对值函数（实线）、包络函数（虚线）及迫近算子

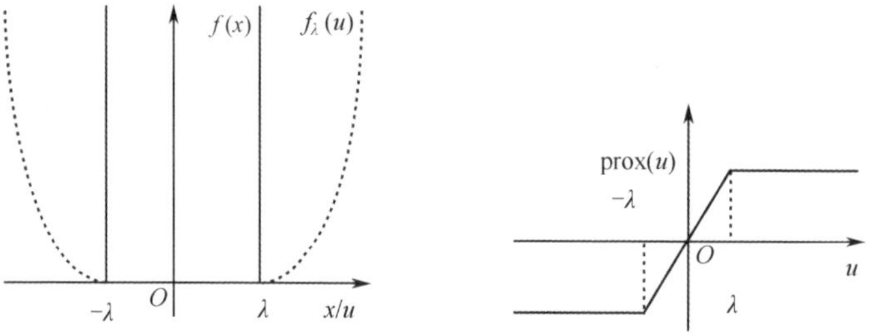

（a）示性函数、包络函数　　（b）示性函数的迫近算子

图 2-9　示性函数（实线）、包络函数（虚线）及迫近算子

2.4.5　迫近算子在图像重构中的应用

从上面迫近算子的推导可知，迫近算子本质上是通过最小化目标函数获得的，在满足一定的条件下，目标函数的最小值可以通过设计不动点迭代算法进行求解，那么，迫近算子和不动点迭代原理中的迭代算子必然具有某些相似特性，因此，在最优化理论中，若迫近算子具有不动点迭代原理中迭代算子的特性，那么就可以将不动点迭代原理中的迭代算法推广到利用迫近算子设计最优化迭代算法。在不动点迭代理论中，如果映射算子是紧收缩的，那么通过有限次迭代计算，可以获得目标函数的最优解，因此，若迫近算子也是紧收缩算子，那么就可以设计基于迫近算子的不动点迭代算法，通过有限次迭代获得目标函数的最优解。从算子理论上来讲，迫近算子除本身具有的特性外，还一定满足不动点理论中迭代算子的特性。在优化理论中，紧收缩算子是收缩算子的特殊情况，收

缩算子并不一定收敛到目标函数的最优解，但紧收缩算子通过迭代一定收敛到目标函数的最优解。如果 $\boldsymbol{S}$ 是收缩算子，$\beta\in(0,1)$，算子 $\boldsymbol{T}_\beta=(1-\beta)\boldsymbol{I}+\beta\boldsymbol{S}$ 与收缩算子具有相同的不动点，通过 $\boldsymbol{x}^{k+1}=\boldsymbol{T}_\beta\left(\boldsymbol{x}^k\right)$ 有限次迭代，算子 $\boldsymbol{T}_\beta$ 收敛到目标函数的最优解。可以将算子 $\boldsymbol{T}_\beta$ 看做算子 $\boldsymbol{S}$ 的阻尼算子，收缩算子 $\boldsymbol{x}^{k+1}=\boldsymbol{S}\left(\boldsymbol{x}^k\right)$ 迭代不一定收敛到目标函数的最优解，但其阻尼算子却收敛到目标函数的最优解，学术界将阻尼算子称为 β 加权平均算子，若 $\beta=\dfrac{1}{2}$，那么称阻尼算子 $\boldsymbol{T}_{1/2}$ 为等加权平均算子。因此，在优化理论进行算法设计时，常常利用收缩算子设计阻尼算子，正是由于阻尼算子具有的优点，对于规模较大的目标函数，很难用一个算子来表征，往往将较大的目标函数分裂为众多较小的目标函数，每一个小的目标函数最优解都可以表征为收缩算子的形式，然后将所有小目标函数的收缩算子进行加权，将所有分裂算子表征为阻尼算子的形式，实现并行交替迭代算法，加快算法的运行速度，提高算法的运行效率。

在能量泛函正则化模型中，目标函数由拟合项和正则项组成，拟合项和正则项可以由一项或多项组成。若拟合项 $\boldsymbol{E}_i(\boldsymbol{x})$ 和正则项 $\boldsymbol{R}_i(\boldsymbol{x})$ 都是真、凸、下半连续函数，则能量泛函正则化模型表达式为

$$\boldsymbol{x}=\arg\min_{\boldsymbol{x}}\left\{\sum_{i=1}^{m}\boldsymbol{E}_i(\boldsymbol{x})+\sum_{j=1}^{n}\boldsymbol{R}_j(\boldsymbol{x})\right\} \tag{2-124}$$

式中，$\boldsymbol{E}_i(\boldsymbol{x})$，$\boldsymbol{R}_j(\boldsymbol{x})$ 可能为光滑函数，也可能为非光滑函数。在能量泛函正则化模型研究的早期阶段，式（2-124）中的拟合项和正则项都是光滑的，而处理光滑函数的有效手段，是利用梯度和海森矩阵设计一阶、二阶迭代算法，但目标解是光滑的，造成解的结构信息丢失。随着研究的深入，解的结构信息对实际应用产生了重要影响，如医学 MRI 图像、CT 图像，解的奇异结构对早期病理的判断是至关重要的。为准确描述解的结构特征，需要在特定的函数空间选用特定的函数，如变指数函数、分数指数函数等，来描述解的结构信息，建立非光滑型能量泛函正则化模型，即 $\boldsymbol{E}_i(\boldsymbol{x})$ 或 $\boldsymbol{R}_j(\boldsymbol{x})$ 为非光滑函数，或 $\boldsymbol{E}_i(\boldsymbol{x})$ 和 $\boldsymbol{R}_j(\boldsymbol{x})$ 皆为非光滑函数，如在图像重构模型中，常用 L_1 范数、一阶全变差函数、二阶全变差函数和方向全变差函数等描述正则项。由于模型是非光滑的，对目标函数的求解造成了一定的困难，虽然某些函数可以通过光滑化进行逼近，但由于所研

究的问题往往是大规模的，通过变分获得的海森矩阵规模较大，而二阶迭代算法需要计算海森矩阵的逆矩阵，由于矩阵的规模较大，使得逆矩阵的计算比较耗时，造成算法迭代收敛速度较慢。但光滑化带来的一个严重问题就是获得的解的准确性有所下降，为摆脱对算法收敛速度和解的精确性造成的不利影响，需要新的理论处理非光滑目标函数的优化问题，迫近算子应运而生。

假定 $\boldsymbol{x}^*$ 是目标函数式（2-124）的最优解，根据最优条件，则有表达式

$$\mathbf{0} \in \sum_{i=1}^{m} \partial \boldsymbol{E}_i\left(\boldsymbol{x}^*\right) + \sum_{j=1}^{n} \partial \boldsymbol{R}_j\left(\boldsymbol{x}^*\right) \tag{2-125}$$

式中，$\partial(\cdot)$ 表示目标函数的次微分，若 $\boldsymbol{E}_i(\boldsymbol{x})$ 和 $\boldsymbol{R}_j(\boldsymbol{x})$ 是光滑的，则次微分等价于梯度。由交替方向乘子原理，则有

$$\boldsymbol{x}_k = \operatorname{prox}_{\lambda \boldsymbol{E}_k}\left(\boldsymbol{y}_k - \boldsymbol{u}_k\right), \quad \boldsymbol{y}_k = \operatorname{prox}_{\lambda \boldsymbol{R}_k}\left(\boldsymbol{x}_k + \boldsymbol{u}_k\right) \tag{2-126}$$

式中，$k = \max(m,n)$，由交替方向乘子原理可知 $\boldsymbol{u}_k = \boldsymbol{u}_k + \boldsymbol{x}_k - \boldsymbol{y}_k \Rightarrow \boldsymbol{x}_k = \boldsymbol{y}_k$，从而式（2-126）的转化表达式为

$$\boldsymbol{x}_k = \operatorname{prox}_{\lambda \boldsymbol{E}_k}\left(\boldsymbol{x}_k - \boldsymbol{u}_k\right), \quad \boldsymbol{x}_k = \operatorname{prox}_{\lambda \boldsymbol{R}_k}\left(\boldsymbol{x}_k + \boldsymbol{u}_k\right) \tag{2-127}$$

由式（2-108）中的迫近算子与次微分之间的关系，式（2-127）可以转化为

$$\boldsymbol{x}_k = \left(\boldsymbol{I} + \lambda \partial \boldsymbol{E}_k\right)^{-1}\left(\boldsymbol{x}_k - \boldsymbol{u}_k\right), \quad \boldsymbol{x}_k = \left(\boldsymbol{I} + \lambda \partial \boldsymbol{R}_k\right)^{-1}\left(\boldsymbol{x}_k + \boldsymbol{u}_k\right) \tag{2-128}$$

即

$$\boldsymbol{x}_k - \boldsymbol{u}_k \in \boldsymbol{x}_k + \lambda \partial \boldsymbol{E}_k\left(\boldsymbol{x}_k\right), \quad \boldsymbol{x}_k - \boldsymbol{u}_k \in \boldsymbol{x}_k + \lambda \partial \boldsymbol{R}_k\left(\boldsymbol{x}_k\right) \tag{2-129}$$

式（2-129）中的两个表达式相加可知，满足式（2-125）的条件，从而通过交替迭代获得目标函数的最优解。由交替方向乘子原理，目标函数分裂交替迭代算法可以表述为

$$\boldsymbol{x}_k^{\tau+1} = \operatorname{prox}_{\lambda \boldsymbol{E}_k}\left(\boldsymbol{y}_k^{\tau} - \boldsymbol{u}_k^{\tau}\right) \tag{2-130}$$

$$\boldsymbol{y}_k^{\tau+1} = \operatorname{prox}_{\lambda \boldsymbol{R}_k}\left(\boldsymbol{x}_k^{\tau+1} + \boldsymbol{u}_k^{\tau}\right) \tag{2-131}$$

$$\boldsymbol{u}_k^{\tau+1} = \boldsymbol{u}_k^{\tau} + \boldsymbol{x}_k^{\tau+1} - \boldsymbol{y}_k^{\tau+1} \tag{2-132}$$

由式（2-130）~式（2-132）可知，对于给定的能量泛函正则化模型式（2-124），基于交替方向乘子原理，可以将目标函数分裂为由拟合项和正则项构成的子问题，而两个子问题可以表示成容易计算的迫近算子的形式，形成高效的迭代算法。

该交替迭代算法的优点是将原始能量泛函中的拟合项和正则项进行分裂处

理，而不是将二者统一处理，若统一处理，由于拟合项和正则项具有不同的特性，很难进行有效的算法设计。将拟合项和正则项分裂后，可以分别利用拟合项和正则项具有的特性进行算法设计，可以将复杂问题简单化，从而将大规模优化问题分裂为无数小的子问题，每个子问题都容易处理，算法设计都容易实现。例如，分裂后的子问题形成非扩张迫近算子的形式，且迫近算子具有解析解，从而形成高效迭代算法，加快算法的收敛速度。另外，拟合项和正则项是相对的，若能量泛函正则化模型由多项组成，则根据各项的特性，可以将目标函数分为“拟合项”和“正则项”。但是要注意，分类后的“拟合项”或“正则项”可能出现为“零”的情形，可以首先利用矩阵论，将“拟合项”和“正则项”表示成紧缩的形式（紧缩矩阵具有特殊的结构），然后利用交替方向乘子原理，对由分类后组合而成的能量泛函正则化模型进行分裂，形成高效的交替迭代算法。

为了对上述原理有一个了解，下面举一个图像重构的例子。若图像在采集过程中受椒盐噪声的干扰而降质，为获得理想的重构图像，用 L_1 范数描述拟合项，并用 L_1 范数描述解的稀疏性。

$$\boldsymbol{x}=\arg\min_{\boldsymbol{x}\in\Omega}\left\{\|\boldsymbol{A}\boldsymbol{x}-\boldsymbol{b}\|_1+\alpha\|\boldsymbol{D}\boldsymbol{x}\|_1\right\} \tag{2-133}$$

式中，$\boldsymbol{D}$ 为微分算子，图像的幅值在 0 到 1 之间。

由式（2-133）可知，能量泛函正则化模型是非光滑的，而且目标解受幅值约束，从最优化理论可知，该正则化模型是有条件约束的非光滑最优化模型，直接处理比较困难。尽管迫近算子可以应用于非光滑目标函数优化问题，但只适用于无条件约束的最优化问题，无法直接对有条件约束的最优化问题进行求解。但是，可以将条件约束转化为目标函数中的一项，从而将有条件约束的最优化问题转化为无条件约束的最优化问题。从而式（2-133）的转化表达式为

$$\boldsymbol{x}=\arg\min_{\boldsymbol{x}}\left\{\boldsymbol{I}_{\Omega}(\boldsymbol{x})+\|\boldsymbol{A}\boldsymbol{x}-\boldsymbol{b}\|_1+\alpha\|\boldsymbol{D}\boldsymbol{x}\|_1\right\} \tag{2-134}$$

式中，$\boldsymbol{I}_{\Omega}(\boldsymbol{x})$ 为示性函数。

由式（2-125）可知，式（2-134）转化为其标准形式，且各项都是非光滑的，经过一系列处理，将目标函数转化为类似式（2-130）~式（2-132）形式的交替迭代算法。

为了说明迭代算法的性能，选取直升机图像、医学 MRI 图像、合成模拟图像进行图像重构，利用上述算法，给出采集图像、重构图像、重构图像与原始图

像的残差，以及能量泛函的能量随迭代次数的变化的实验结果。图 2-10 为交替迭代算法重构直升机图像，图 2-11 为交替迭代算法重构医学 MRI 图像，图 2-12 为交替迭代算法重构合成模拟图像。

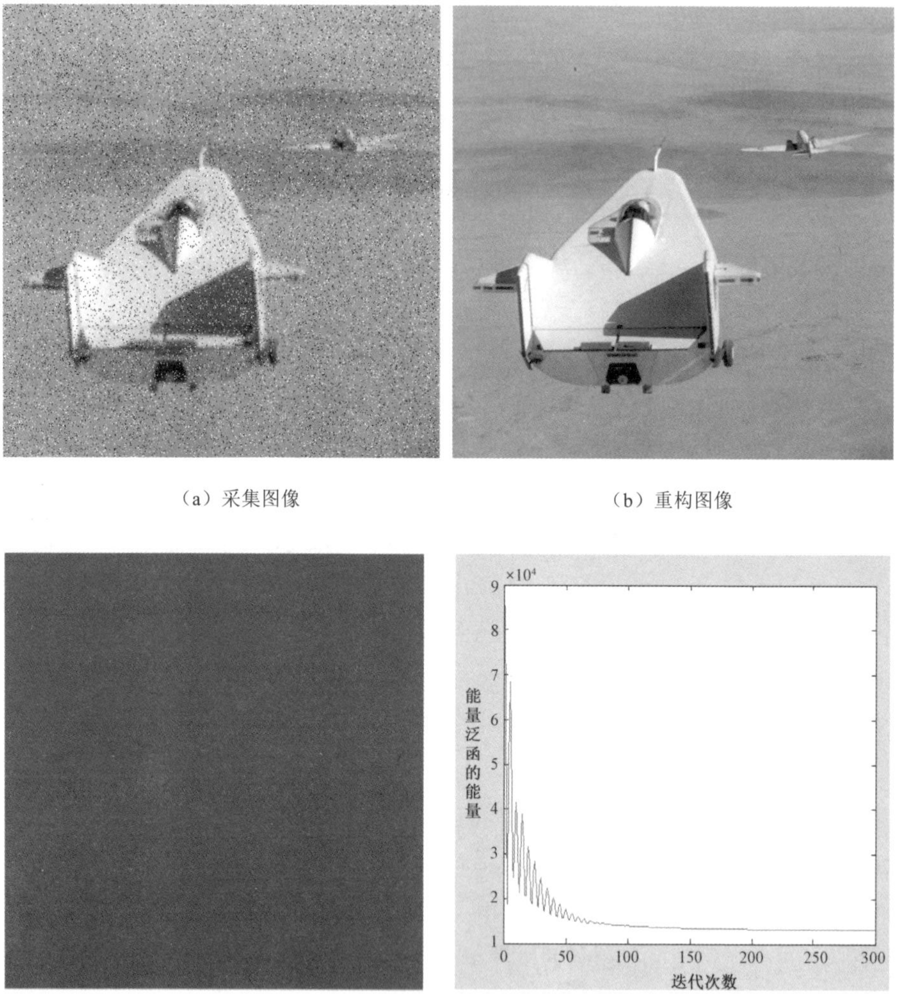

（a）采集图像　（b）重构图像

（c）重构图像与原始图像的残差　（d）能量泛函的能量随迭代次数的变化

图 2-10　交替迭代算法重构直升机图像

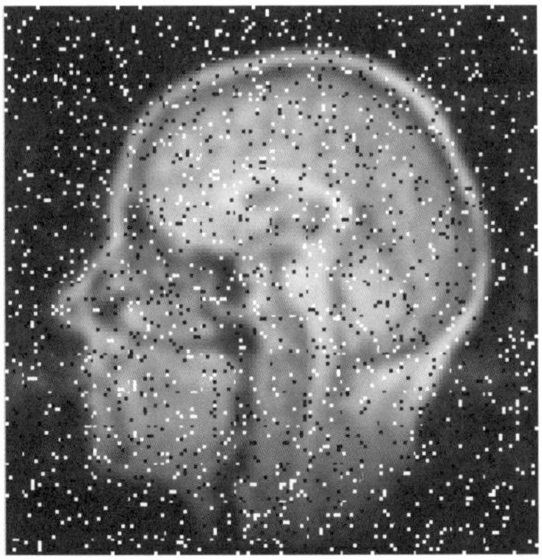

（a）采集图像

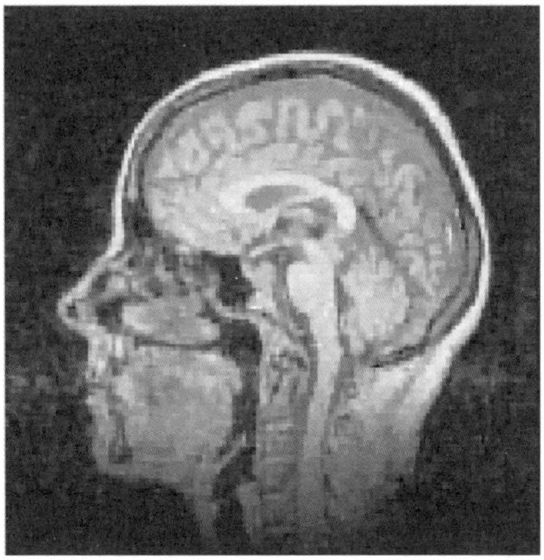

（b）重构图像

（c）重构图像与原始图像的残差

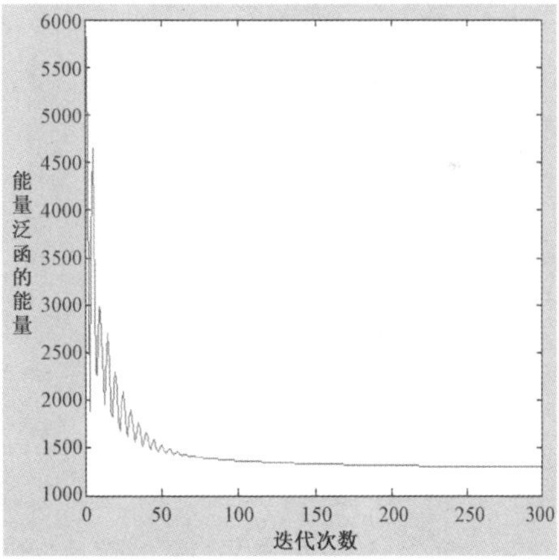

（d）能量泛函的能量随迭代次数的变化

图 2-11　交替迭代算法重构医学 MRI 图像

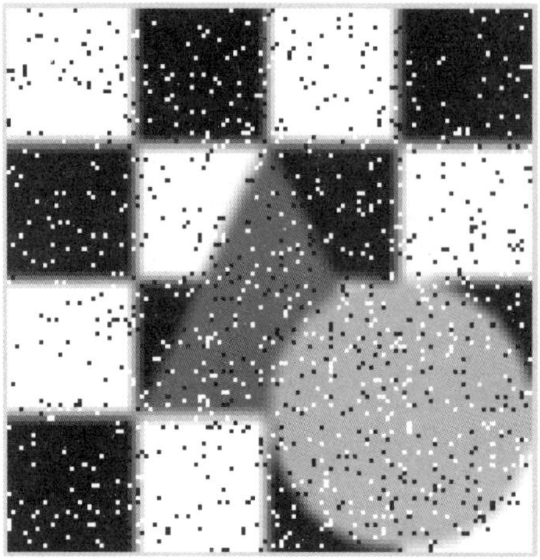

（a）采集图像

（b）重构图像

（c）重构图像与原始图像的残差

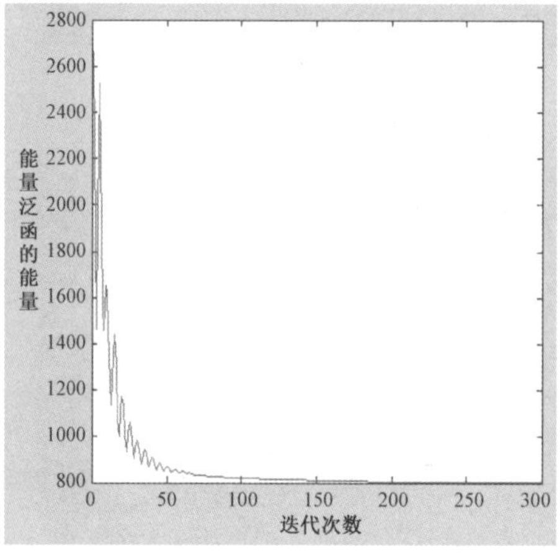

（d）能量泛函的能量随迭代次数的变化

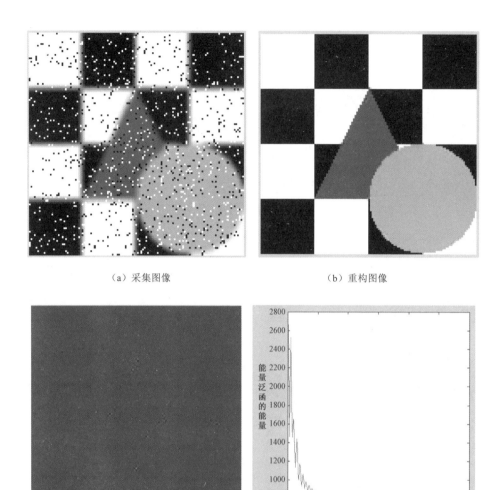

图 2-12　交替迭代算法重构合成模拟图像

2.5　本章小结

本章首先给出图像的几种延拓方式，重点分析零延拓、光滑延拓、周期延拓、对称延拓和反对称延拓，并利用合成模拟图像、“花”图像和真实的医学 MRI 图像进行延拓仿真。

其次分析图像处理中的有限差分法，给出连续型一元函数的泰勒展开式，利用离散化计算一维发展型偏微分方程的解；同时给出连续型二元函数的泰勒展开式，利用离散化计算二维发展型偏微分方程的解；用有限差分法推导出扩散函数的解。

再次对图像进行矩阵分析，给出图像处理中的一阶微分算子，用梯度来表示，并给出其对应的逆算子，用散度表示，并利用直升机图像、医学 MRI 图像进行仿真，给出水平方向的梯度、垂直方向的梯度和散度图像。

最后分析迫近算子，给出迫近算子的定义，列举 7 种常用函数的迫近算子，即幅值伸缩函数、自变量伸缩函数、平移函数、伸缩-平移函数等，并详细给出其对应迫近算子的具体推导过程。给出参数迫近算子的定义(Moreau 包络函数)，列举 4 种常用的参数化迫近算子，即 L_2 范数、KL 距离、L_1 范数和示性函数，并给出具体推导过程，同时利用 L_1 范数和示性函数阐述包络函数和对应的参数化迫近算子之间的对应关系，并用图形进行直观展示。分析迫近算子的特性，并给出迫近分裂迭代算法，将其应用于图像重构中，以期起到抛砖引玉的作用。

本章参考文献

[1] BARTELS S, NOCHETTO R H, SALGADO A J. Discrete total variation flows without regularization[J]. SIAM Journal Numerical Analysis, 2014, 52(1): 363-385.

[2] CHEN Y, LEVINE S, RAO M. Variable exponent, linear growth functional in image restoration [J]. SIAM Journal of Applied Mathematics, 2006, 66(4): 1383-1406.

[3] 陈恕行. 现代偏微分方程导论[M]. 北京：科学出版社，2007.

[4] AUBERT G, KORNPROBST P. Mathematical problems in image processing, partial differential equations and the calculus of variations [M]. Berlin: Springer Science & Business Media, 2006.

[5] TOMIOKA R, SUGIYAMA M. Dual augmented Lagrangian method for efficient sparse reconstruction [J]. IEEE Signal Processing Letters, 2009,

16(12): 1067-1070.

[6] GOLDSTEIN T, OSHER S. The split Bregman method for L_1 regularized problems[J]. SIAM Journal on Imaging Sciences, 2009, 2(2): 323-343.

[7] BECK A, TEBOULLE M. A fast iterative shrinkage-thresholding algorithm for linear inverse problems[J]. SIAM Journal on Imaging Sciences, 2009, 2(1): 183-202.

[8] CHAMBOLLE A, POCK T. A first-order primal-dual algorithm for convex problems with applications to imaging[J]. Journal of Mathematical Imaging and Vision, 2011, 40(1): 120-145.

[9] CHAMBOLLE A. An algorithm for total variation minimization and applications[J]. Journal of Mathematical Imaging and Vision, 2004, 20(1-2): 89-97.

[10] BAUSCHKE H H, COMBETTES P L. Convex analysis and monotone operator theory in Hilbert spaces[M]. New York: Springer, 2011.

[11] BECK A, TEBOULLE M. Fast gradient-based algorithms for constrained total variation imaging denoising and deblurring problems[J]. IEEE Transactions on Image Processing, 2009, 18(11): 2419-2434.

[12] BOYD S, VANDENBERGHE L. Convex optimization[M]. Cambridge, UK: Cambridge University Press, 2004.

[13] BYRNE C L. A unified treatment of some iterative algorithms in signal processing and image reconstruction[J]. Inverse Problems, 2004, 20(1): 103-120.

[14] BORWEIN J M, FITZPATRICK S, VANDERWERFF J. A Survey of Examples of convex functions and classifications of normed spaces[M]. Berlin: Springer, 1995.

[15] COMBETTES P L, PESQUET J C. A proximal decomposition method for solving convex variational inverse problems[J]. Inverse Problems, 2008, 24(6):65014-65040.

[16] VALKONEN T. A primal-dual hybrid gradient method for nonlinear operators with applications to MRI[J]. Inverse Problems, 2013, 30(5): 900-914.

[17] CONG C, TEBOULLE M. A proximal-based decomposition method for convex minimization problems[J]. Mathematical Programming, 1994, 64(1): 81-101.

[18] ATTOUCH H, BOLTE J, SVAITER B F. Convergence of descent methods for semi-algebraic and tame problems: proximal algorithms, forward-backward splitting, and regularized Gauss-Seidel methods[J]. Mathematical Programming Series A, 2013,137(1-2): 91-129.

[19] COMBETTES P, PESQUET J C. Primal-dual splitting algorithm for solving inclusions with mixture of composite, Lipschitzian, and parallel-sum type monotone operators[J]. Set-Valued and Variational Analysis, 2012, 20(2): 307-330.

[20] SCHEINBERG K, GOLDFARB D, BAI X. Fast first-order methods for composite convex optimization with line search[J]. Foundations of Computational Mathematics, 2014,14(9): 389-417.

[21] MEHRANIAN A, RAHMIM A, AY M R, et al. An ordered-subsets proximal preconditioned gradient algorithm for edge-preserving PET image reconstruction[J]. Medical Physics, 2013, 40(5): 052503.

[22] HE B S, LIAO L Z, WANG X. Proximal-like contraction methods for monotone variational inequalities in a unified framework I: effective quadruplet and primary methods[J]. Computational Optimization and Applications, 2012, 51(2): 649-679.

[23] HE B S, LIAO L Z , WANG X. Proximal-like contraction methods for monotone variational inequalities in a unified framework II: general methods and numerical experiments[J]. Computational Optimization and Applications, 2012, 51(2): 681-708.

[24] 李旭超. 能量泛函正则化模型理论分析及应用[M]. 北京：科学出版社，2018.

[25] 李旭超. 能量泛函正则化模型在图像恢复中的应用[M]. 北京：电子工业出版社，2014.

第3章

图像重构基本原理

在实际生产和生活中，有些问题人类无法亲身触及，但又必须去面对，这就对技术提出了较高的要求。对于外太空的探索，就目前的技术而言，人类基本上无法到达更远的星球，只能通过发射无人航天器，利用计算机影像来探究星球的地质、形貌和自然资源；对于疾病的诊断，不允许对人类进行有损探伤治疗，只能借助医学影像来完成诊断；人工智能的发展，催生机器人和机器视觉产业，且其目前发展势头迅猛，几乎触及工业生产的各个领域。通过机器视觉，实时处理采集到的信息，从而自主完成指定的工作任务，节省大量的人力成本，如飞机、火车、轮船和汽车的自动驾驶系统，水下自主导航器系统和自动装载系统等。上述一系列工程问题，都需要通过采集图像或视频序列来重构未知对象，根据重构的环境、场景和目标，实现智能控制。利用采集信息重构未知环境的真实解，这本质上是不适定的反问题，无论是在理论研究上，还是在实际工程应用上，都具有非常重要的研究意义。但由于图像重构涉及数学建模、成像原理、滤波技术、优化理论、算法设计、软件编写和大数据处理等知识，因此，准确地对目标进行重构，涉及计算机硬件、软件和算法的高效融合，对其进行研究具有一定的难度。特别地，图像重构本身属于反问题，并且采集的数据往往是大规模的，进一步增加了问题的研究难度。正是由于研究的难度和巨大的市场需求，该问题引起国内外学术界和工业界的广泛关注。本章将根据成像基本原理，利用数学模型介绍图像重构基础理论，并给出不同成像模型及其仿真运算结果。

3.1　图像重构解决的基本问题

3.1.1　图像重构基本原理简介

由第 2 章可知，图像成像问题可以表述为第一种类的积分方程，如式（2-1）所示。从式（2-1）可知，图像采集主要由以下三部分构成。①核函数 $k(x-y)$，不同的成像系统具有不同的核函数，如对称和非对称高斯核函数，这种核函数的应用具有普适性；大气扰动核函数，这种核函数主要应用于由大气扰动引起的图像重构问题，如天文望远镜、嫦娥运载火箭和飞行器等成像系统；运动核函数，这种核函数主要适用于由于目标和成像系统的运动，采集获得的图像质量较差，为了能够进行实际工程应用，需要对采集的目标进行重构的情况，如车载成像系统、车牌检测系统、病人肿瘤成像系统；聚焦核函数，这种核函数适用于由于成像系统的质量，以及物体与成像系统的距离造成的无法对目标有效地聚焦等情况。②积分类型。根据微积分理论，可以采用曲线积分、曲面积分，可以在直角坐标系、极坐标系、柱坐标系和球坐标系下，建立目标函数的积分表达式，而使用何种积分和积分坐标系，取决于成像系统。③连续系统的离散化。由于积分方程是连续的，而计算机处理的是离散信号，因此必须采用合理的离散化形式，将连续表达式转化为离散表达式，获得具有一定阶数的线性系统表达式，根据线性系统表达式，利用矩阵论、优化理论和数值分析，设计高效迭代算法。

3.1.2　图像重构常用检测的数学模型及其仿真

（1）**Phillips** 问题。该问题由 D. L. Phillips 首次提出，采用 Galerkin 方法进行离散化，用于解决第一种类积分方程的数值解。D. L. Phillips 定义 Phillips 问题积分方程的核函数表达式为 $k(x-y)=\begin{cases}1+\cos\left(\dfrac{\pi(x-y)}{3}\right) & |x-y|<3\\ 0 & |x-y|\geqslant 3\end{cases}$，

$f(y)=\begin{cases}1+\cos\left(\dfrac{\pi y}{3}\right) & |y|<3 \\ 0 & |y|\geqslant 3\end{cases}$，获得的理想采集信号 $u(x)=(6-|x|)\left(1+\dfrac{1}{2}\cos\left(\dfrac{\pi x}{3}\right)\right)+\dfrac{9}{2\pi}\sin\left(\dfrac{\pi|x|}{3}\right)$，但在实际应用中，理想采集信号容易受到噪声干扰，获得的信号质量明显变差。由 Phillips 问题采集的信号如图 3-1 所示。

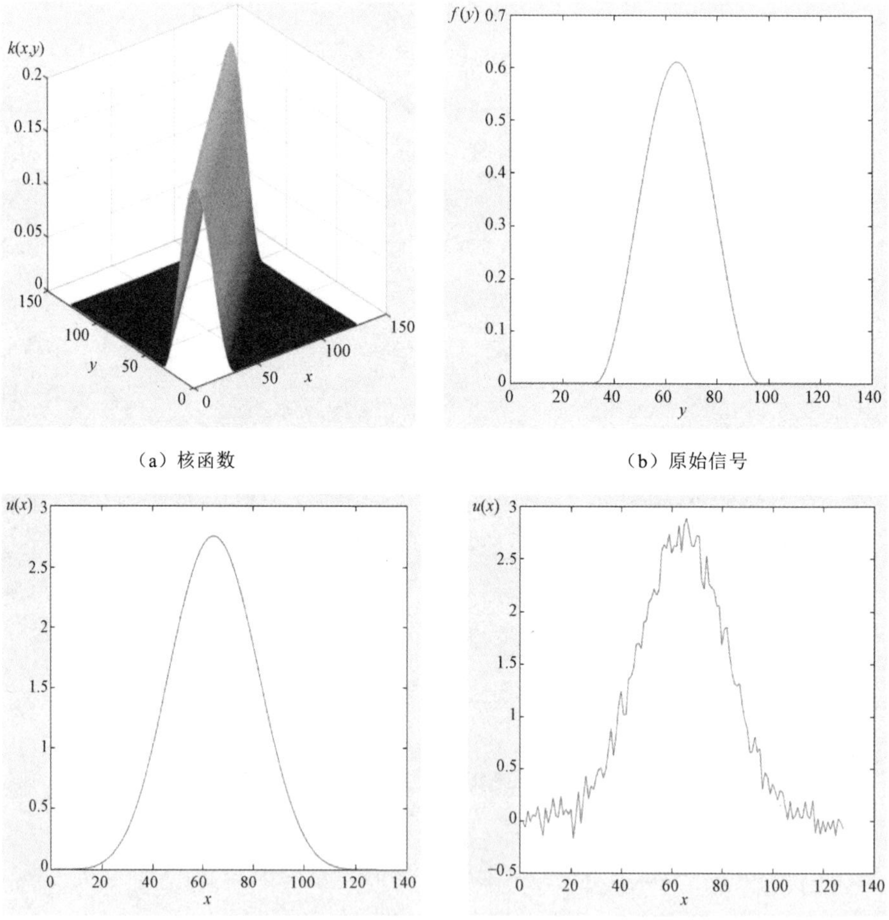

（a）核函数　　（b）原始信号

（c）理想采集信号　　（d）实际采集信号

图 3-1　由 Phillips 问题采集的信号

（2）**Shaw** 问题。该问题由 C. B. Shaw 等提出，目的是改进第一种类积分方程的数值解。若$x, y \in [a,b]$，$[a,b]=\left[-\frac{\pi}{2},\frac{\pi}{2}\right]$，核函数$k(x,y)=(\cos(x)+\cos(y))\left(\frac{\sin\varphi}{\varphi}\right)^2$，$\varphi=\pi(\sin(x)+\sin(y))$，$f(y)=2\exp\left(-6\left(y-\frac{4}{5}\right)^2\right)+\exp\left(-2\left(y+\frac{1}{2}\right)^2\right)$，则可以离散化第一种类的积分方程，获得$u(x)=Af$。由 Shaw 问题采集的信号如图 3-2 所示。

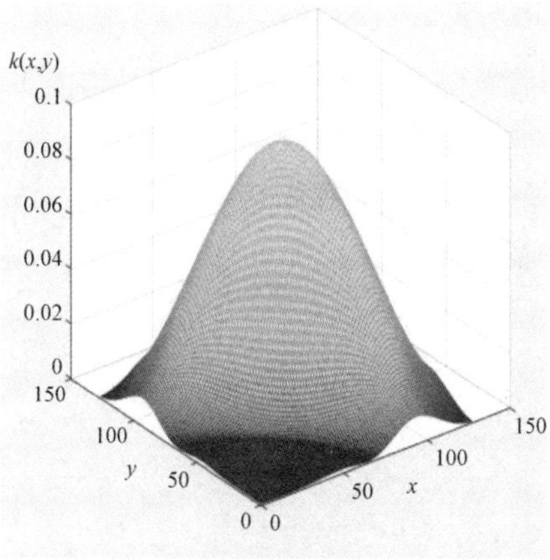

（a）核函数

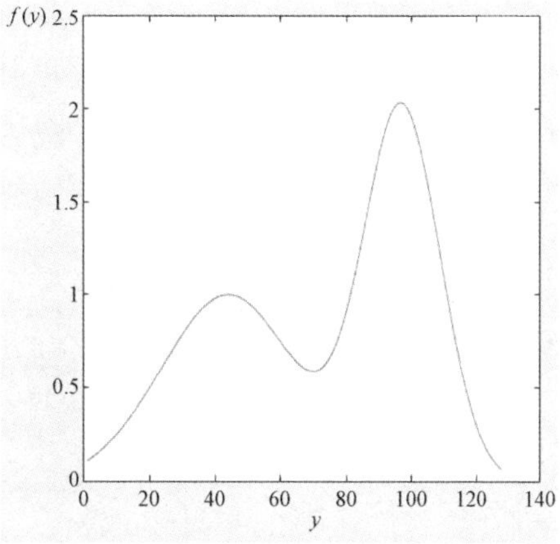

（b）原始信号

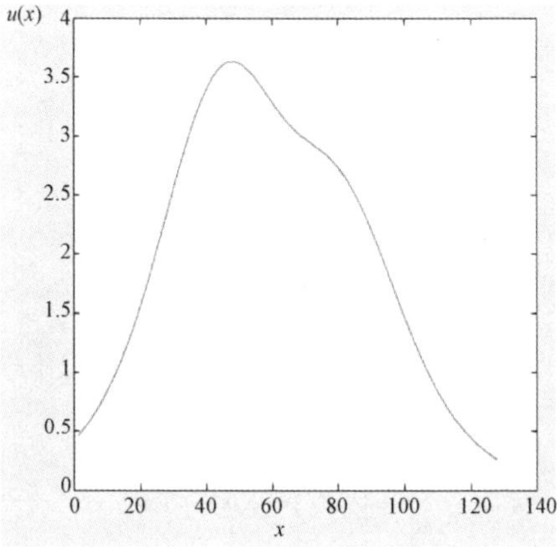

（c）理想采集信号

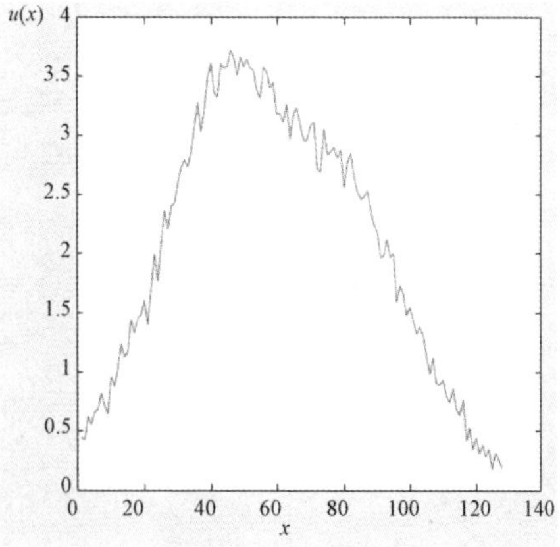

（d）实际采集信号

图 3-2　由 Shaw 问题采集的信号

（3）**Baart 问题**。该问题由 M. L. Baart 首次提出，用于解决具有噪声的不适定线性系统最小方差问题。若积分方程的积分区间为 $y \in [0, \pi]$， $x \in \left[0, \frac{\pi}{2}\right]$，核函数 $k(x, y) = \exp(x \cos y)$， $f(y) = \sin y$， $u(x) = (2\sinh x)/x$，则可以采用 Galerkin 方法进行离散化，获得 $u(x) = Af(x)$。由 Baart 问题采集的信号如图 3-3 所示。

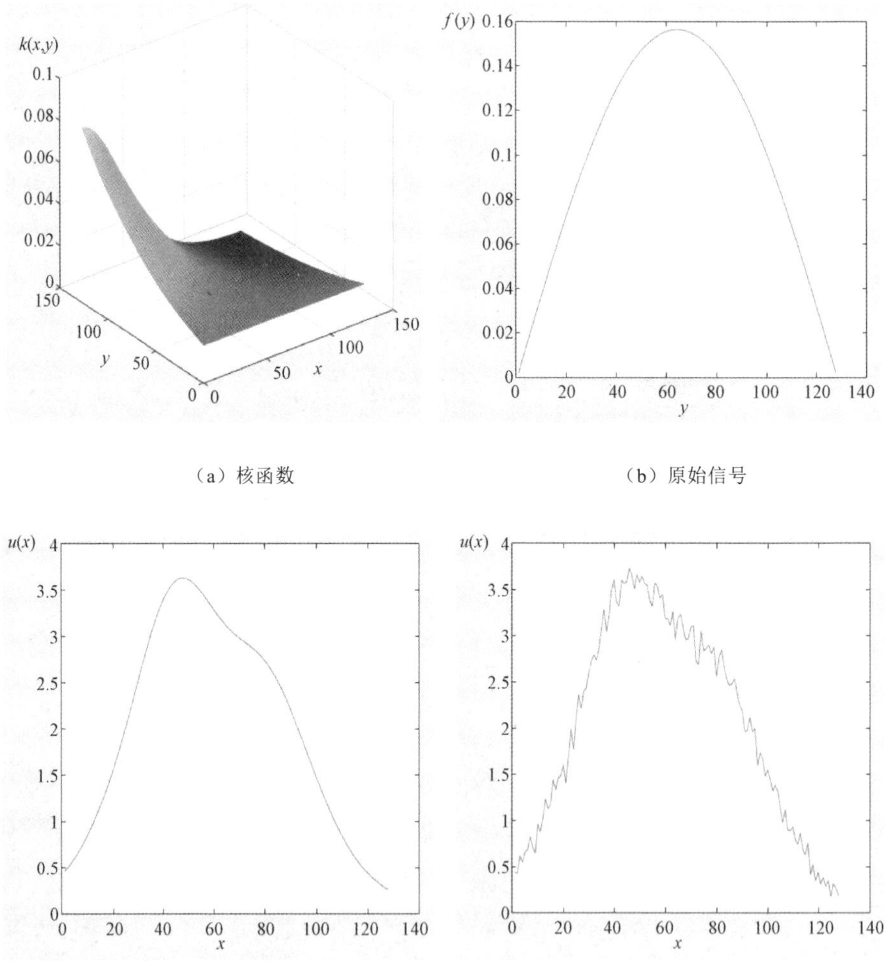

（a）核函数　　（b）原始信号

（c）理想采集信号　　（d）实际采集信号

图 3-3　由 Baart 问题采集的信号

（4）Wing 问题。该问题由 G. M. Wing 首次提出，用于检测具有非连续解的第一种类的积分方程计算问题。若 $x, y \in (0,1)$，核函数 $k(x,y) = y\exp(-xy^2)$，$f(y)=\begin{cases}1 & a<y<b\\ 0 & \text{其他}\end{cases}$，由成像系统得 $u(x)=\dfrac{\exp(-xa^2)-\exp(-xb^2)}{2x}$。由 Wing 问题采集的信号如图 3-4 所示。

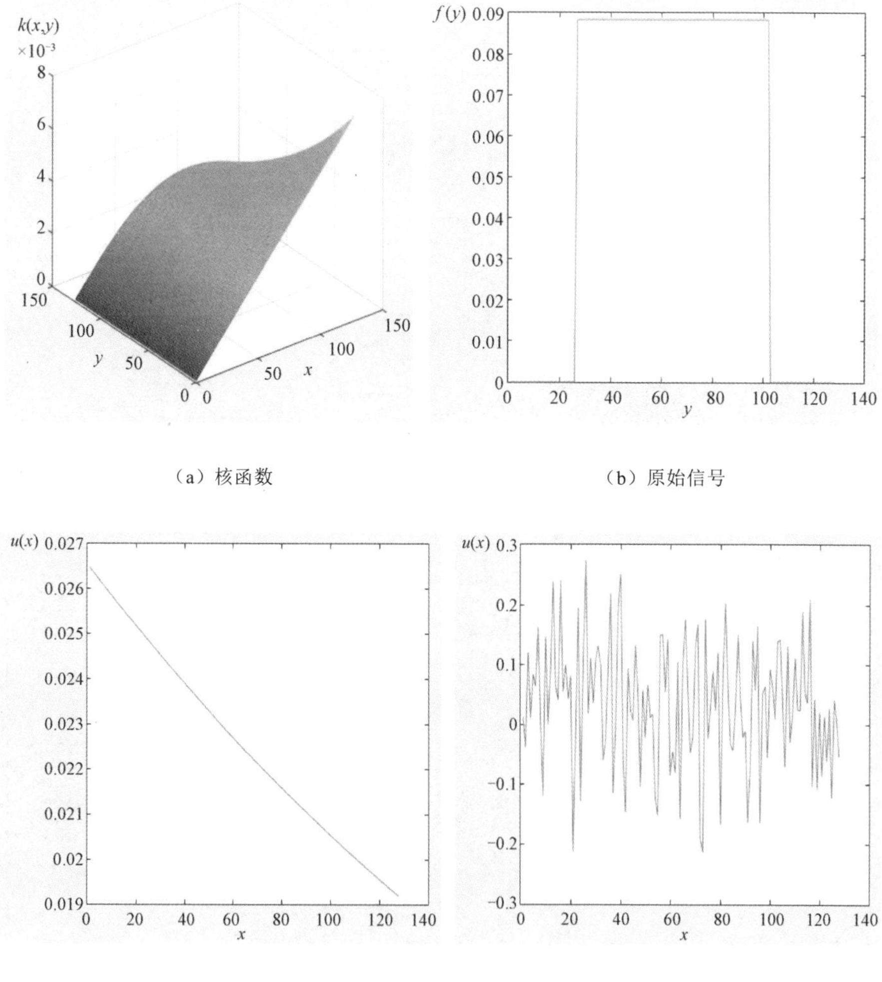

（a）核函数　（b）原始信号

（c）理想采集信号　（d）实际采集信号

图 3-4　由 Wing 问题采集的信号

（5）热传导逆问题。该问题由 A. S. Carasso 首次提出，用于从内部观测来确定物体表面的温度，属于不适定问题。对第一种类的 Volterra 积分方程采用简单的半点规则进行离散化。核函数 $k(x-y)=\dfrac{(x-y)^{-3/2}}{2\sqrt{\pi}}\exp\left(-\dfrac{1}{4(x-y)}\right)$，$y\in[0,1]$，$f(y)$不是用一个简单的函数来表示，而是构造一个离散的向量，从而将成像系统表示成卷积的形式，即$u(x)=A*f$。由热传导逆问题采集的信号如图 3-5 所示。

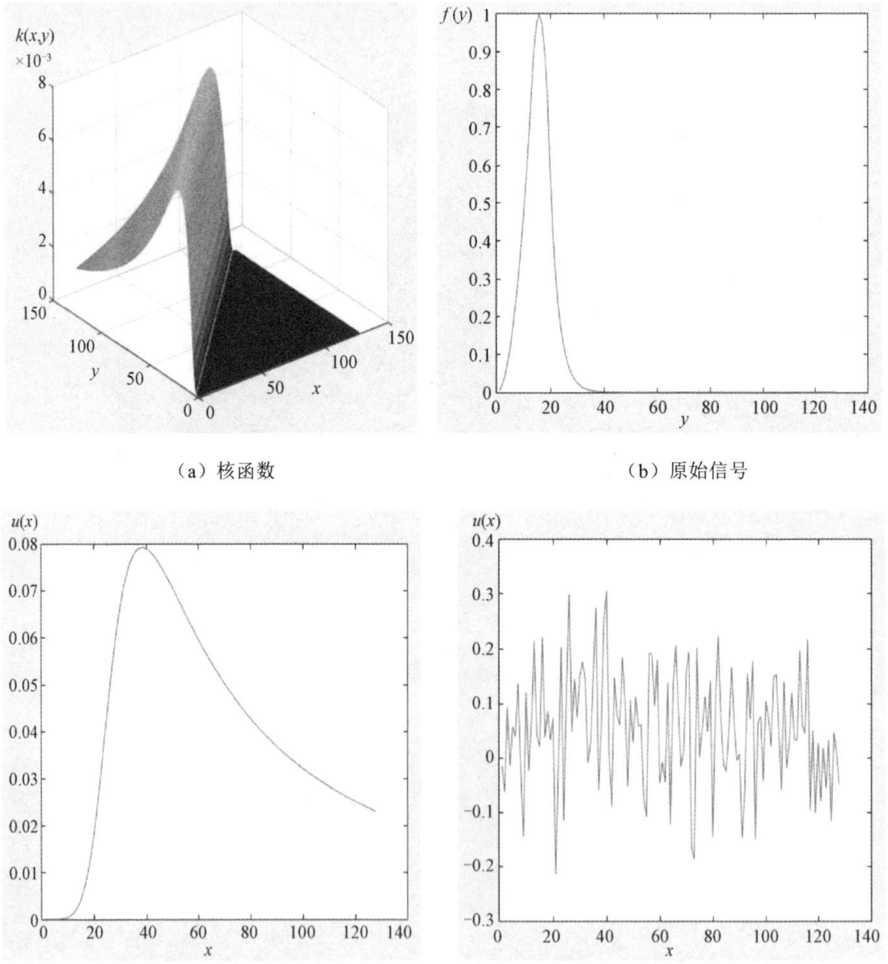

（a）核函数　（b）原始信号

（c）理想采集信号　（d）实际采集信号

图 3-5　由热传导逆问题采集的信号

（6）**Deriv2** 问题。该问题由 L. M. Delves 和 J. L. Mohamed 提出，A. k. Louis 和

P. Maass 对第一种类的积分方程使用磨光的方法计算数值解，采用 Galerkin 方法进行离散化，核函数由格林函数的二阶导数获得，$k(x,y)=\begin{cases} x(y-1) & x<y \\ y(x-1) & x\geqslant y \end{cases}$，

$f(y)=\begin{cases} y & y<\dfrac{1}{2} \\ 1-y & y\geqslant\dfrac{1}{2} \end{cases}$，$u(x)=\begin{cases} (4x^3-3x)/24 & x<\dfrac{1}{2} \\ (-4x^3+12x^2-9x+1)/24 & x\geqslant\dfrac{1}{2} \end{cases}$，$x,y\in[0,1]$。

由 Deriv2 问题采集的信号如图 3-6 所示。

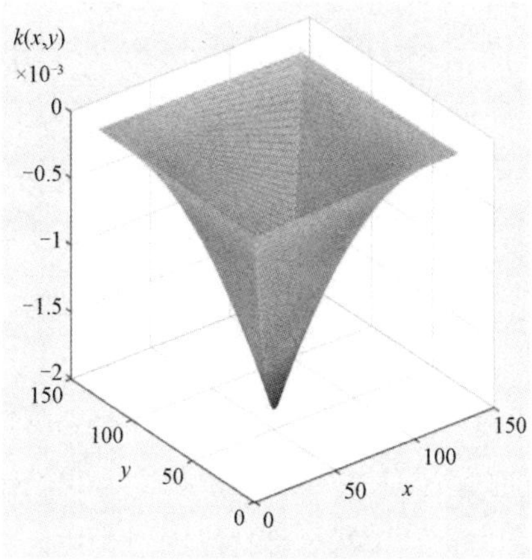

（a）核函数

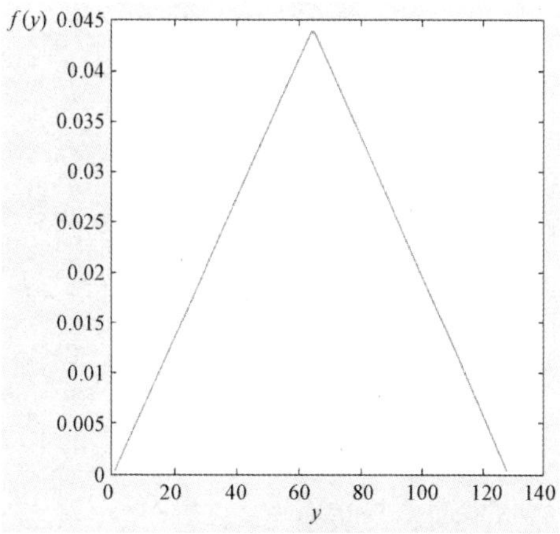

（b）原始信号

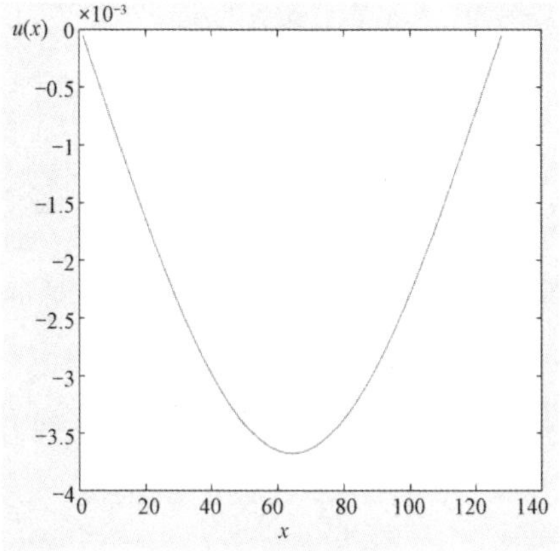

（c）理想采集信号

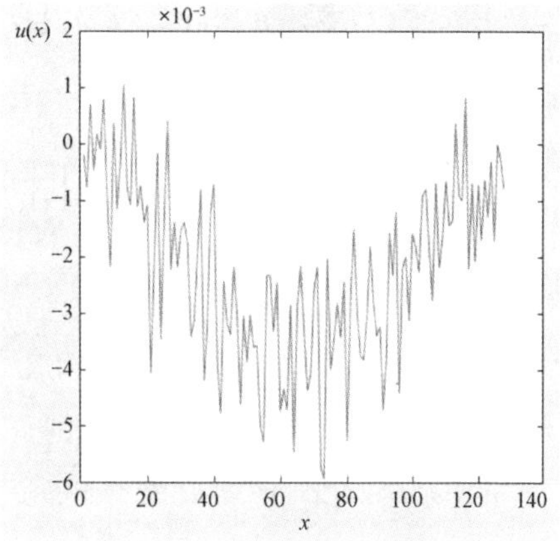

（d）实际采集信号

图 3-6　由 Deriv2 问题采集的信号

3.2 傅里叶变换及图像重构基本原理

3.2.1 连续傅里叶变换

3.2.1.1 连续傅里叶变换的定义

傅里叶变换在信号处理和数字影像处理中得到广泛应用，它将空域信号转换为频域，在频域中对所给定的问题进行研究。同时，傅里叶变换是积分变换的一种，具有良好的数学特性，如线性性质、位移性质、微分性质和积分性质等。在数字影像重构研究中，往往将所研究的问题转化为椭圆型偏微分方程和抛物线型偏微分方程。利用傅里叶变换的微分特性，可将常微分方程、偏微分方程等非线性问题转化为代数方程进行求解，从而降低研究问题的难度。对于所给定的函数，由于其研究的复杂性，往往构造级数形成一组空间坐标基，然后利用正交化的方法形成空间标准正交基。常用的正交基构造方法有施密斯特正交化、三角函数基、基于样条函数设计小波基，以及利用紧框架设计正交基等。根据研究的问题，选用一组合适的正交基将目标函数转换为一系列系数，然后设计优化迭代算法，编写程序，利用计算机对转换后的系数进行处理，最后利用逆变换对处理后的系数进行转化。

定义 3.1　连续傅里叶变换及其逆变换　若 $\boldsymbol{x}\in\mathbb{R}^n$，函数 $\boldsymbol{u}(\boldsymbol{x})\in L^1(\mathbb{R}^n)$，则 $\boldsymbol{u}(\boldsymbol{x})$ 的傅里叶变换表达式为

$$\boldsymbol{u}(\boldsymbol{\omega})=\left(\frac{1}{2\pi}\right)^{\frac{n}{2}}\int_{\mathbb{R}^n}\boldsymbol{u}(\boldsymbol{x})\,\mathrm{e}^{-\mathrm{i}\omega x}\mathrm{d}\boldsymbol{x} \tag{3-1}$$

$\boldsymbol{u}(\boldsymbol{\omega})$ 的逆傅里叶变换表达式为

$$\boldsymbol{u}(\boldsymbol{x})=\left(\frac{1}{2\pi}\right)^{\frac{n}{2}}\int_{\mathbb{R}^n}\boldsymbol{u}(\boldsymbol{\omega})\,\mathrm{e}^{\mathrm{i}\omega x}\mathrm{d}\boldsymbol{\omega} \tag{3-2}$$

3.2.1.2 连续傅里叶变换的特性

（1）乘积特性。若 $\boldsymbol{u}(\boldsymbol{x})$ 的傅里叶变换为 $\boldsymbol{u}(\boldsymbol{\omega})$，$\boldsymbol{v}(\boldsymbol{x})$ 的傅里叶变换为 $\boldsymbol{v}(\boldsymbol{\omega})$，则 $\boldsymbol{u}(\boldsymbol{x})$ 和 $\boldsymbol{v}(\boldsymbol{x})$ 的内积等于 $\boldsymbol{u}(\boldsymbol{\omega})$ 和 $\boldsymbol{v}(\boldsymbol{\omega})$ 的内积，表达式为

$$\langle\boldsymbol{u}(\boldsymbol{x}),\boldsymbol{v}(\boldsymbol{x})\rangle=\langle\boldsymbol{u}(\boldsymbol{\omega}),\boldsymbol{v}(\boldsymbol{\omega})\rangle \tag{3-3}$$

证明：$\langle \boldsymbol{u}(\boldsymbol{x}),\boldsymbol{v}(\boldsymbol{x})\rangle=\int_{\mathbb{R}^n}\boldsymbol{u}(\boldsymbol{x})\left[\left(\frac{1}{2\pi}\right)^{\frac{n}{2}}\overline{\int_{\mathbb{R}^n}v(\omega)\mathrm{e}^{\mathrm{i}\omega x}\mathrm{d}\boldsymbol{\omega}}\right]\mathrm{d}\boldsymbol{x}$

$$=\int_{\mathbb{R}^n}\overline{\boldsymbol{v}(\boldsymbol{\omega})}\left[\left(\frac{1}{2\pi}\right)^{\frac{n}{2}}\int_{\mathbb{R}^n}\boldsymbol{u}(\boldsymbol{x})\mathrm{e}^{-\mathrm{i}\omega x}\mathrm{d}\boldsymbol{\omega}\right]\mathrm{d}\boldsymbol{x}$$

$$=\int_{\mathbb{R}^n}\overline{\boldsymbol{v}(\boldsymbol{\omega})}\left[\left(\frac{1}{2\pi}\right)^{\frac{n}{2}}\int_{\mathbb{R}^n}\boldsymbol{u}(\boldsymbol{x})\mathrm{e}^{-\mathrm{i}\omega x}\mathrm{d}\boldsymbol{x}\right]\mathrm{d}\boldsymbol{\omega}$$

$$=\int_{\mathbb{R}^n}\overline{\boldsymbol{v}(\boldsymbol{\omega})}\left[\left(\frac{1}{2\pi}\right)^{\frac{n}{2}}\int_{\mathbb{R}^n}\boldsymbol{u}(\boldsymbol{x})\mathrm{e}^{-\mathrm{i}\omega x}\mathrm{d}\boldsymbol{x}\right]\mathrm{d}\boldsymbol{\omega}=\int_{\mathbb{R}^n}\boldsymbol{u}(\boldsymbol{\omega})\overline{\boldsymbol{v}(\boldsymbol{\omega})}\,\mathrm{d}\boldsymbol{\omega}=\langle \boldsymbol{u}(\boldsymbol{\omega}),\boldsymbol{v}(\boldsymbol{\omega})\rangle$$

（2）微分特性。若 $\boldsymbol{u}(\boldsymbol{x})$ 的傅里叶变换为 $\boldsymbol{u}(\boldsymbol{\omega})$，$\boldsymbol{u}(\boldsymbol{x})$ 的多重 α 微分的傅里叶变换为 $(\mathrm{i}\boldsymbol{\omega})^{\alpha}$ 与 $\boldsymbol{u}(\boldsymbol{\omega})$ 的乘积，则 $\boldsymbol{D}^{\alpha}\boldsymbol{u}(\boldsymbol{x})$ 的傅里叶变换表达式为

$$\boldsymbol{F}\left[\boldsymbol{D}^{\alpha}\boldsymbol{u}(\boldsymbol{x})\right]=(\mathrm{i}\boldsymbol{\omega})^{\alpha}\,\boldsymbol{u}(\boldsymbol{\omega}) \tag{3-4}$$

式中，$\boldsymbol{D}^{\alpha}\boldsymbol{u}(\boldsymbol{x})$ 表示 α 阶分布导数（弱导数），$\boldsymbol{D}^{\alpha}\boldsymbol{u}(\boldsymbol{x})=\boldsymbol{D}^{\alpha_1}\boldsymbol{u}(\boldsymbol{x})\boldsymbol{D}^{\alpha_2}\boldsymbol{u}(\boldsymbol{x})\cdots\boldsymbol{D}^{\alpha_n}\boldsymbol{u}(\boldsymbol{x})$，$\boldsymbol{D}^{\alpha}\boldsymbol{u}(\boldsymbol{x})$ 表示 $\boldsymbol{u}(\boldsymbol{x})$ 的多重 α 微分，$\boldsymbol{F}$ 表示傅里叶变换。

证明：

$$\boldsymbol{F}\left[\boldsymbol{D}^{\alpha}\boldsymbol{u}(\boldsymbol{x})\right]=\left(\frac{1}{2\pi}\right)^{\frac{n}{2}}\int_{\mathbb{R}^n}\boldsymbol{D}^{\alpha}\boldsymbol{u}(\boldsymbol{x})\,\mathrm{e}^{-\mathrm{i}\omega x}\mathrm{d}\boldsymbol{x}=\left(\frac{1}{2\pi}\right)^{\frac{n}{2}}\int_{\mathbb{R}^n}\boldsymbol{u}(\boldsymbol{x})\,\boldsymbol{D}_x^{\alpha}\left(\mathrm{e}^{-\mathrm{i}\omega x}\right)\mathrm{d}\boldsymbol{x}$$

$$=(\mathrm{i}\boldsymbol{\omega})^{\alpha}\left(\frac{1}{2\pi}\right)^{\frac{n}{2}}\int_{\mathbb{R}^n}\mathrm{e}^{-\mathrm{i}\omega x}\boldsymbol{u}(\boldsymbol{x})\,\mathrm{d}\boldsymbol{x}=(\mathrm{i}\boldsymbol{\omega})^{\alpha}\,\boldsymbol{u}(\boldsymbol{\omega}) \tag{3-5}$$

（3）卷积特性。若 $\boldsymbol{u}(\boldsymbol{x})$ 的傅里叶变换为 $\boldsymbol{u}(\boldsymbol{\omega})$，$\boldsymbol{v}(\boldsymbol{x})$ 的傅里叶变换为 $\boldsymbol{v}(\boldsymbol{\omega})$，则 $\boldsymbol{u}(\boldsymbol{x})$ 和 $\boldsymbol{v}(\boldsymbol{x})$ 卷积的傅里叶变换可用 $\boldsymbol{u}(\boldsymbol{\omega})$ 和 $\boldsymbol{v}(\boldsymbol{\omega})$ 的乘积表示，表达式为

$$\boldsymbol{F}\left[\boldsymbol{u}(\boldsymbol{x})*\boldsymbol{v}(\boldsymbol{x})\right]=(2\pi)^{\frac{n}{2}}\boldsymbol{u}(\boldsymbol{\omega})\cdot\boldsymbol{v}(\boldsymbol{\omega}) \tag{3-6}$$

式中，$*$ 表示卷积。

证明：$\boldsymbol{F}\left[\boldsymbol{u}(\boldsymbol{x})*\boldsymbol{v}(\boldsymbol{x})\right]=\left(\frac{1}{2\pi}\right)^{\frac{n}{2}}\int_{\mathbb{R}^n}\mathrm{e}^{-\mathrm{i}\omega x}\int_{\mathbb{R}^n}\boldsymbol{u}(\boldsymbol{t})\boldsymbol{v}(\boldsymbol{x}-\boldsymbol{t})\,\mathrm{d}\boldsymbol{t}\mathrm{d}\boldsymbol{x}$

$$=\left(\frac{1}{2\pi}\right)^{\frac{n}{2}}\int_{\mathbb{R}^n}\boldsymbol{u}(\boldsymbol{t})\mathrm{e}^{-\mathrm{i}\omega t}\int_{\mathbb{R}^n}\boldsymbol{v}(\boldsymbol{x}-\boldsymbol{t})\,\mathrm{e}^{-\mathrm{i}\omega(\boldsymbol{x}-\boldsymbol{t})}\mathrm{d}\boldsymbol{t}\mathrm{d}\boldsymbol{x}$$

$$=\left(\frac{1}{2\pi}\right)^{\frac{n}{2}}\int_{\mathbb{R}^n}\boldsymbol{u}(\boldsymbol{t})\mathrm{e}^{-\mathrm{i}\omega\boldsymbol{t}}\mathrm{d}\boldsymbol{t}\int_{\mathbb{R}^n}\boldsymbol{v}(\boldsymbol{x}-\boldsymbol{t})\mathrm{e}^{-\mathrm{i}\omega(\boldsymbol{x}-\boldsymbol{t})}\mathrm{d}\boldsymbol{x}$$

$$=\left[\left(\frac{1}{2\pi}\right)^{\frac{n}{2}}\int_{\mathbb{R}^n}\boldsymbol{u}(\boldsymbol{t})\mathrm{e}^{-\mathrm{i}\omega\boldsymbol{t}}\mathrm{d}\boldsymbol{t}\right]\int_{\mathbb{R}^n}\boldsymbol{v}(\boldsymbol{x}-\boldsymbol{t})\mathrm{e}^{-\mathrm{i}\omega(\boldsymbol{x}-\boldsymbol{t})}\mathrm{d}(\boldsymbol{x}-\boldsymbol{t})$$

$$=\boldsymbol{u}(\boldsymbol{\omega})(2\pi)^{\frac{n}{2}}\cdot\left(\frac{1}{2\pi}\right)^{\frac{n}{2}}\int_{\mathbb{R}^n}\boldsymbol{v}(\boldsymbol{x}-\boldsymbol{t})\mathrm{e}^{-\mathrm{i}\omega(\boldsymbol{x}-\boldsymbol{t})}\mathrm{d}(\boldsymbol{x}-\boldsymbol{t})$$

$$=(2\pi)^{\frac{n}{2}}\boldsymbol{u}(\boldsymbol{\omega})\cdot\boldsymbol{v}(\boldsymbol{\omega}) \tag{3-7}$$

3.2.1.3　正则化模型在图像重构中的应用

图像由奇异部分和光滑部分组成，常用一阶导数作为正则项描述图像的边缘，如一阶全变差函数（一阶 TV），但在图像重构过程中，一阶 TV 作为正则项容易在图像光滑部分产生阶梯效应，同时损失图像的对比度。为克服此缺点，采用提高模型阶次的办法来处理此问题，正则项采用二阶 TV 描述图像的光滑特性，如二阶全变差函数。但在图像重构过程中，二阶 TV 容易抹杀图像的边缘和纹理，造成图像的细节丢失，同时，二阶 TV 作为正则项构成的能量泛函正则化模型，通过变分后获得的是四阶欧拉-拉格朗日偏微分方程，由于模型阶次较高，且具有非线性特性，在离散化过程中，容易导致数值解产生振荡现象。为克服一阶 TV 和二阶 TV 作为正则项在图像重构过程中产生的不足，学术界转而研究采用分数阶 TV 作为正则项。通过设置参数可知，一阶 TV 和二阶 TV 构成的正则项是分数阶 TV 作为正则项的特殊情况，说明分数阶 TV 作为正则项更具有普遍意义。但是，在图像重构领域，目前还没有根据图像的类型来确定分数阶常数的理论依据，同时分数阶导数定义没有统一的形式，造成分数阶正则项离散化比较复杂。由正则项的不同形式可知，正则项对图像重构的质量是至关重要的，正则项的选择问题实质是根据图像的特征确定目标解的解空间，也就是说，所选定的解空间能准确体现图像的特征。尽管分数阶 TV 作为正则项具有通用性，但在实际图像重构处理中，也只能用确定的分数阶 TV 重构图像，这就与图像的复杂特征构成不可调和的矛盾。因此，准确描述图像的解空间，就目前的函数空间发展理论来说，还处于早期阶段。为了说明正则项在图像重构中的重要性，下面

给出拟合项用 L_2 范数描述，正则项用分数阶 TV 描述，利用 Fenchel 变换，将模型转化为对偶模型，采用分裂迭代算法重构合成的仿真图像。图 3-7 为原始、降质图像及三维表面，图 3-8 为不同分数指数重构图像及相应的三维表面。

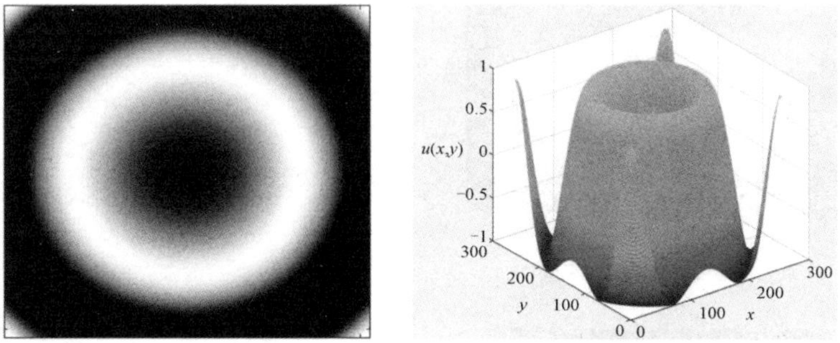

（a）原始图像　　　　（b）原始图像三维表面

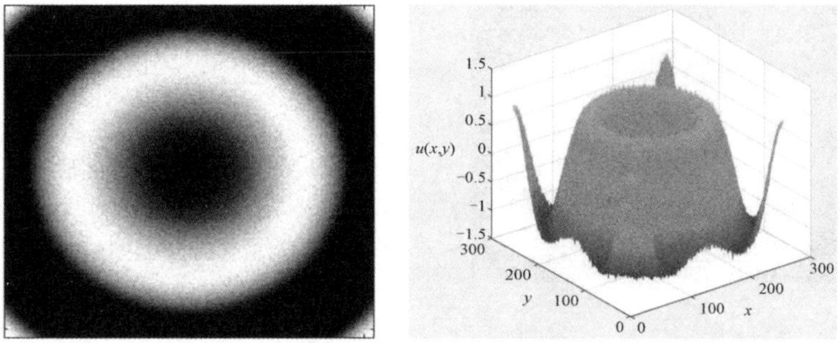

（c）降质图像（24.5dB）　　　　（d）降质图像三维表面

图 3-7　原始、降质图像及三维表面

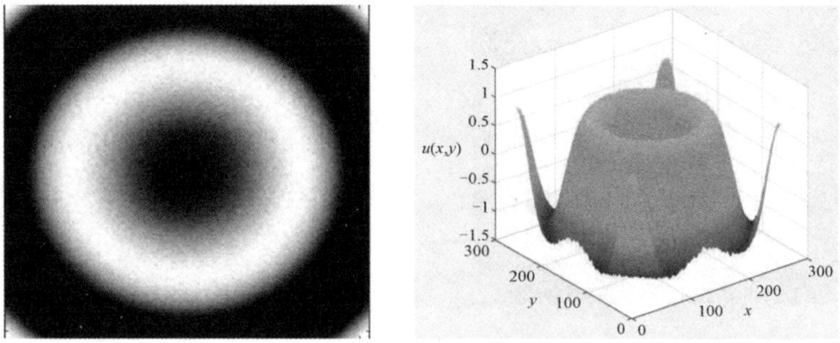

（a）重构图像（$\alpha=0.8$，30.0dB）　　　　（b）重构图像三维表面

图 3-8　不同分数指数重构图像及相应的三维表面

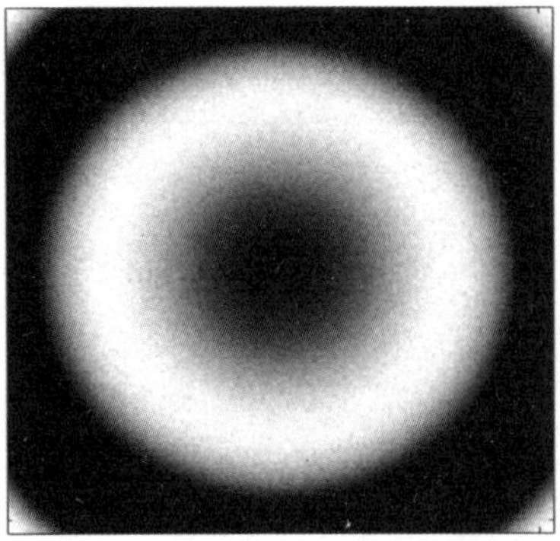

（c）重构图像（$\alpha=1$，38.2dB）

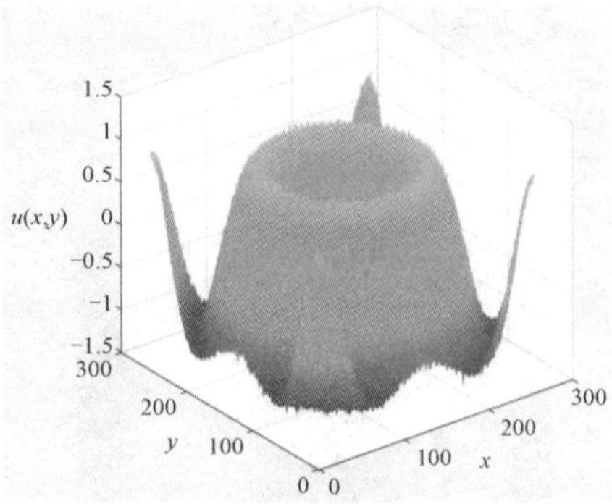

（d）重构图像三维表面

（e）重构图像（$\alpha=1.6$，36.5dB）

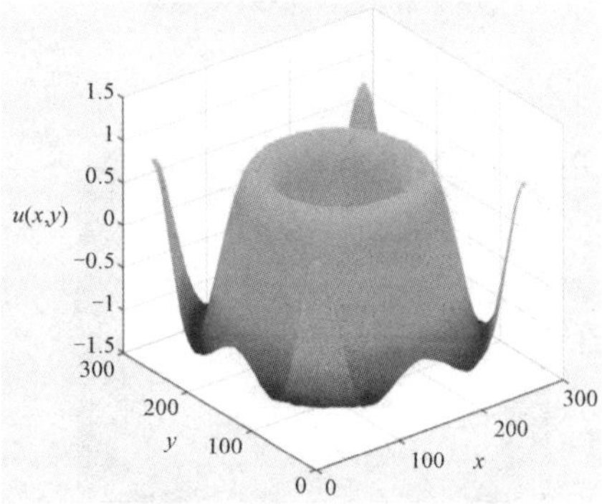

（f）重构图像三维表面

（g）重构图像（$\alpha=2$，39.2dB）

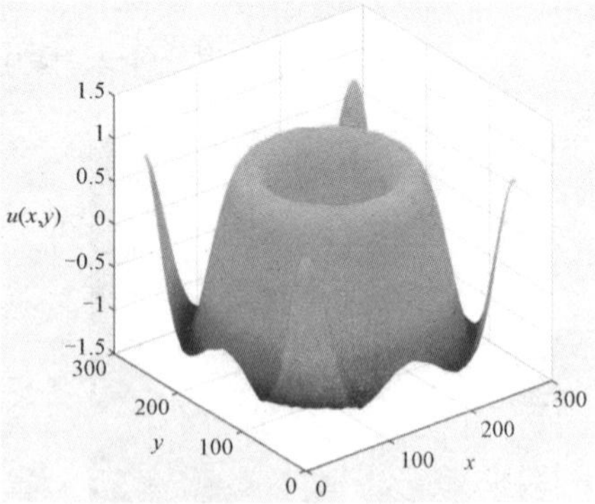

（h）重构图像三维表面

图 3-8　不同分数指数重构图像及相应的三维表面（续）

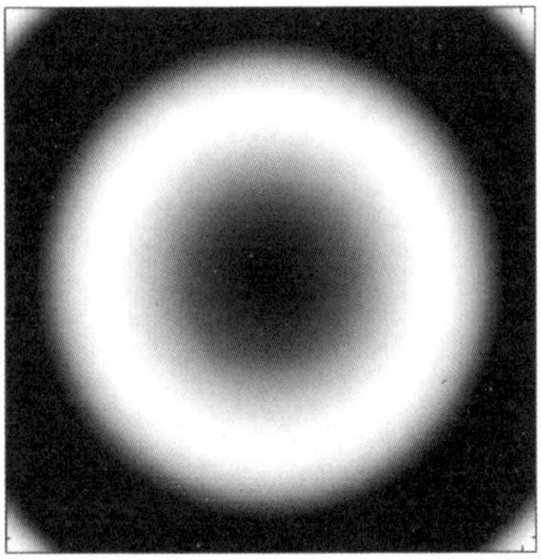

（i）重构图像（$\alpha=2.3$，39.7dB）

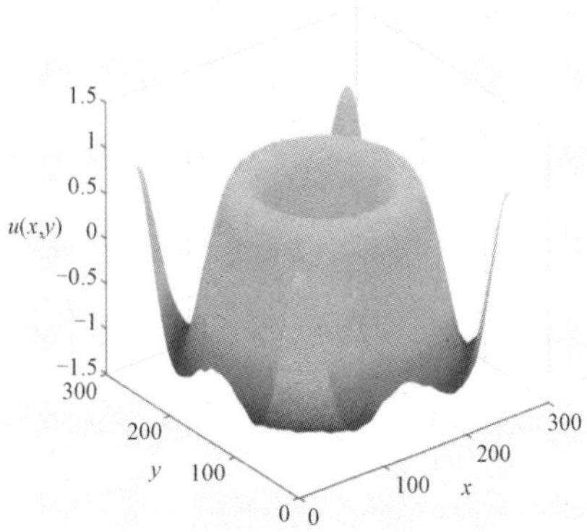

（j）重构图像三维表面

图 3-8　不同分数指数重构图像及相应的三维表面（续）

3.2.1.4　连续傅里叶变换在图像重构模型中的应用

众所周知，分数阶 TV 用分数阶导数来描述，目前主要有三种定义形式，分别为 Riemann-Liouville 类型（R-L 型）、Grunwald-Letnikov 类型（G-L 型）和 Caputo 类型。近年来，三种形式的分数阶导数已在混沌动力系统、最优控制、图像降噪、图像复原、图像修补、图像重构、反应色散方程、薛定谔方程及地震波分析等领域得到广泛应用。但由于分数阶偏微分方程中涉及一些超越函数，如伽马函数和 Mittag-Leffler 函数等，计算十分复杂。为了获得逼近解，目前主要采用分数阶有限差分法、离散 Z 变换和傅里叶变换等对分数阶偏微分方程进行求解。下面以图像重构模型为例，利用傅里叶变换计算分数阶发展型偏微分方程的解析解。

若正则项采用分数阶全变差函数来描述，图像重构模型用具有初始条件的发展型偏微分方程来描述，则分数阶发展型偏微分方程表达式为

$$\begin{cases} \boldsymbol{u}_t(\boldsymbol{x})-D^{\alpha}\boldsymbol{u}(\boldsymbol{x})=0 & (0,\mathbb{R})\times\mathbb{R}^n \\ \boldsymbol{u}_t(\boldsymbol{x})=\boldsymbol{u}_0(\boldsymbol{x}) & (t=0)\times\mathbb{R}^n \end{cases} \tag{3-8}$$

应用式（3-1），对式（3-8）进行傅里叶变换，获得的表达式为

$$\begin{cases} \boldsymbol{u}_t(\boldsymbol{\omega})-(\mathrm{i}\boldsymbol{\omega})^{\alpha}\,\boldsymbol{u}(\boldsymbol{\omega})=0 & t\in(0,\mathbb{R}) \\ \boldsymbol{u}_t(\boldsymbol{\omega})=\boldsymbol{u}_0(\boldsymbol{\omega}) & t=0 \end{cases} \tag{3-9}$$

对微分方程式（3-9）进行求解，则有

$$u(\omega)=u_0(\omega)e^{t(i\omega)^\alpha} \tag{3-10}$$

根据卷积特性式（3-6），则有

$$u(x)=(2\pi)^{-\frac{n}{2}}u_0(x)*F^{-1}\left[e^{t(i\omega)^\alpha}\right] \tag{3-11}$$

式中，F^{-1}表示逆傅里叶变换。从式（3-11）可知，为获得$u(x)$，关键是计算$e^{t(i\omega)^\alpha}$的逆傅里叶变换，应用式（3-2），则$F^{-1}\left[e^{t(i\omega)^\alpha}\right]$的表达式为

$$F^{-1}\left[e^{t(i\omega)^\alpha}\right]=\frac{1}{(2\pi)^{\frac{n}{2}}}\int_{\mathbb{R}^n}e^{i\omega x}e^{t(i\omega)^\alpha}d\omega \tag{3-12}$$

在实际图像重构中，考虑到计算的复杂度，当$\alpha=2$时，式（3-8）转化为热方程，从而式（3-12）的转化表达式为

$$\begin{aligned}F^{-1}\left[e^{t(i\omega)^2}\right]&=\frac{1}{(2\pi)^{\frac{n}{2}}}\int_{\mathbb{R}^n}e^{i\omega x}e^{t(i\omega)^2}d\omega=\frac{1}{(2\pi)^{\frac{n}{2}}}\int_{\mathbb{R}^n}e^{i\omega x}e^{-\omega^2 t}d\omega\\&=\frac{1}{(2\pi)^{\frac{n}{2}}}\int_{\mathbb{R}^n}e^{i\omega x-\omega^2 t}d\omega\end{aligned} \tag{3-13}$$

由于$\int_{-\infty}^{\infty}e^{ix\omega-t\omega^2}d\omega=t^{-\frac{1}{2}}e^{-\frac{x^2}{4t}}\int_{\mathbb{R}^n}e^{-z^2}dz$，$\int_{-\infty}^{\infty}e^{-z^2}dz=\sqrt{\pi}$，所以有

$$\int_{-\infty}^{\infty}e^{ix\omega-t\omega^2}d\omega=\frac{e^{-\frac{x^2}{4t}}}{\sqrt{t}}\int_{\mathbb{R}^n}e^{-z^2}dz=\sqrt{\frac{\pi}{t}}e^{-\frac{x^2}{4t}} \tag{3-14}$$

应用式（3-14），式（3-13）的转化表达式为

$$F^{-1}\left[e^{t(i\omega)^2}\right]=\frac{1}{(2\pi)^{\frac{n}{2}}}\left(\sqrt{\frac{\pi}{t}}\right)^{\frac{n}{2}}e^{-\frac{|x|^2}{4t}}=\frac{1}{(2t)^{\frac{n}{2}}}e^{-\frac{|x|^2}{4t}} \tag{3-15}$$

由式（3-11），当$\alpha=2$时，式（3-8）的基本解表达式为

$$u(x)=\frac{u_0(x)*(2t)^{-\frac{n}{2}}e^{-\frac{|x|^2}{4t}}}{(2\pi)^{\frac{n}{2}}}=\frac{1}{(4\pi t)^{\frac{n}{2}}}u_0(x)*e^{-\frac{|x|^2}{4t}}=\frac{1}{(4\pi t)^{\frac{n}{2}}}\int_{\mathbb{R}^n}u_0(y)e^{-\frac{|y-x|^2}{4t}}dy \tag{3-16}$$

3.2.2　离散傅里叶变换

3.2.2.1　离散傅里叶变换的定义

一维信号在采集过程中，由于受信号采集设备和外界环境的干扰，如图 3-1 至图 3-6 中的实际采集信号受噪声的干扰，采集信号与真实信号差异较大，如果不进行预处理，很难直接通过实际采集信号重构理想信号。在二维图像信号采集过程中，由于受电子噪声、大气扰动、物体与成像设备的相对运动、成像设备与物体的距离等因素的影响，采集获得的图像质量较差，如图 3-9 所示。

（a）原始图像　（b）高斯噪声干扰　（c）椒盐噪声干扰

（d）大气扰动　（e）相对运动　（f）设备聚焦

图 3-9　不同因素导致图像降质

为了获得理想的采集信号和图像，需要对采集的信息进行预处理，如进行信号和图像滤波，而傅里叶变换是可使用的一种强有力的工具。傅里叶变换将信号由空域转化到频域，然后在频域对转换系数进行处理，最后利用逆傅里叶变换将频域处理后的系数转化到空域。

定义 3.2　离散傅里叶变换及其逆变换　若函数 $\boldsymbol{u}(m,n)\in L^2(\boldsymbol{R}^2)$，$m=1,2,\cdots,M$，$n=1,2,\cdots,N$，则 $\boldsymbol{u}(m,n)$ 的离散傅里叶变换表达式为

$$\boldsymbol{u}(\omega_m,\omega_n)=\frac{1}{\sqrt{MN}}\sum_{m=1}^{M}\sum_{n=1}^{N}\boldsymbol{u}(m,n)\exp^{-\mathrm{i}2\pi\left(\frac{m\omega_m}{M}+\frac{n\omega_n}{N}\right)} \tag{3-17}$$

$\boldsymbol{u}(\omega_m,\omega_n)$ 的离散傅里叶逆变换表达式为

$$\boldsymbol{u}(m,n)=\frac{1}{\sqrt{MN}}\sum_{m=1}^{M}\sum_{n=1}^{N}\boldsymbol{u}(\omega_m,\omega_n)\exp^{\mathrm{i}2\pi\left(\frac{m\omega_m}{M}+\frac{n\omega_n}{N}\right)} \tag{3-18}$$

若用 $\boldsymbol{R}(\omega_m,\omega_n)$、$\boldsymbol{I}(\omega_m,\omega_n)$ 表示实部和虚部，则 $\boldsymbol{u}(\omega_m,\omega_n)$ 的频谱表达式为

$$\left|\boldsymbol{u}(\omega_m,\omega_n)\right|=\sqrt{\boldsymbol{R}^2(\omega_m,\omega_n)+\boldsymbol{I}^2(\omega_m,\omega_n)} \tag{3-19}$$

3.2.2.2　离散傅里叶变换在图像处理中的应用

为了对离散傅里叶变换进行直观了解，下面对图像和核函数进行傅里叶仿真实验。图 3-10 为原始合成模拟图像和视网膜图像，图 3-11 和图 3-12 分别为合成模拟图像和视网膜图像的傅里叶变换；图 3-13～图 3-18 分别为 Phillips 问题、Shaw 问题、Baart 问题、Wing 问题、热传导逆问题和 Deriv2 问题核函数的傅里叶变换。

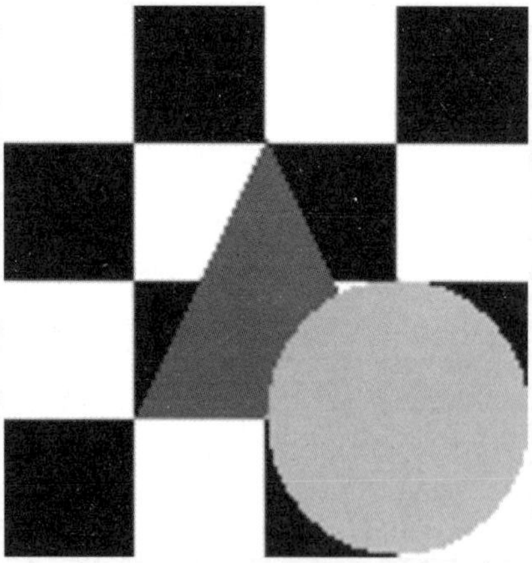

（a）合成模拟图像

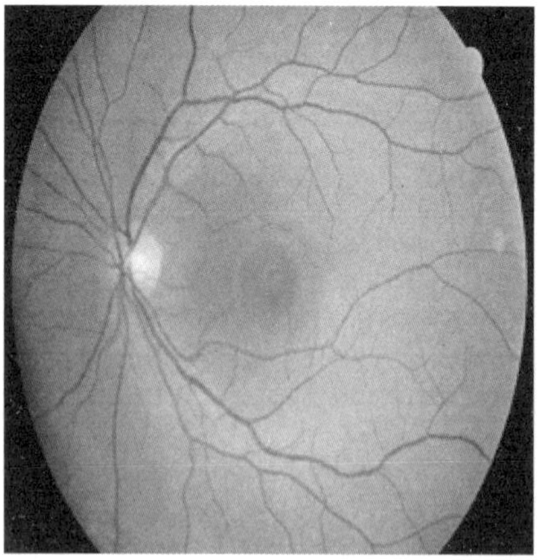

（b）视网膜图像

图 3-10　原始合成模拟图像和视网膜图像

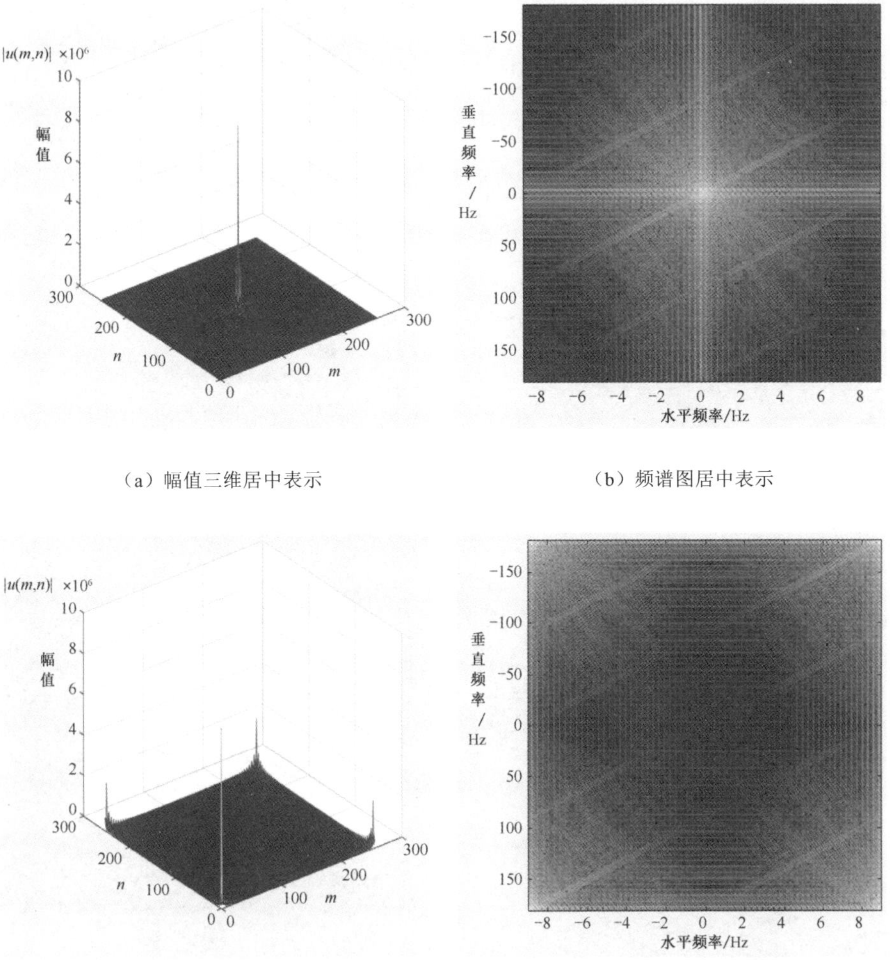

（a）幅值三维居中表示　　（b）频谱图居中表示

（c）幅值三维非居中表示　　（d）频谱图非居中表示

图 3-11　合成模拟图像的傅里叶变换

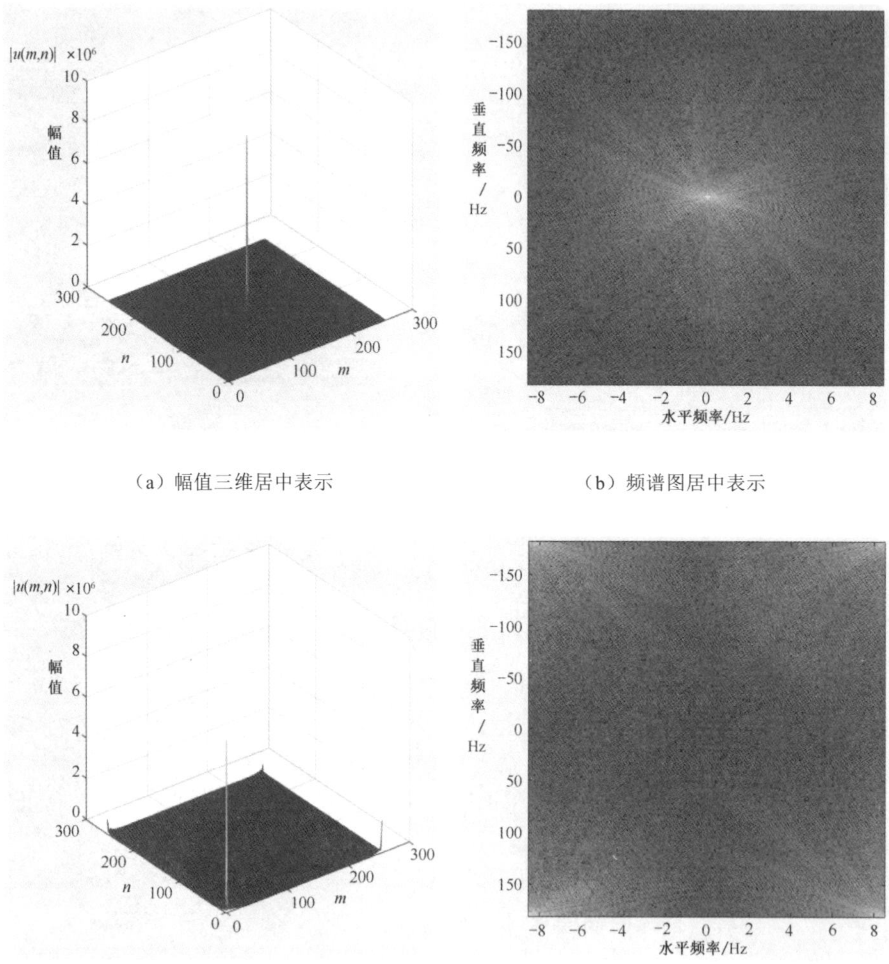

（a）幅值三维居中表示　（b）频谱图居中表示

（c）幅值三维非居中表示　（d）频谱图非居中表示

图 3-12　视网膜图像的傅里叶变换

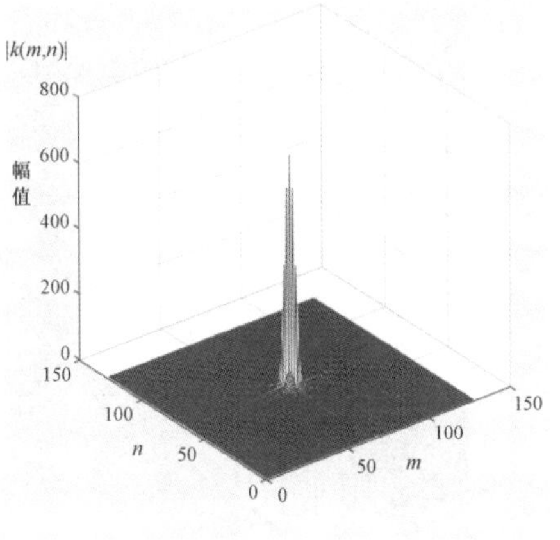

（a）幅值三维居中表示

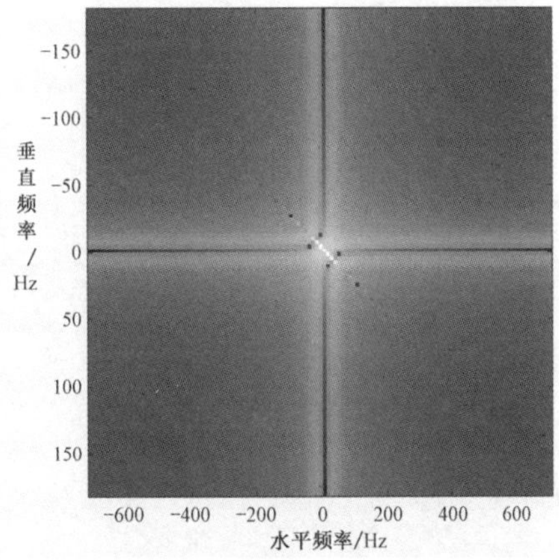

（b）频谱图居中表示

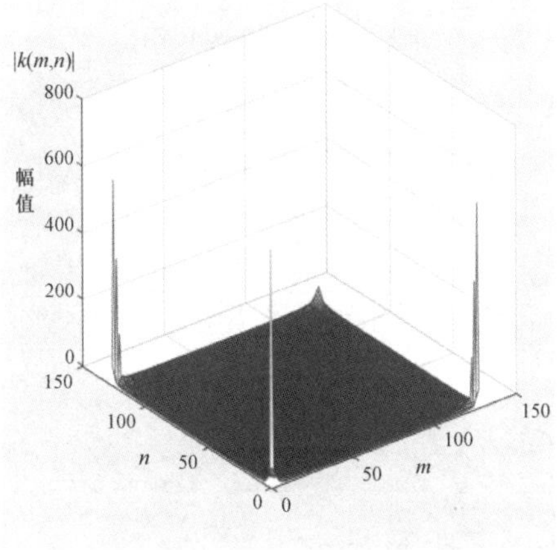

（c）幅值三维非居中表示

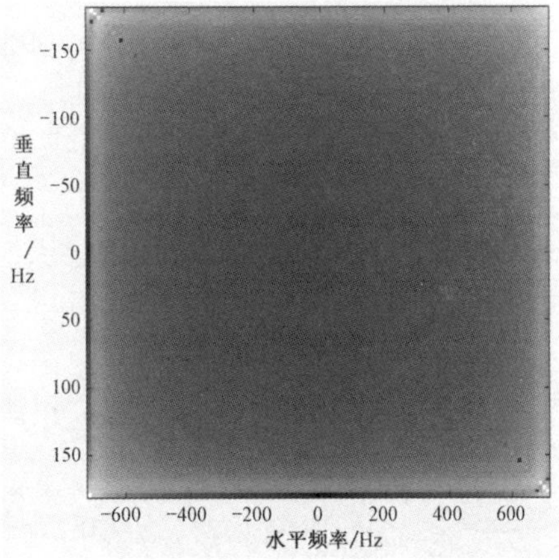

（d）频谱图非居中表示

图 3-13　Phillips 问题核函数的傅里叶变换

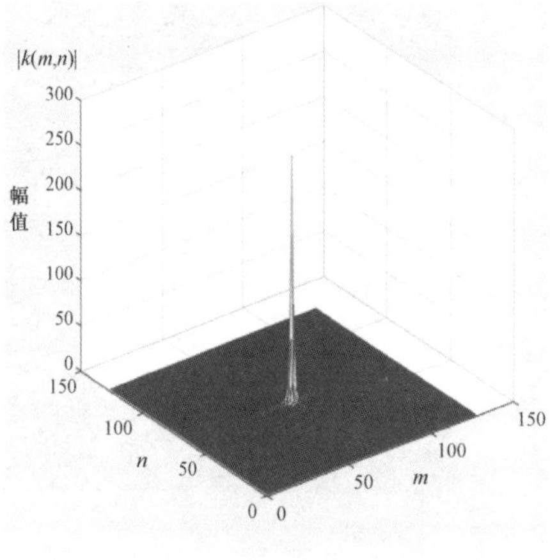

（a）幅值三维居中表示

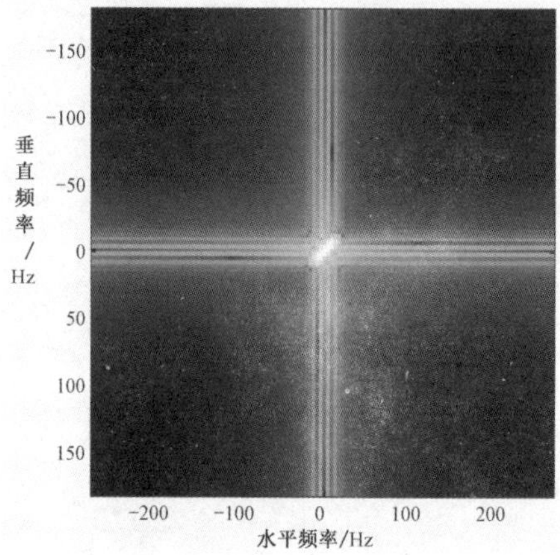

（b）频谱图居中表示

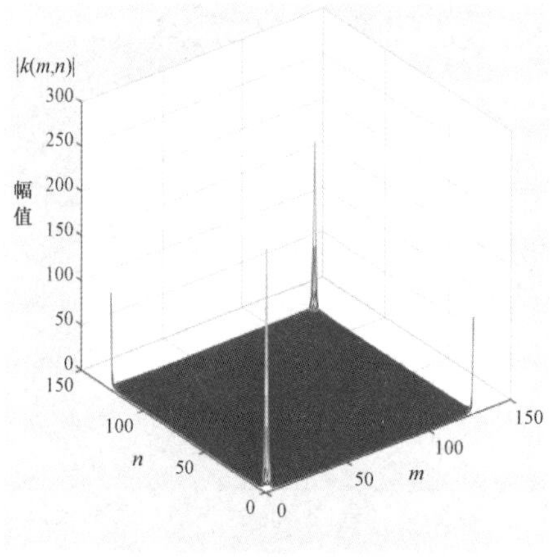

（c）幅值三维非居中表示

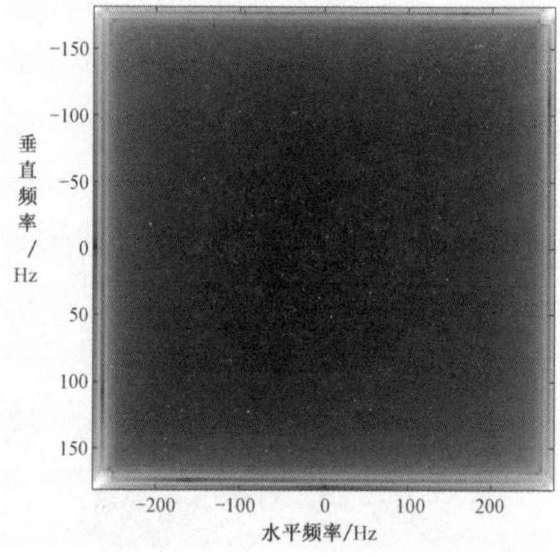

（d）频谱图非居中表示

图 3-14　Shaw 问题核函数的傅里叶变换

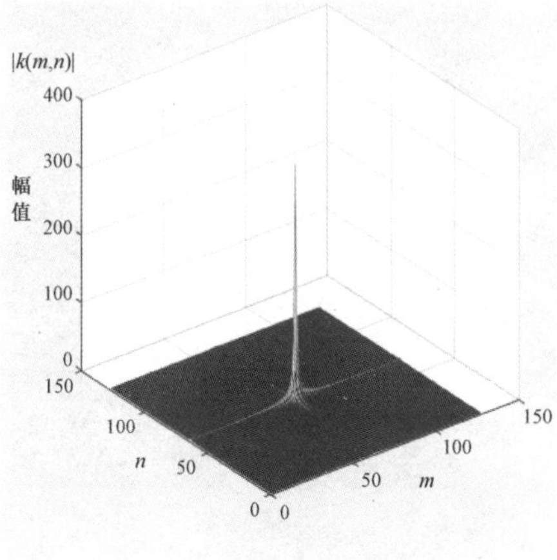

（a）幅值三维居中表示

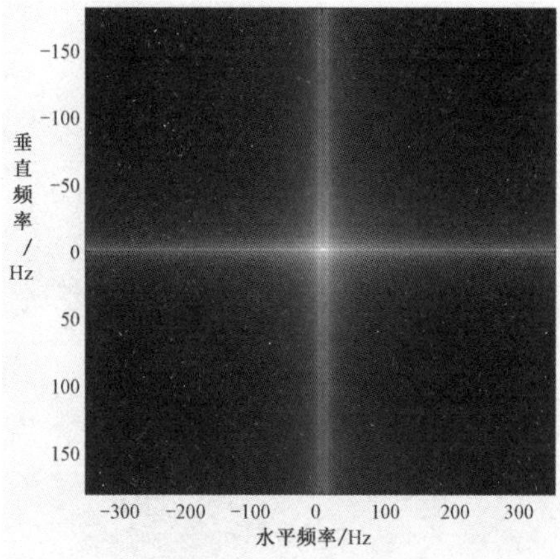

（b）频谱图居中表示

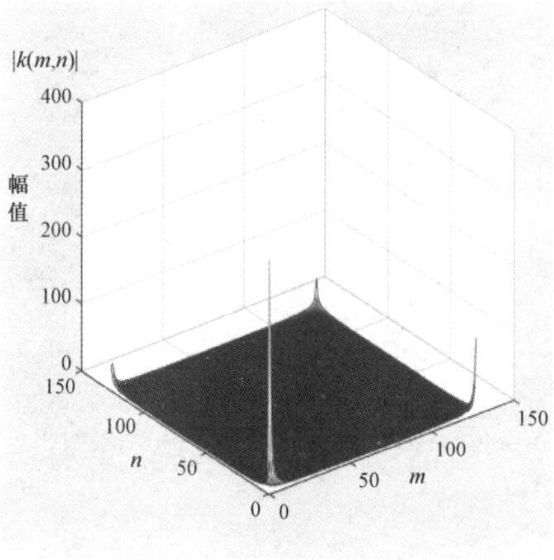

（c）幅值三维非居中表示

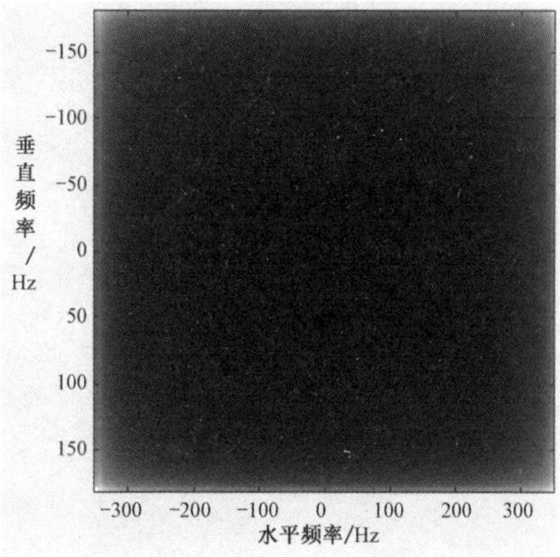

（d）频谱图非居中表示

图 3-15　Baart 问题核函数的傅里叶变换

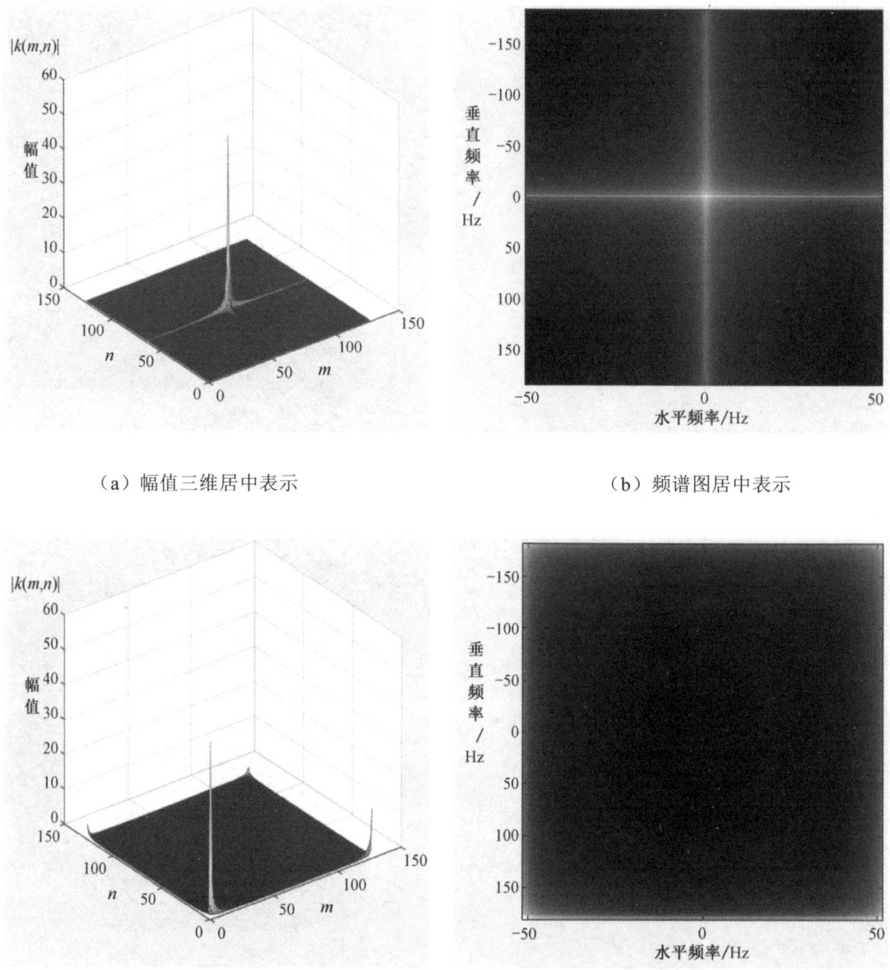

（a）幅值三维居中表示　　（b）频谱图居中表示

（c）幅值三维非居中表示　　（d）频谱图非居中表示

图 3-16　Wing 问题核函数的傅里叶变换

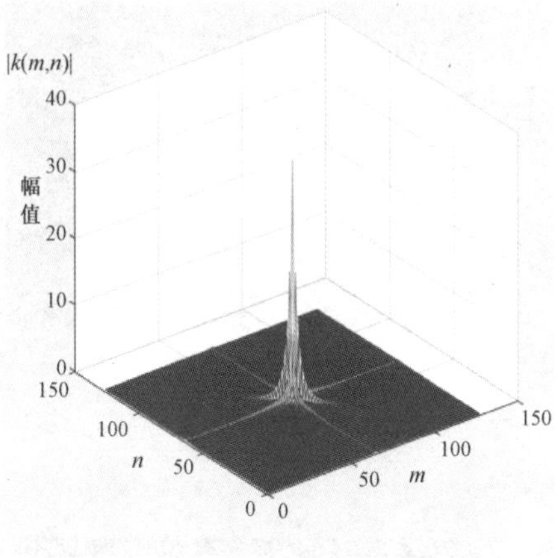

（a）幅值三维居中表示

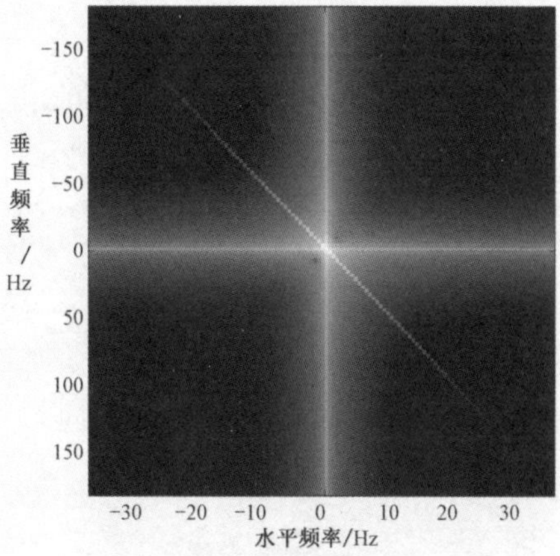

（b）频谱图居中表示

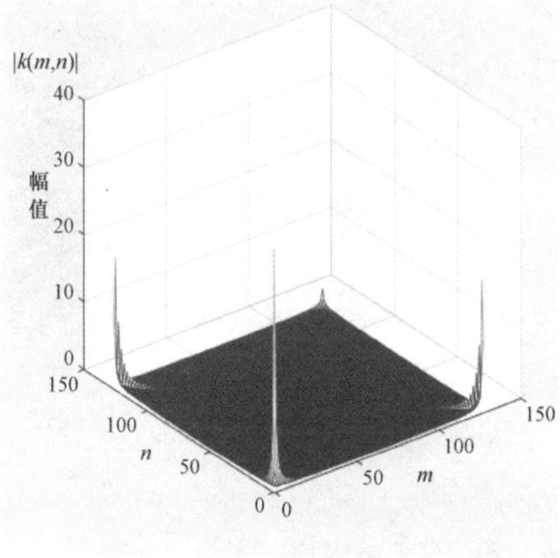

（c）幅值三维非居中表示

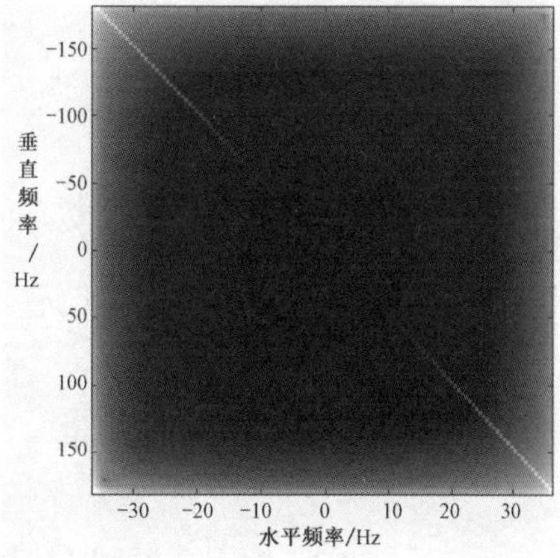

（d）频谱图非居中表示

图 3-17　热传导逆问题核函数的傅里叶变换

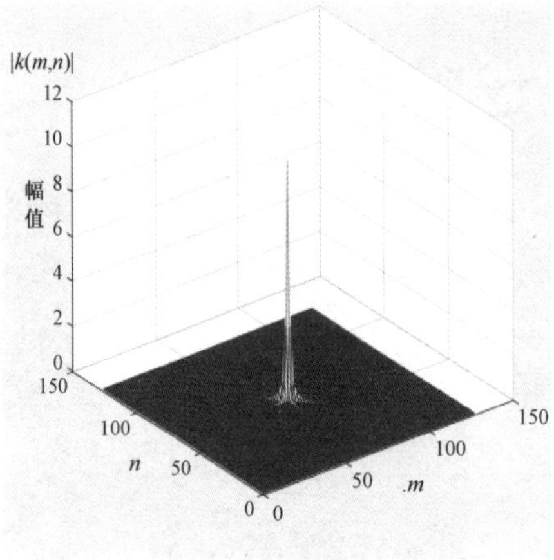

（a）幅值三维居中表示

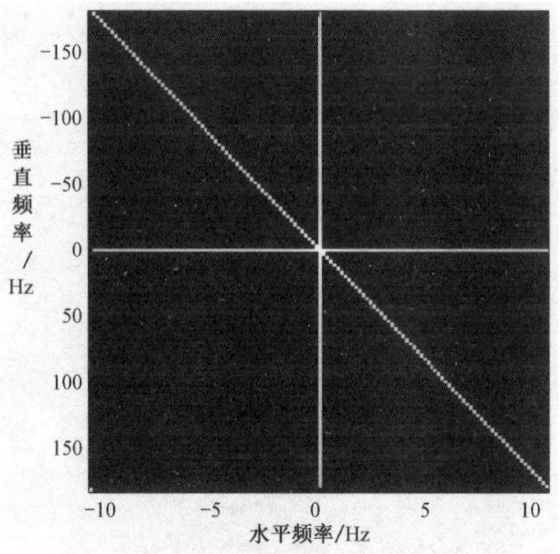

（b）频谱图居中表示

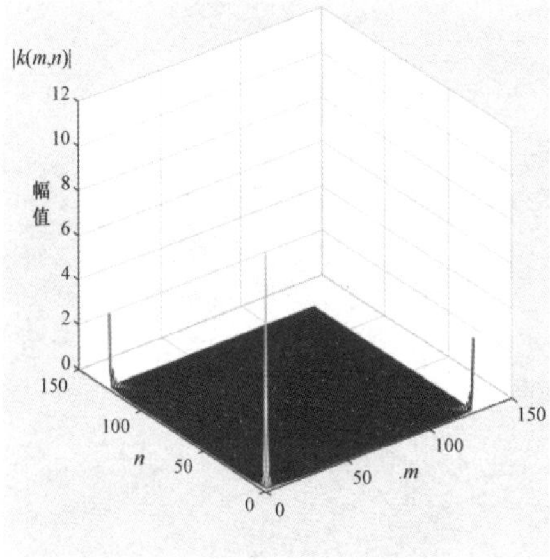

（c）幅值三维非居中表示

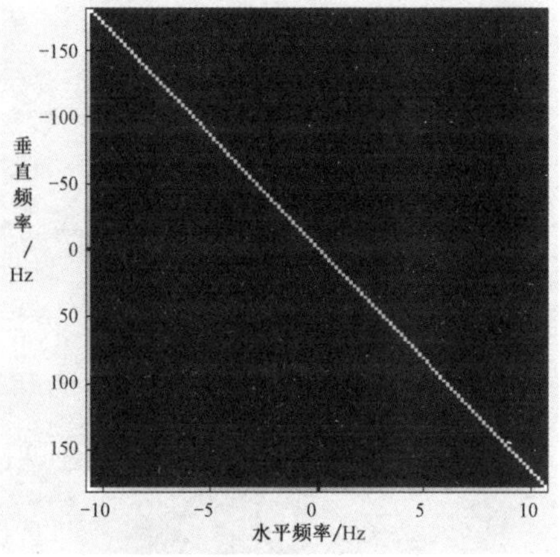

（d）频谱图非居中表示

图 3-18　Deriv2 问题核函数的傅里叶变换

3.3　层析成像基本原理

计算机断层扫描（Computed Tomography，CT）来自希腊语，是对三维目标的断面进行分层显示的一种摄影技术。该技术将探测的目标内部的断面以图像的形式逐层显示出来，无须切割或解剖探测目标，就能“探窥”物体内部的结构，从而达到无损探测的目的。1971 年，Hounsfield 引入 X 射线断层，也称该技术为 CT。目前，CT 在工业无损检测、医学诊断、文物鉴定和星球地质结构研究中得到广泛应用。其基本工作原理是利用控制器控制射线源发生器，对准层析的剖面发出射线，射线扫描探测目标后，同步接收器接收扫描目标后的信号，利用转换器将采集后的数据输入计算机中。例如，对身体某个部位的一个剖面进行层析，获得的是二维数据。通过编写计算机程序，对采集获得的信息进行适当的处理，则可以在显示器中将断层的数据以图像的形式进行显示。

对于给定的探测目标，通过发射器扫描被测物体，信号经过被扫描的物体后衰减并传入探测器，探测器获得的投影值可以用线积分来表示，表达式为

$$\mathrm{d}\boldsymbol{u}(x)=-g^{0}(x)\boldsymbol{u}(x)\mathrm{d}l \tag{3-20}$$

将式（3-20）变为可分离的形式 $\dfrac{\mathrm{d}\boldsymbol{u}(x)}{\boldsymbol{u}(x)}=-g^{0}(x)\mathrm{d}l$，然后对两边进行积分，则有 $\displaystyle\int_{u_0}^{u(x)}\frac{\mathrm{d}\boldsymbol{u}(x)}{\boldsymbol{u}(x)}=-\int_{l}g^{0}(x)\mathrm{d}l$，即 $\ln\boldsymbol{u}(x)\big|_{u_0}^{u(x)}=-\int_{l}g^{0}(x)\mathrm{d}l$，$\ln\dfrac{\boldsymbol{u}(x)}{\boldsymbol{u}_0(x)}=-\int_{l}g^{0}(x)\mathrm{d}l$，化简获得的表达式为

$$\boldsymbol{u}(x)=\boldsymbol{u}_0(x)\exp\left(-\int_{l}g^{0}(x)\mathrm{d}l\right) \tag{3-21}$$

式（3-21）的重要意义在于，信号是沿着直线进行衰减的，如果知道源信号 $\boldsymbol{u}_0(x)$ 和探测器信号 $\boldsymbol{u}(x)$，就可以获得信号沿直线 l 的衰减系数。

3.3.1 平行束和扇束扫描

扫描成像分为投影和重构两个步骤，首先需要将探测目标的某一断层按某一角度进行投影，获得采样数据，角度不同，对同一断层投影获得的数据也不同。从图像处理的角度来说，给定的二维图像可以看成探测目标的某一断层。对于该断层的二维图像，可以从不同角度进行投影。为了加深对投影这一概念的理解，下面对图 3-10 中的合成模拟图像和真实的视网膜图像进行不同角度的投影。图 3-19 和图 3-20 分别为合成模拟图像和视网膜图像的投影显示，从图中可以看出，角度不同，获得的投影数据也不同。

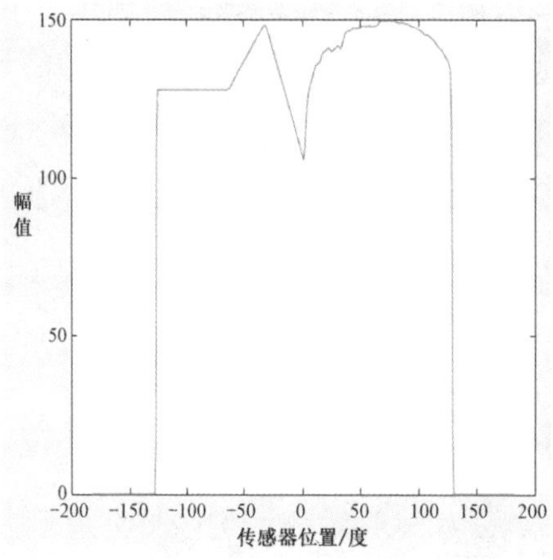

（a）零度投影

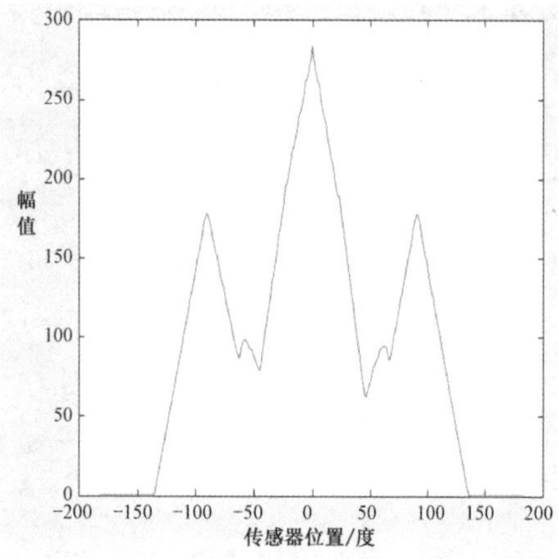

（b）45 度投影

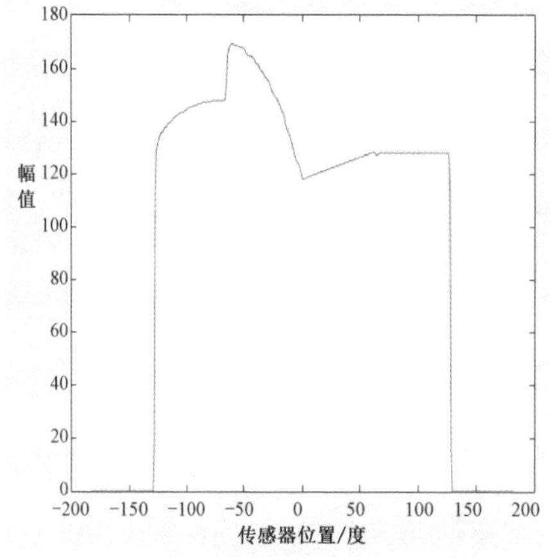

（c）90 度投影

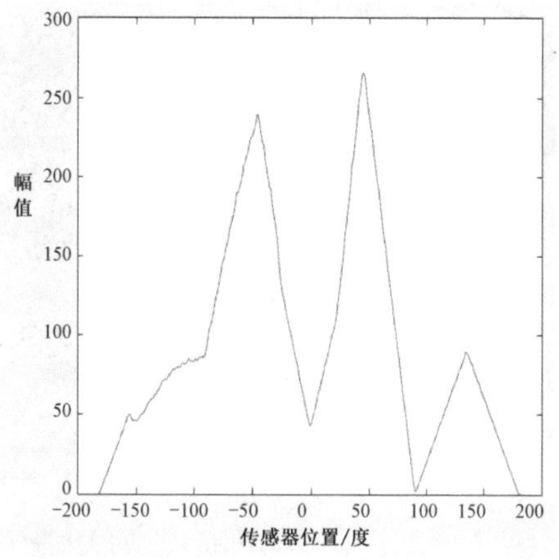

（d）145 度投影

图 3-19　合成模拟图像不同角度的投影

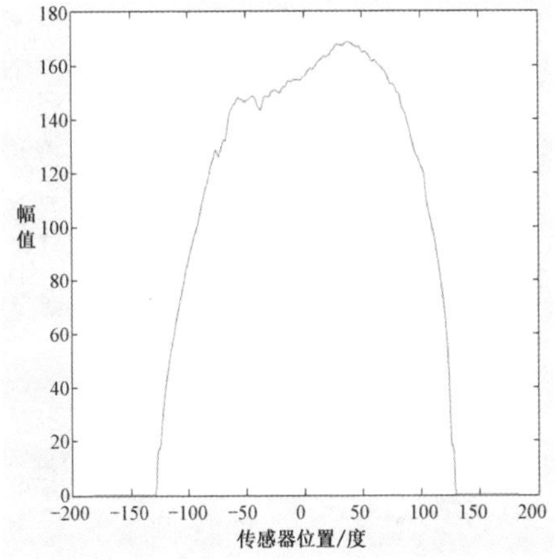

（a）零度投影

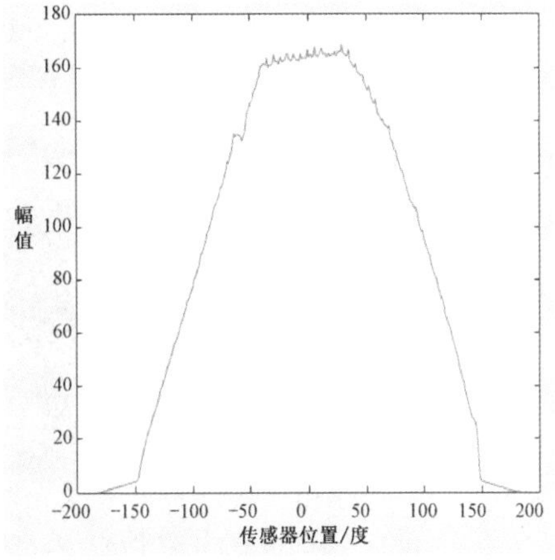

（b）45 度投影

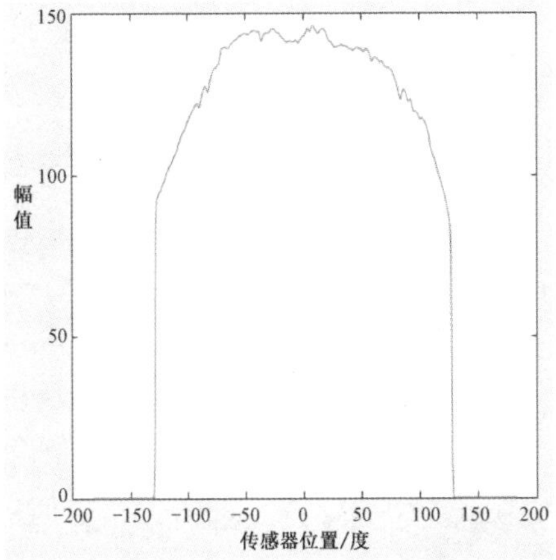

（c）90 度投影

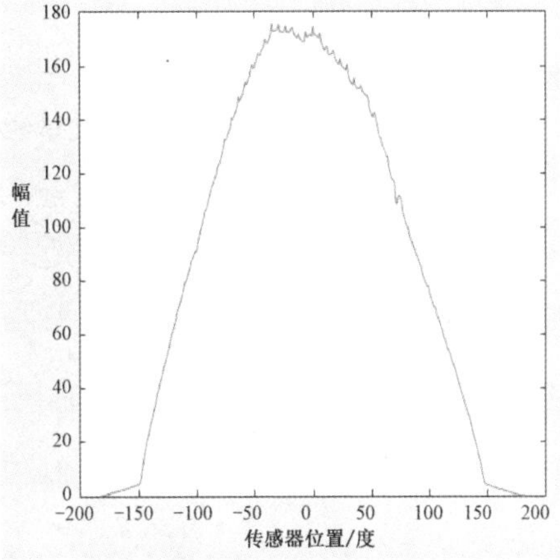

（d）145 度投影

图 3-20　视网膜图像不同角度的投影

断层扫描技术主要有平行束扫描和扇束扫描等，分别如图 3-21 和图 3-22 所示，已经在 X 射线医学成像中得到应用。平行束扫描由发射器和接收器组成，如图 3-21（a）所示，图 3-21（b）为旋转一定角度后对被探测目标进行扫描。绕着同一被探测目标进行旋转，由编程的循环控制语句可知，旋转的角度可由循环步长来设置，步长不同，旋转角度的大小也不同。也就是说，对于同一目标，旋转角度的步长不同，采集获得的投影数据组数也不相同，从而对被探测目标的描述和准确性也就不相同，这将对目标重构产生至关重要的影响，也将最终决定目标重构的精度。

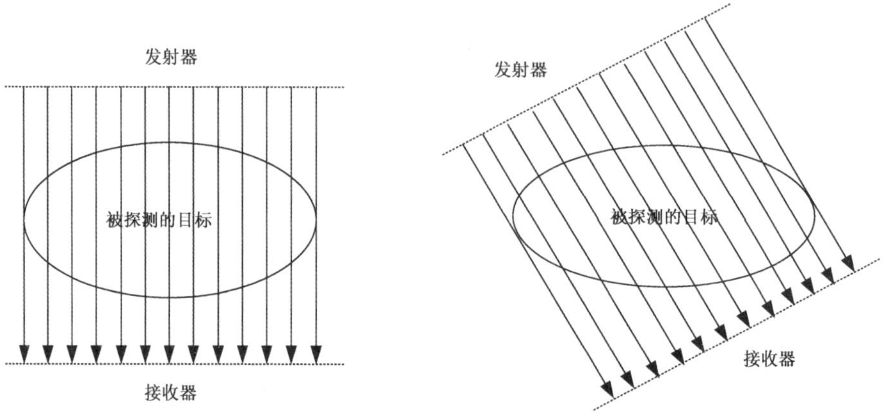

（a）角度为θ时的投影　　（b）角度为θ时旋转一定角度后的投影

图 3-21　不同角度的平行束层析目标的投影

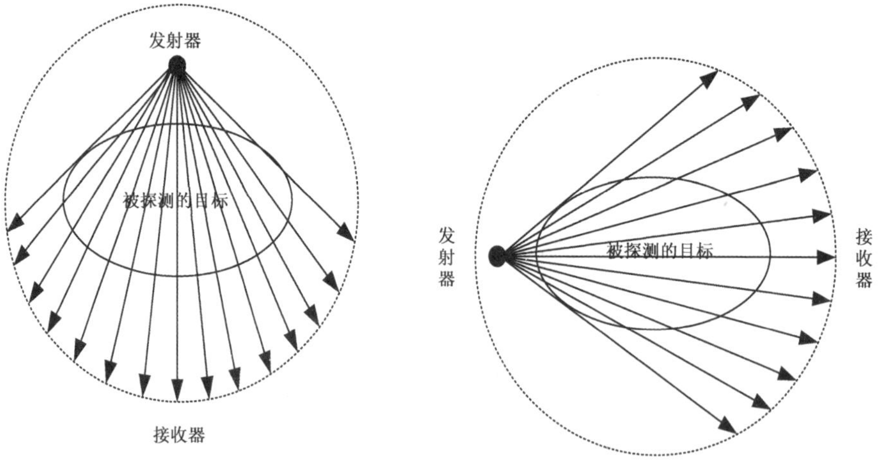

（a）角度为θ时的投影　　（b）角度为θ时旋转一定角度后的投影

图 3-22　不同角度的扇束层析目标的投影

从图 3-21 和图 3-22 可知，发射器与探测器可以同步旋转 360 度对目标进行扫描，但由于 0～180 度对目标的扫描与 180～360 度对目标的扫描获得的投影数据相同，因此，在研究中，只需对目标进行 180 度扫描即可。

3.3.2 利用平行束和扇束投影数据进行层析成像

为了对平行束扫描投影及层析成像有个直观了解，下面利用合成的 phantom 图像和真实的视网膜图像进行平行束投影与层析成像实验。对于 phantom 图像，角度间隔分别为 16 度、8 度、4 度和 2 度，图 3-23 为平行束扫描投影实验结果，图 3-24 为平行束投影层析成像实验结果。对于视网膜图像，图 3-25 为进行平行束扫描投影的实验结果，角度间隔分别为 8 度、4 度、2 度和 1 度，图 3-26 为利用投影数据，对视网膜图像进行平行束投影层析成像的实验结果。从 phantom 图像和视网膜图像的重构质量可知，扫描旋转角度越小，投影数据越多，层析图像的重构质量越好。

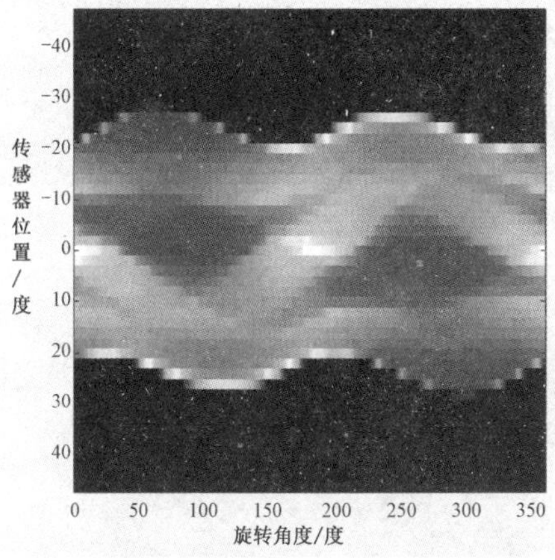

（a）间隔旋转 16 度平行束扫描投影

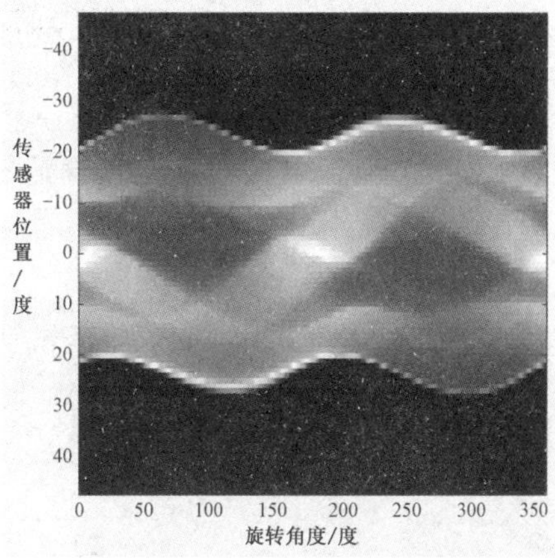

（b）间隔旋转 8 度平行束扫描投影

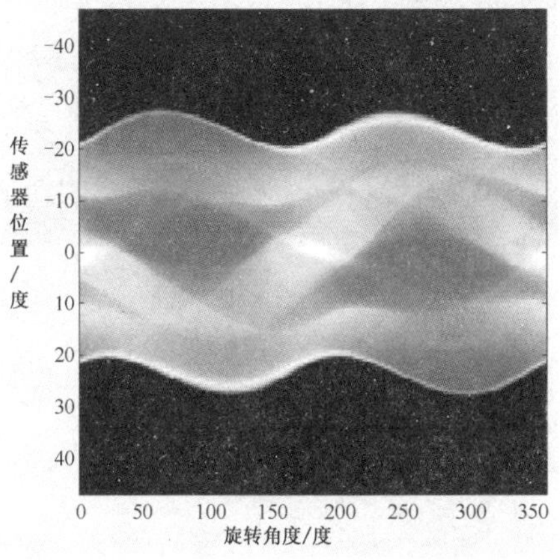

（c）间隔旋转 4 度平行束扫描投影

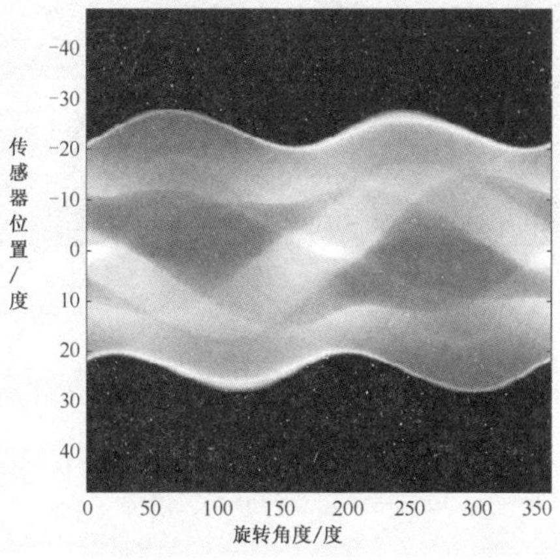

（d）间隔旋转 2 度平行束扫描投影

图 3-23 phantom 图像平行束扫描投影

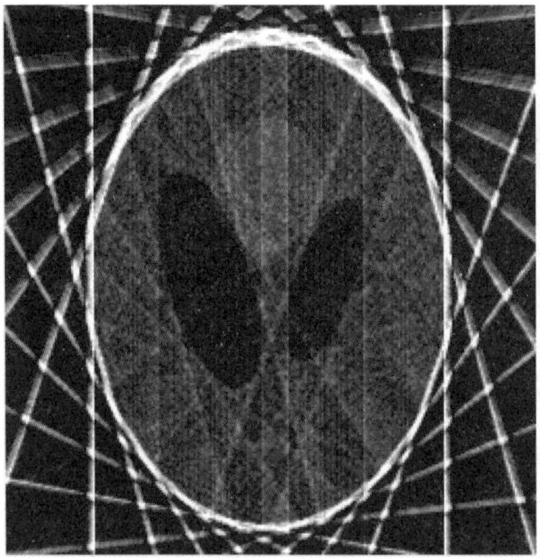

（a）间隔旋转 16 度层析成像

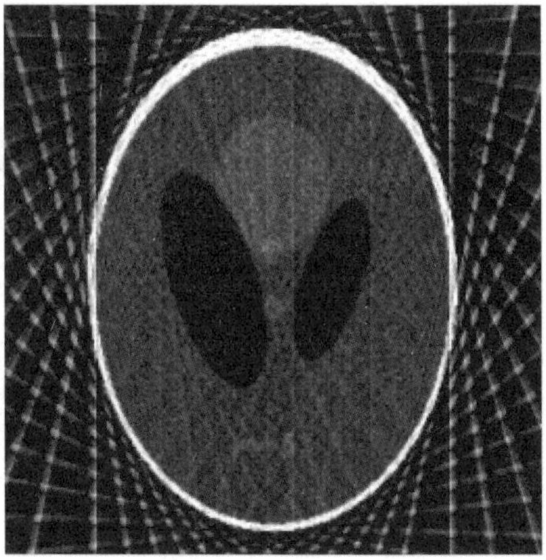

（b）间隔旋转 8 度层析成像

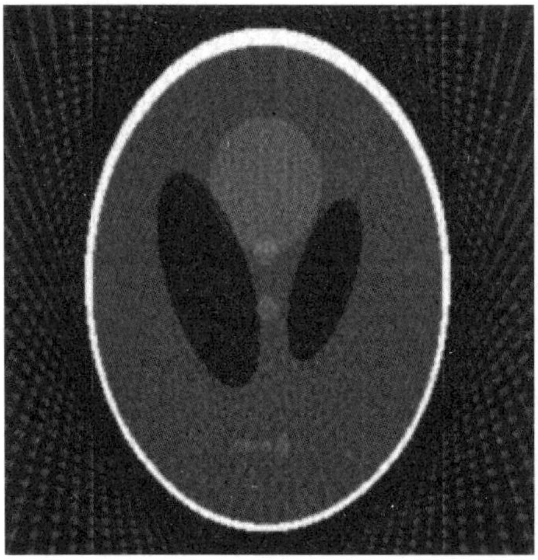

（c）间隔旋转 4 度层析成像

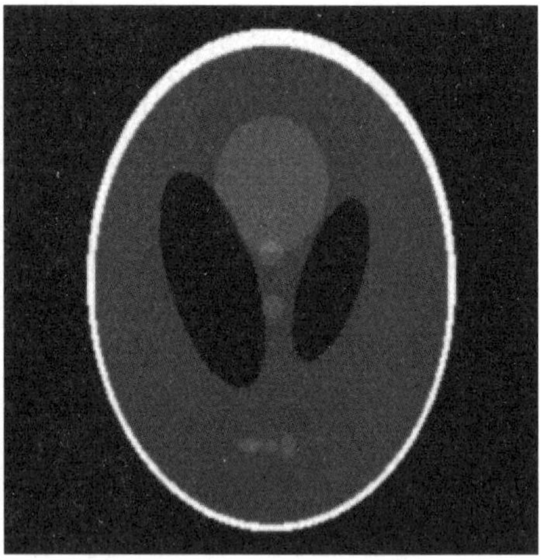

（d）间隔旋转 2 度层析成像

图 3-24　phantom 图像平行束投影层析成像

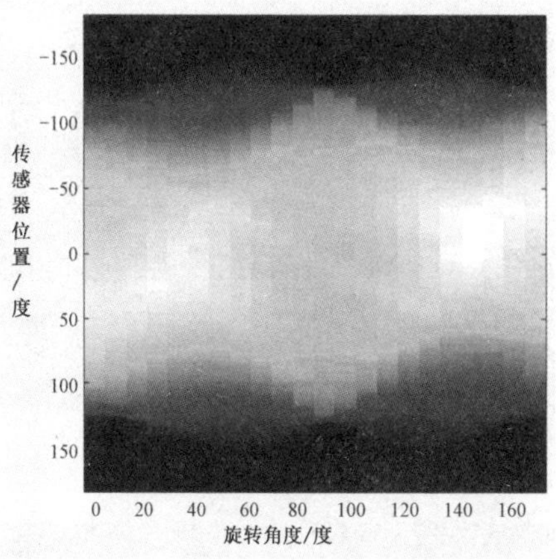

（a）间隔旋转 8 度平行束扫描投影

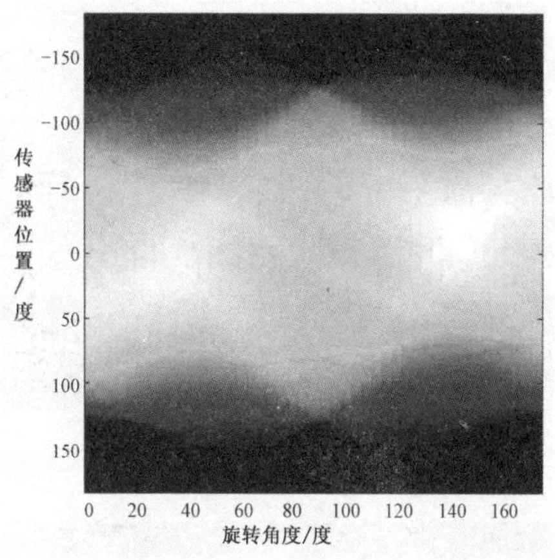

（b）间隔旋转 4 度平行束扫描投影

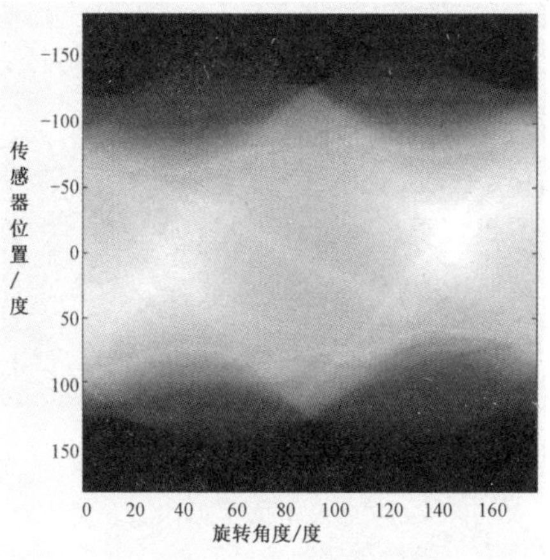

（c）间隔旋转 2 度平行束扫描投影

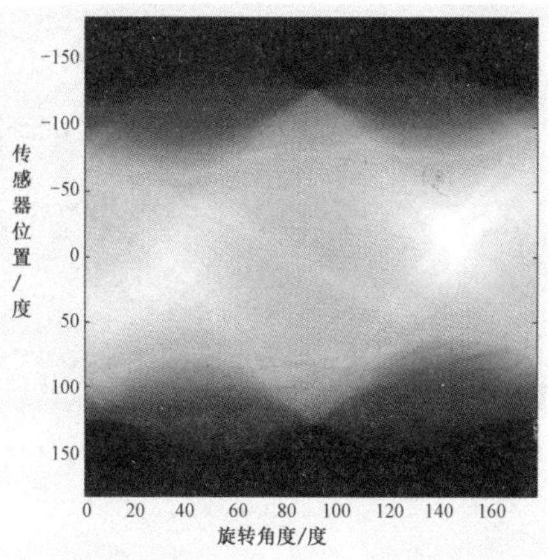

（d）间隔旋转 1 度平行束扫描投影

图 3-25　视网膜图像平行束扫描投影

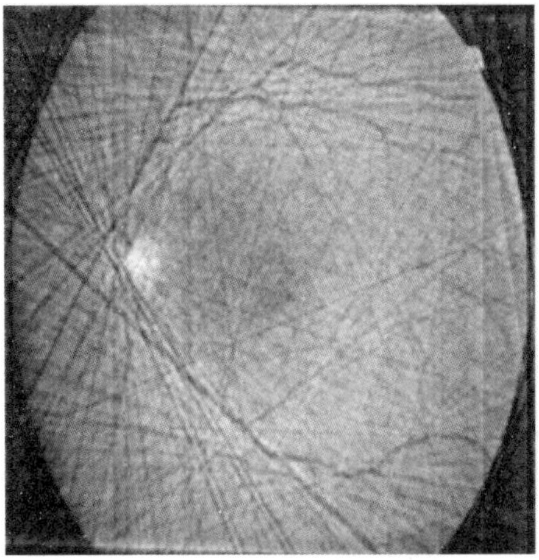

（a）间隔旋转 8 度层析成像

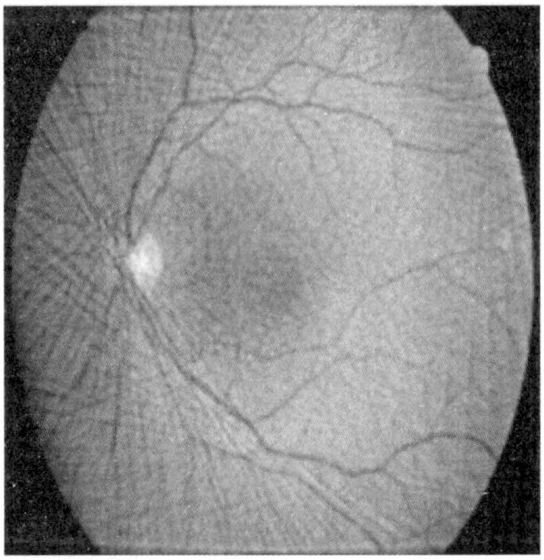

（b）间隔旋转 4 度层析成像

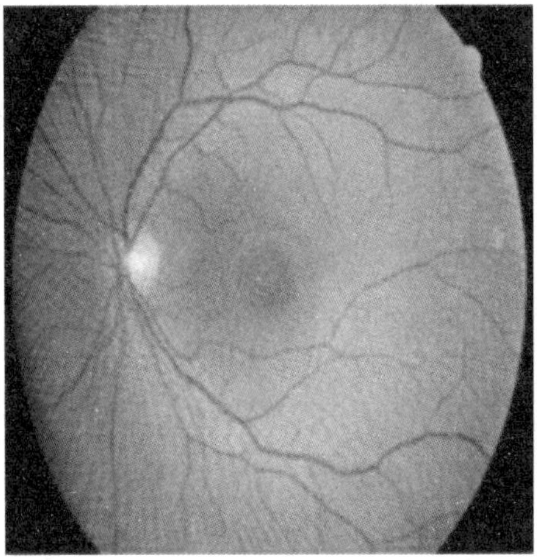

（c）间隔旋转 2 度层析成像

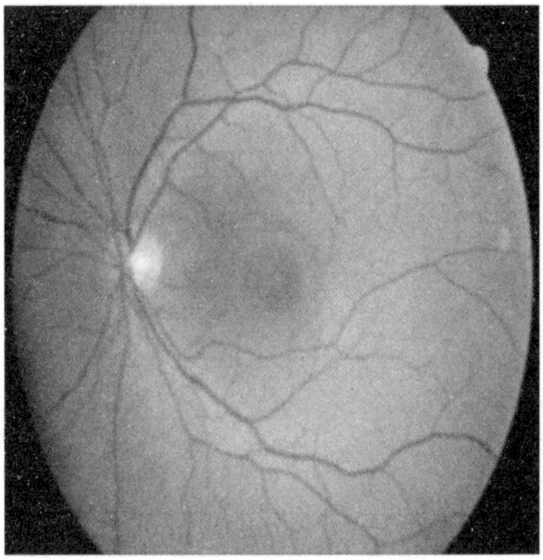

（d）间隔旋转 1 度层析成像

图 3-26　视网膜图像平行束投影层析成像

利用 phantom 图像和视网膜图像进行扇束投影与层析成像实验。发射器旋转的间隔分别为 2 度、1 度、0.5 度和 0.25 度，相应接收器中传感器的个数分别为 47、95、189 和 379 个。图 3-27 为 phantom 图像扇束扫描投影实验结果，图 3-28 为 phantom 图像扇束投影层析成像实验结果。图 3-29 为视网膜图像扇束扫描投影实验结果，图 3-30 为视网膜图像扇束投影层析成像实验结果。从 phantom 图像和真实的视网膜图像重构质量可知，扫描旋转角度越小，接收器中的传感器越多，扇束层析图像的质量越好。

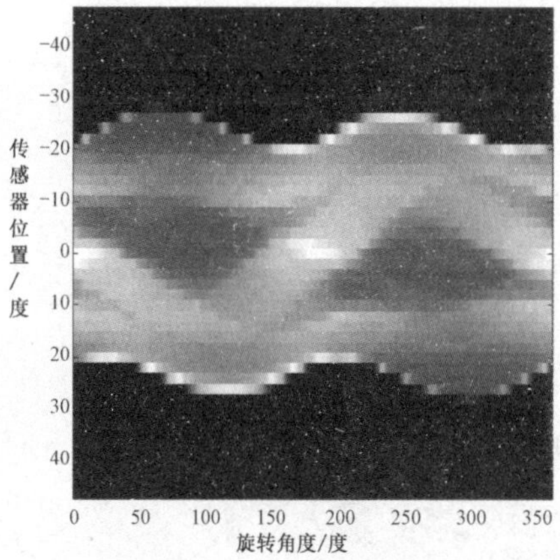

（a）间隔旋转 2 度扇束扫描投影

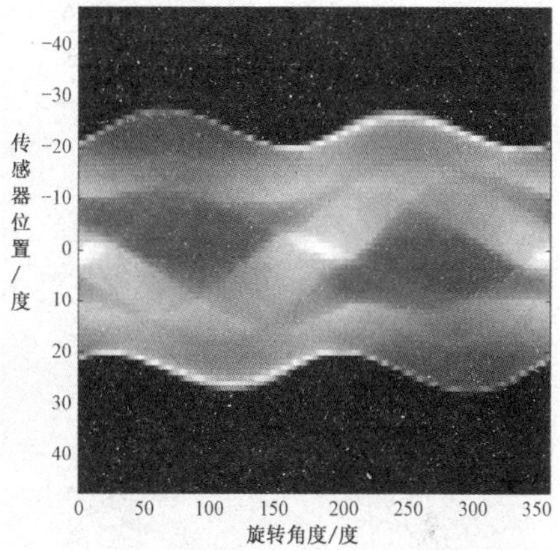

（b）间隔旋转 1 度扇束扫描投影

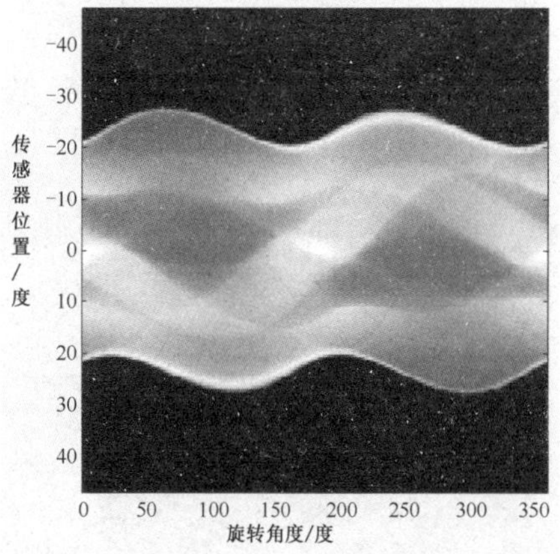

（c）间隔旋转 0.5 度扇束扫描投影

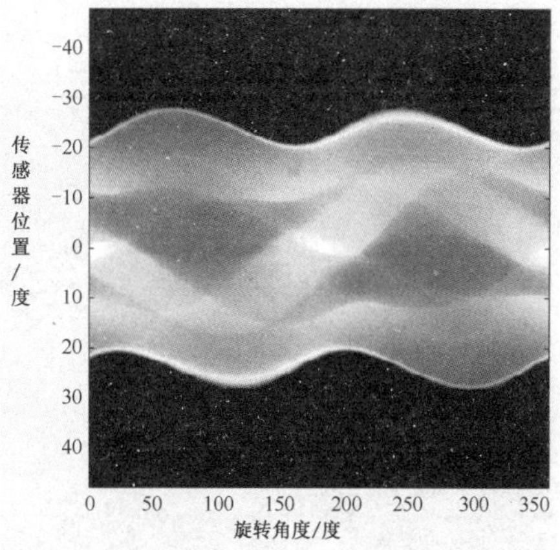

（d）间隔旋转 0.25 度扇束扫描投影

图 3-27　phantom 图像扇束扫描投影

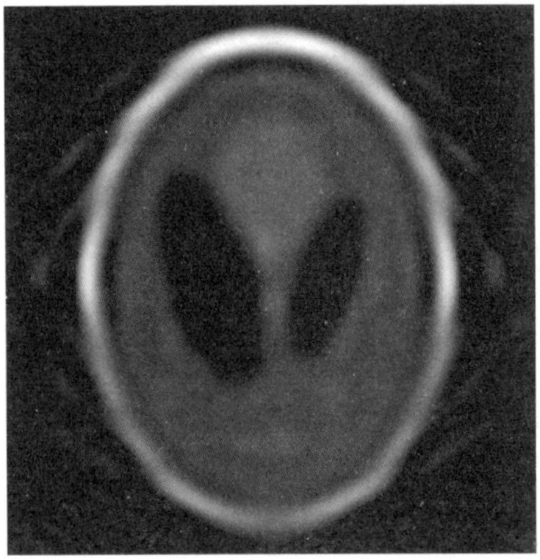

（a）间隔旋转 2 度层析成像

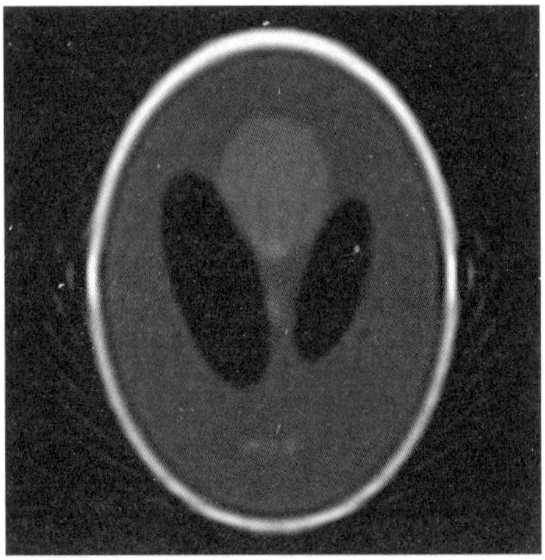

（b）间隔旋转 1 度层析成像

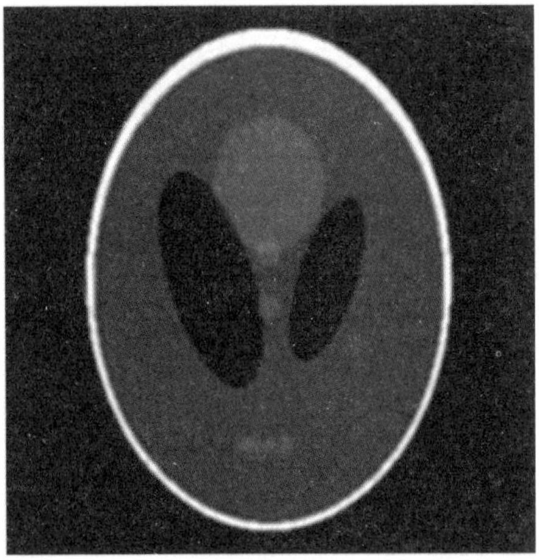

（c）间隔旋转 0.5 度层析成像

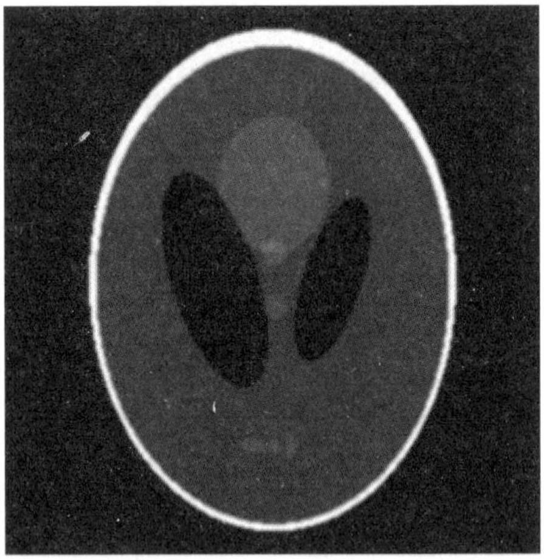

（d）间隔旋转 0.25 度层析成像

图 3-28　phantom 图像扇束投影层析成像

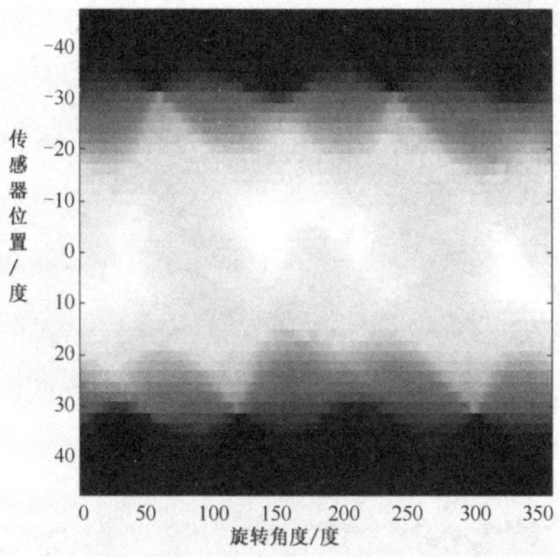

（a）间隔旋转 2 度扇束扫描投影

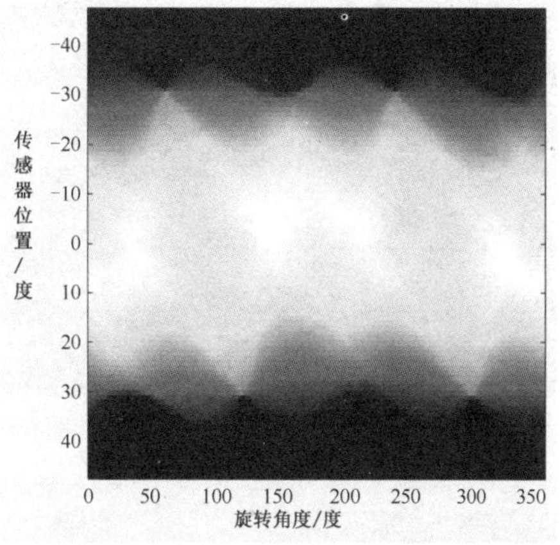

（b）间隔旋转 1 度扇束扫描投影

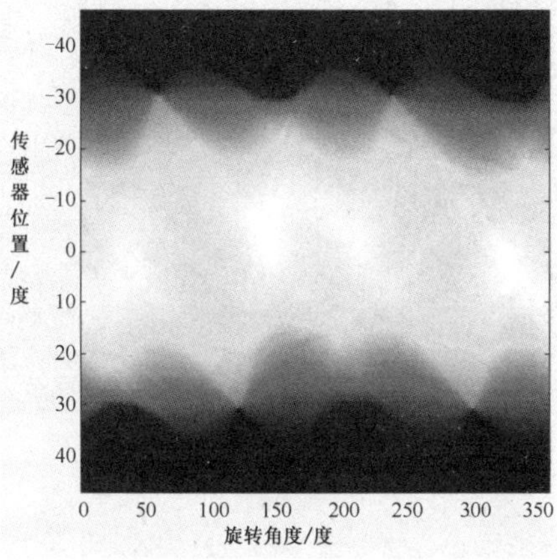

（c）间隔旋转 0.5 度扇束扫描投影

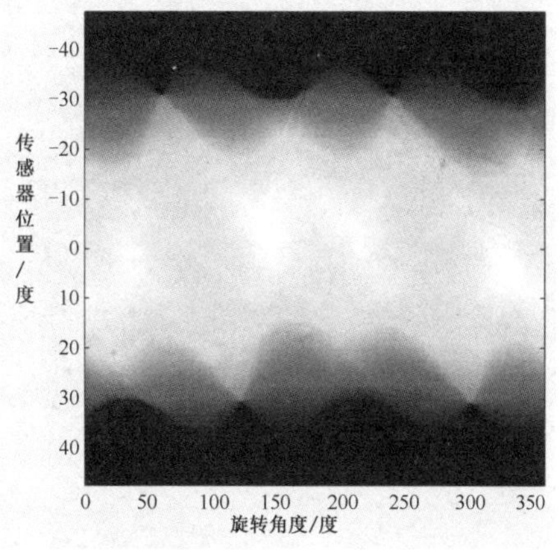

（d）间隔旋转 0.25 度扇束扫描投影

图 3-29　视网膜图像扇束扫描投影

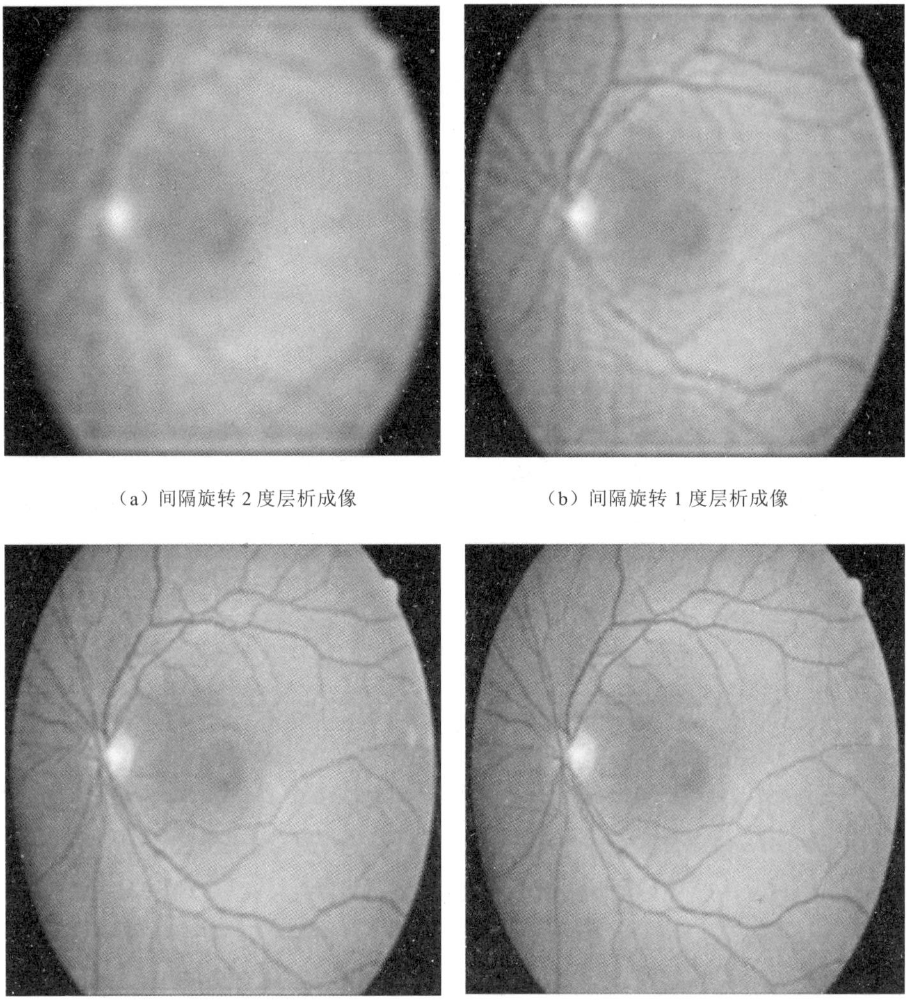

（a）间隔旋转 2 度层析成像　（b）间隔旋转 1 度层析成像

（c）间隔旋转 0.5 度层析成像　（d）间隔旋转 0.25 度层析成像

图 3-30　视网膜图像扇束投影层析成像

3.4　本章小结

本章首先根据成像的数学模型，阐述图像重构基本原理，并给出常用的 6 种成像检测模型，即 Phillips 问题、Shaw 问题、Baart 问题、Wing 问题、热传导逆问题和 Deriv2 问题，并对其进行仿真。

然后介绍连续傅里叶变换和逆变换，证明多维傅里叶变换的三个特性，即乘积特性、微分特性和卷积特性，利用傅里叶变换研究拟合项为 L_2 范数，正则项用分数阶有界变差函数描述正则项，利用 Fenchel 变换，将正则化模型转化为对偶模型，将其应用于图像重构，仿真结果表明，这样可明显改善图像重构质量；介绍离散傅里叶变换，对其在图像处理中的应用进行仿真，实验结果表明，傅里叶变换可以对图像进行稀疏化表示。

最后分析层析成像基本原理，阐述平行束和扇束扫描成像基本原理，利用平行束和扇束对合成图像及真实图像进行扫描，实现不同角度的投影，利用采集的投影数据，完成层析成像。实验结果表明，平行束和扇束扫描的旋转角度越小，采集获得的投影数据越多，获得的层析成像效果越接近真实目标，但运算量也越大。

本章参考文献

[1] 冯象初，王卫卫. 图像处理的变分和偏微分方程方法[M]. 北京：科学出版社，2009.

[2] 张恭庆，林源渠. 泛函分析[M]. 北京：北京大学出版社，2009.

[3] 王术. Sobolev 空间与偏微分方程引论[M]. 北京：科学出版社，2009.

[4] 孙鹤泉. 实用 Fourier 变换及 C++实现[M]. 北京：科学出版社，2009.

[5] 李开泰，马逸尘，王立周. 广义函数和 Sobolev 空间[M]. 西安：西安交通大学出版社，2008.

[6] STRUWE M. Variational methods, applications to nonlinear partial differential equations and Hamiltonian systems[M]. Berlin: Springer, 2008.

[7] MAXIN V, FRANDES M, PROST R. Analytical inversion of the Compton transform using the full set of available projections[J]. Inverse Problems, 2009, 25(9): 1-21.

[8] HANSEN P C. Rank-Deficient and Discrete Ill-Posed Problems[M]. Philadelphia: Society for Industrial and Applied Mathematics, 1997.

[9] ZARRAD R G, AMBARTSOUMIAN G. Exact inversion of the conical radon

transform with a fixed opening angle[J]. Inverse Problems, 2014, 30(4): 045007.

[10] HALTMEIER M, MOON S, SCHIEFENEDER D. Inversion of the attenuated v-line transform with vertices on the circle[J]. IEEE Transactions on Computational Imaging, 2017, 3(4): 853-863.

[11] FATMA T, PETER K, KUNYANSKY A L. Compton camera imaging and the cone transform: a brief overview[J]. Inverse Problems, 2018, 34(5): 054002.

[12] ALMEIDA R, TORRES D F M. Calculus of variations with fractional derivatives and fractional integrals[J]. Applied Mathematics Letters, 2009, 22(12): 1816-1820.

[13] BAI J, FENG X C. Fractional-order anisotropic diffusion for image denoising[J]. IEEE Transactions on Image Processing, 2007, 16(10): 2492-2502.

[14] CHEN D, SUN S S, ZHANG C R, et al. Fractional-order TV-L_2 model for image denoising[J]. Central European Journal of Physics, 2013, 11(10): 1414-1422.

[15] JUMARIE G. Modified Riemann-liouville derivative and fractional Taylor series of nondifferentiable functions further results[J]. Computer & Mathematics with Applications, 2006, 51(5): 1367-1376.

[16] PARRA L C. Reconstruction of cone-beam projections from Compton scattered data[J]. IEEE Transactions on Nuclear Science, 2000, 47(4): 1543-1550.

[17] CHEN G H. A new framework of image reconstruction from fan beam projections[J]. Medical physics, 2003, 30(6): 1151-1161.

[18] WANG G, LIN T H, CHENG P C, et al. A general Cone-Beam reconstruction algorithm[J]. IEEE Transactions on Medical Imaging, 1993, 12(3): 486-496.

[19] NOO F, HOPPE S, DENNERLEIN F, et al. A new scheme for view-dependent data differentiation in fan-beam and cone-beam computed tomography[J]. Physics in Medicine and Biology, 2007, 52(17): 5393-5414.

[20] SCHIEFENEDER D, HALTMEIER M. The radon transform over cones with vertices on the sphere and orthogonal axes[J]. SIAM Journal on Applied Mathematics, 2017, 77(3): 1335-1351.

第 4 章

迭代算法在图像重构正则化模型中的应用

图像重构正则化模型由拟合项和正则项组成，拟合项从统计特性对图像进行拟合，正则项主要用来描述解的结构特性，如奇异特性、稀疏特性和光滑特性等。但图像的特征比较复杂，往往具有平稳特性、非平稳特性、纹理特性和跳跃间断点等，很难用一种特定的函数空间来描述。为了准确描述图像的结构特征，需要使用不同的函数空间来描述。例如，用一阶有界变差函数描述解的稀疏特性、奇异特性，用二阶有界变差函数描述解的光滑特性，对于介于奇异特性和光滑特性之间的部分，可以用变指数函数空间或分数指数函数空间来描述。在能量泛函正则化模型中，图像的特征往往由正则项来体现，其形式由描述图像的特征决定。为了更好地描述图像的结构特征，往往需要使用非线性函数作为映射，把描述图像特征的函数作为自变量，这些函数来自不同的函数空间，利用映射建立多元复合能量泛函正则化模型。例如，在半二次型能量泛函正则化模型中，从整体上看，正则化模型中的拟合项描述解的光滑特性，拟合项通过 L_2 范数、L_1 范数或非线性函数进行描述；为刻画解的奇异特征，正则项通过一阶分布导数进行描述，通过严格的凸函数或非凸函数进行复合，形成非线性复合函数。若映射具有非线性、非光滑特性，由高等数学和最优化理论可知，由于正则化模型是非光滑的，关于某一元函数的偏导数不存在，无法对正则化模型进行多元泰勒展开，也就无法利用函数的一阶、二阶偏导数，设计基于梯度和海森矩阵的多元函数交替迭代算法。导致正则化模型的算法设计比较复杂，造成正则化模型求解比较困难，而且所研究的问题往往是大规模的，进一步增加了问题的难度。在实际应用中，对于快速性、精密性要求较高的产品，生产流程对算法的快速性和逼近解的精确性提出了非常高的要求，因此，需要研究并设计高效的优化算法。从问题本身来看，如图像重构所建立模型的解具有一定的物理意义，通过对正则化模型施加具有一定物理意义的约束条件，将无约束条件的正则化模型优化问题转化为有约束条件的最优化模型。在对正则化模型进行算法处理时，若所建立的正则化模型简单，如拟合项和正则项都是光滑的，经典一阶导数、二阶导数都存在，可以直接应用梯度最速下降算法或牛顿迭代算法进行求解；若正则化模型是非光滑的，无法直接利用高等数学进行处理，可以利用逼近论，对非光滑函数进行光滑化处理；若正则化模型中的正则项无法进行光滑逼近，而且有约束条件，可以尝试利用拉格朗日乘子原理，将模型转化为无约束条件的最优化问题；由于正则化模型的非光滑、非线性特性，即使通过逼近论获得目标函数的解，但算法的快速性往往较慢，同时获得的解的精度往往不高。为获得快速、高精度解，利用对偶空间，借助 Fenchel 变换，将原始正则化模型转化为对偶模型。在对偶空间中，转化模型具有较好的特性，如光滑性，使得对偶模型容易处理，从而设计快速迭代算法，但对偶模型的逼近解一般具有中等精度；为了提高原始模型逼近解的精度，通过对偶变换，将原始模型转化为原始-对偶模型，将原始模型最优化问题转化为极小值-极大值问题，也称为鞍点问题，利用优化理论，设计基于原始、对偶模型的交替迭代算法，将对偶解和原始解耦合在一起。总体来看，对正则化模型进行算法设计，主要有两大类：一类是对模型进行整体处理，基于矩阵论，利用数值分析，对矩阵进行操作，进行算法设计，如对矩阵进行奇异值分解、上下三角分解、正交分解和矩阵的对角化等，使得成像系统矩阵具有特殊的结构等，有利于形成快速迭代算法；另一类是根据正则化模型中的拟合项和正则项各自的特点，分别进行算法设计，然后将拟合项获得的算法与正则项获得的算法耦合在一起，形成交替迭代算法。例如，若拟合项是光滑的，正则项是非光滑的，则利用拟合项的光滑特性进行泰勒展开，设计牛顿迭代算法。同时，利用展开后的二次项，结合正则项，设计迫近迭代算法，然后将正则项子问题和拟合项子问题耦合在一起，形成牛顿迫近迭代算法。该算法的特点是充分利用拟合项的光滑特性和正则项的非光滑特性，实现光滑优化与非光滑优化的有机结合，形成高效、快速优化迭代算法。如果正则化模型中的拟合项和正则项都是非光滑的，则可以通过引入辅助参数，将无条件约束的最优化问题转化为有条件约束的最优化问题，利用增广拉格朗日乘子原理，提高模型的阶次，增加光滑项，之后对模型中的拟合项和正则项进行重新组合，形成新的“拟合项”和“正则项”，应用交替方向乘子迭代算法，对模型进行分裂，将模型分裂为两个大的子问题，即“拟合项”子问题和“正则项”子问题。若分解后两个大的子问题仍然比较复杂，无法直接处理，则重复上述步骤或重新引入约束条件，然后对正则化模型进行分裂，直至分裂后的子问题具有简单的形式，且容易处理，结合数值分析、矩阵论和优化理论，最终设计出高效、快速的交替迭代算法。

4.1　图像的稀疏化表示

在图像重构问题研究中，成像系统比较复杂，采集数据形成的矩阵规模较大，若能量泛函正则化模型基于原始数据进行处理，从计算量、算法复杂度的角度来说，对计算机的硬件设备提出了较高的要求，对算法的实时性形成了不小的压力。因此，在利用正则化模型重构时，应剔除数据冗余，提取图像的主要特征，忽略次要因素。边缘是图像的高频信息，决定图像重构的效果，若图像的高频信息重构较好，那么图像视觉效果较好，否则，重构的图像比较模糊。同时，边缘能对图像进行稀疏化表示，因此，图像重构正则化模型中往往融合边缘，或者融合边缘提取算子，如半二次型图像重构正则化模型。边缘提取的方法非常多，下面列举几个常用的边缘提取方法，如 sobel 算子、roberts 算子和 canny 算子等。图 4-1 为用不同算子表示医学 MRI 图像的奇异信息，图 4-2 为用不同算子表示视网膜图像的奇异信息。

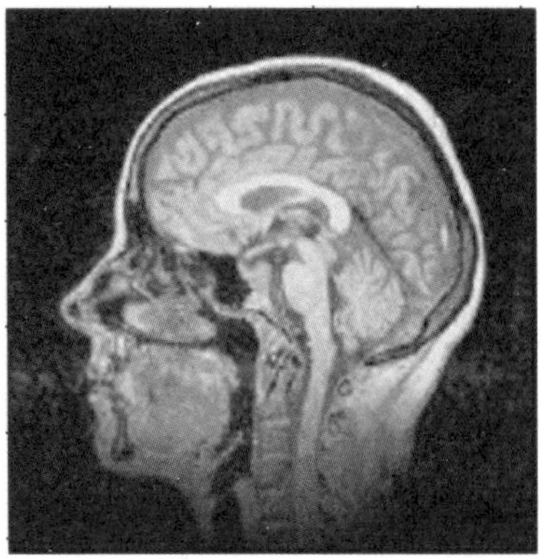

（a）原始医学 MRI 图像

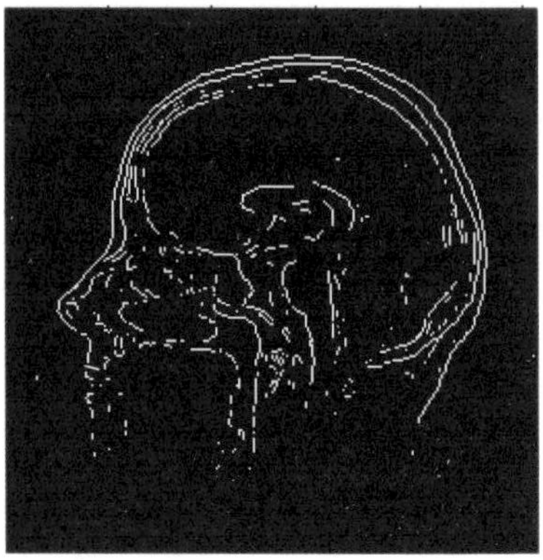

（b）sobel 算子

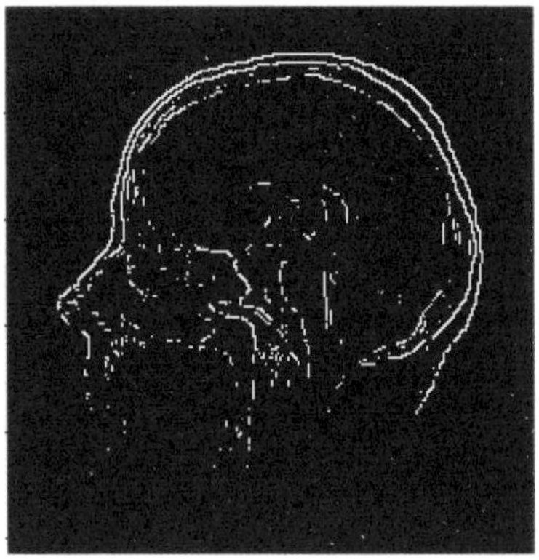

（c）roberts 算子

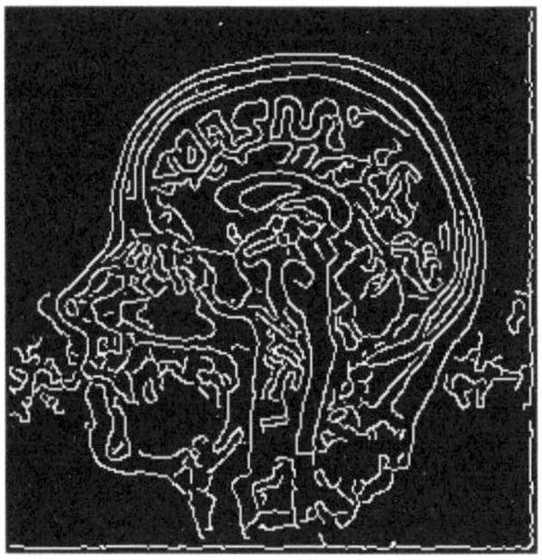

（d）canny 算子

图 4-1　不同算子表示医学 MRI 图像的奇异信息

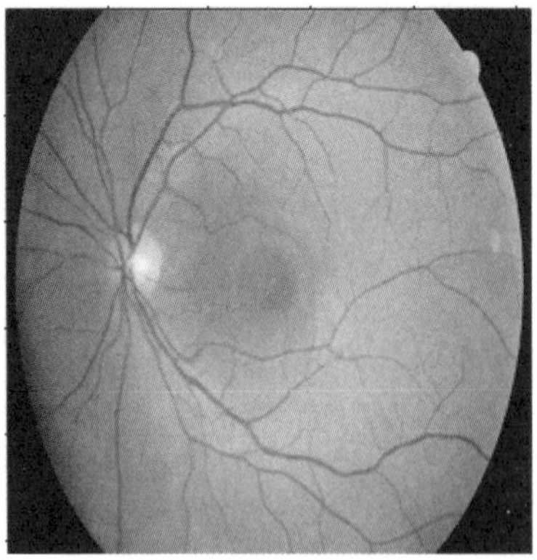

（a）原始视网膜图像

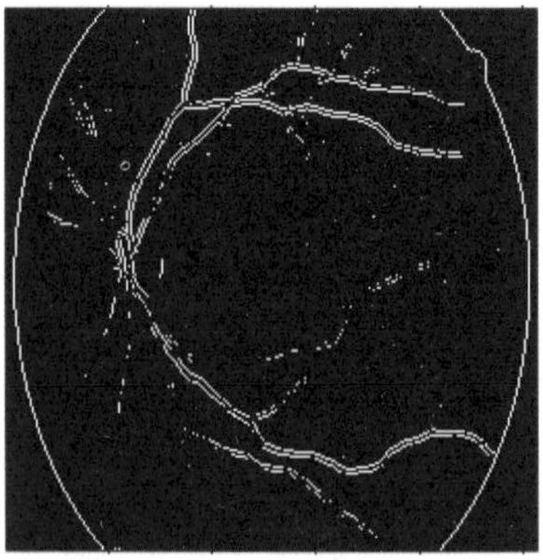

（b）sobel 算子

图 4-2　不同算子表示视网膜图像的奇异信息

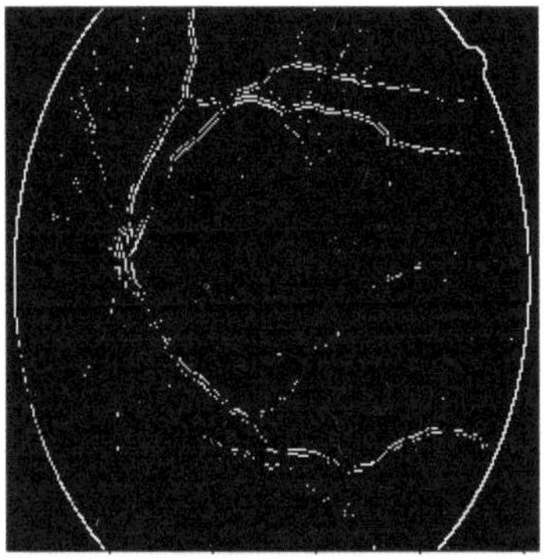

（c）roberts 算子

（d）canny 算子

图 4-2　不同算子表示视网膜图像的奇异信息（续）

从图 4-1 和图 4-2 中可以看出，对于同一图像，采用的算子不同，获得的图像高频信息也不同，用 canny 算子提取出的图像的边缘最丰富，而边缘提取的质量对后续图像处理结果会产生重要的影响。因此，在建立图像能量泛函正则化模型时，准确描述图像的结构特征，对图像的重构质量是至关重要的，同时，正则项的选用形式，对算法的设计将产生十分重要的影响。在实际应用中，成像设备不同，采集获取图像的途径也不同，如医学 CT 图像的采集，在获取过程中需要用到数学工具傅里叶变换，在频域构建不同频率的正交三角函数基，利用傅里叶变换，将空域图像转化为频域信息。但傅里叶变换的最大缺点是，仅知道信号的频率信息，无法完成对频率信息的定位。为解决此问题，通过尺度伸缩，利用二尺度方程，获得不同分辨率的小波基，然后对图像进行小波变换，该变换既能提取出图像的频域信息，又能准确确定不同频率信息在图像中的位置，被称为“时频信息”提取的显微镜。在小波发展的早期阶段，小波变换主要用于检测信号的突变点，随着对小波研究的深入，学术界将其引入图像处理中，如国际图像压缩标准 JPEG 2000，就是基于小波变换制定的。目前，小波变换已在调和分析、图像压缩、图像重构和大数据重构等领域得到广泛应用。利用小波基主要有四种方法：①选用已有的小波基，如 Haar 小波基、Daubechies 系列小波基、Symlets 小波基、双正交小波基和 Meyer 小波基等。②构造具有一定方向性、正交性的小波基。③构造复小波基。④根据数据的形式和特点，利用紧框架理论，构造数据驱动型小波基。在 MATLAB 软件中有小波工具箱，内部提供很多小波基，可以直接调用。在图像重构中，由于是逆问题，实际重构图像的信息未知，造成无法对实际重构的目标进行准确的描述。若选用标准小波基对图像进行变换，可以精确提取水平方向、垂直方向和对角方向的细节信息，但标准小波基的缺点是不具有旋转不变的特性，对图像的方向信息比较敏感。

图 4-3 为用标准小波、实方向小波和复方向小波重构玫瑰图像。由图 4-3(a) 可知，用标准小波重构玫瑰图像质量较差，由图 4-3（b）可知，用复方向小波重构图像的质量最好，二者的最小方差相差 3.84，重构峰值信噪比相差 3.33dB。由图 4-3（c）可知，实方向小波重构图像的质量优于标准小波重构图像的质量，但不如复方向小波重构图像的质量。由图 4-4（a）可知，由标准小波重构图像的误差大于实方向小波和复方向小波的重构误差。由图 4-4（b）可知，由标准小波重构图像的峰值信噪比小于实方向小波和复方向小波的重构峰值信噪比，说明标准小波重构图像的质量较差，这也印证了图 4-3（d）的重构质量好于图 4-3（b）。

（a）采集玫瑰图像

（b）标准小波重构图像

（最小方差 12.05，峰值信噪比 26.51dB）

（c）实方向小波重构图像

（最小方差 9.24，峰值信噪比 28.82dB）

（d）复方向小波重构图像

（最小方差 8.21，峰值信噪比 29.84dB）

图 4-3　不同小波重构玫瑰图像（阈值为 26）

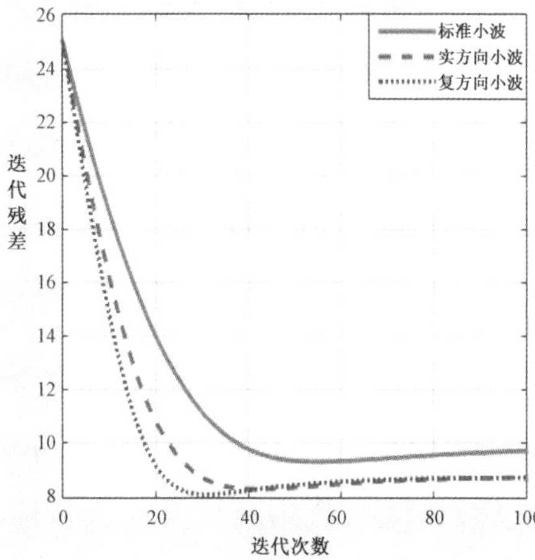

（a）重构残差随迭代次数的变化

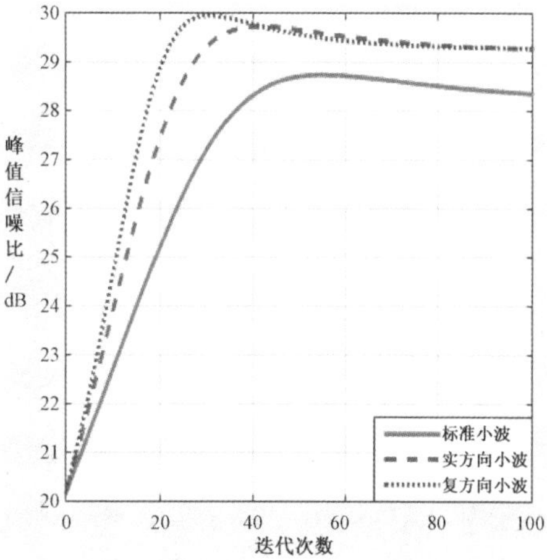

（b）重构峰值信噪比随迭代次数的变化

图 4-4　不同小波重构图像的最佳阈值

4.2　不动点原理及在图像重构模型中的应用

4.2.1　不动点迭代原理

不动点迭代算法是优化目标函数、获得目标函数最优解的一种有效迭代方法。在理论上，不动点迭代算法可以研究能量泛函正则化模型解的存在性和唯一性；在应用上，不动点迭代算法可以计算能量泛函正则化模型的最优解。若将能量泛函正则化模型表示为优化理论中的最小化问题 $\arg\min\limits_{x}\left\{E_0\left(x\right)\right\}$，其最优解为 x^*，在算法迭代的过程中，若满足下列表达式

$$x^* = \arg\min_{x_k}\left\{E\left(x_k\right)\right\} \tag{4-1}$$

则称式（4-1）是不动点迭代算法。从几何意义及数与形结合的角度来说，函数 $E\left(x\right)$ 的不动点，实质上是函数 $y=x$ 与 $y=E\left(x\right)$ 的交点。最小化问题中的 $E_0\left(x\right)$ 和式（4-1）中的 $E\left(x\right)$ 可能是同一函数表达形式，也可能是通过一系列的转化获得的等价表达形式。转化可以看成将目标优化问题转化为一系列从函数空间 Ω 到函数空间 Ω 的映射 E，映射 E 也常常称为算子。在图像处理中，映射 E 可以

是常微分算子、偏微分算子和积分算子等。对于同一优化问题，由于建立能量泛函正则化模型表达式的形式不同，在转化为式（4-1）的过程中，优化模型的算子具有不同的表达形式。根据算子的表达形式，利用优化理论、数值分析和矩阵论，灵活设计不同的迭代算法，即使是同一模型，由于转化途径的不同，导致施加的约束条件不同，设计的不动点迭代算法也不尽相同。例如，若能量泛函正则化模型是光滑的，可以设计基于梯度的一阶迭代算法，也可以设计基于海森矩阵的二阶迭代算法；根据解的特点和实际物理意义，可以设计具有等式约束、不等式约束和限定约束等条件的优化迭代算法；若优化模型涉及的矩阵是非稀疏矩阵且矩阵的规模较大，很难直接进行处理，可以借助线性代数、数值分析，对矩阵进行有效的分解，将非稀疏矩阵分解为具有特殊结构的矩阵。常用的矩阵分解方法有高斯消元法、主元素消元法等。利用分解矩阵的特殊形式，设计 Jacobi 迭代算法、Gauss-Seidel 迭代算法和逐次超松弛迭代算法等。若原始能量泛函正则化模型和转化后的正则化模型具有良好的光滑特性，则可以利用经典导数，获得能量泛函正则化模型的梯度和海森矩阵，设计最速下降迭代算法、投影最速下降迭代算法、共轭梯度迭代算法、预条件共轭梯度迭代算法、Richardson 迭代算法（也称 Landweber 迭代算法）、牛顿迭代算法、改进的牛顿迭代算法和拟牛顿迭代算法等。

对于能量泛函正则化模型，为了设计出高效、快速的迭代算法，下面介绍四种常用的不动点定理。

定理 4.1　Banach 不动点定理　若 (X, d) 是完备的度量空间，$E: X \to X$ 是压缩映射，对于 $x^* \in X$，则有 $E\left(x^*\right)=x^*$，那么 x^* 是压缩映射 E 的不动点。

定理 4.2　Brouwer 不动点定理　若 R^n 是有限维赋范线性空间，$X \subset R^n$ 是非空、紧凸集，映射 $E: X \to X$ 是连续的，对于 $x^* \in X$，则有 $E\left(x^*\right)=x^*$，那么 x^* 是映射 E 的不动点。

Brouwer 不动点定理适用于有限维函数空间，为进一步拓宽定理的研究范围，Schauder 将 Brouwer 不动点定理推广到无穷维函数空间。

定理 4.3　Schauder 不动点定理　若 X 为实巴拿赫空间，K 是有界闭凸集，算子 $E: K \to K$ 是连续的，对于 $x^* \in K$，则有 $E\left(x^*\right)=x^*$，那么 x^* 是算子 E 的不动点。

在图像重构模型研究中，所建立的能量泛函正则化模型往往需要满足强制条件，且是下半连续的。一般情况下，为了准确描述图像的特征，常常在 Sobolev 空间中建立能量泛函正则化模型，用分布导数描述正则项，正则项的次微分（Sub-gradient）具有集值映射特性，因此，在图像重构算法设计时，需要构造满足集值映射的不动点。1941 年，Kakutani 将 Brouwer 不动点定理推广到有限维集值映射。

定理 4.4　Kakutani 不动点定理　若 $X \subset R$ 是非空、紧凸集，集值映射 $E:X \to X$ 是上半连续的，对于任意的 $x^* \in X$，则有 $\left\{E\left(x^*\right)\right\} \subset X$ 是非空凸集，那么 x^* 是映射 E 的不动点。

不动点定理是证明非线性积分方程、常微分方程和偏微分方程解的存在性、唯一性、隐函数存在性及求解线性方程组的强有力工具。使用不动点定理需要遵循以下原则：①合理构造映射算子，使得映射的像经过一系列迭代后，为所求目标函数的解就是映射的不动点；②在算法迭代过程中，最优化迭代序列经过映射之后，所得的像和原像都在同一函数空间中，即迭代序列经过映射后的像与原像所属的空间具有封闭性；③验证算子的压缩特性，由压缩系数小于 1 这一条件，判断构造的映射算子为压缩算子，经有限次迭代，获得目标函数的最优解。

式（4-1）及定理 4.1 ~ 定理 4.4 从形式上给出了能量泛函的不动点存在性的定性描述，至于采用算子的形式，需要结合具体的能量泛函正则化模型，设计不动点迭代算子，进行“定量”设计。而“定量”设计本质上是将算子 E 进行一系列分裂，分裂出的子问题可以用算子表示。分裂过程可以看作“后向算子”，将目标函数表示成一系列子问题，复合过程可以看作“前向算子”，是算法的实现过程。若分裂过程设计合理，使得复合过程中的每一个子问题都容易计算，不动点迭代算法将具有较快的收敛速度，因此“前向算子”和“后向算子”的特性对算法的收敛性能将产生十分重要的影响，决定算法设计的成败。

定理 4.5　不动点迭代收敛定理　设经过转化后获得的能量泛函正则化模型为 $E\left(x\right)$，其解集属于巴拿赫空间。若满足下列两个条件：①封闭性。若 $x \in \Omega$，Ω 为有界集，则迭代函数的解 $E\left(x\right) \in \Omega$。②唯一性。若存在常数 C，满足 $0 < C < 1$，且对于任意的 $x \in \Omega$，都有 $\left|E'\left(x\right)\right| \leqslant C$，则 $\arg\min\limits_{x_k}\left\{E\left(x_k\right)\right\}$ 在有界集内

存在唯一的解 x^* 。对于任意给定的初始值 $x_0 \in \Omega$ ，不动点迭代算法 $x_{k+1} = \arg\min_{x_k} \{E(x_k)\}$ 均收敛于最优解，即 $\lim_{k\to\infty} x_{k+1} \to x^*$ 。

下面对不动点迭代收敛定理进行定性分析。在算法执行时，迭代过程可以表述为 $|x_{k+1} - x^*| = |E(x_{k+1}) - E(x^*)| \leqslant C|x_k - x^*| \leqslant C^2|x_{k-1} - x^*| \leqslant \cdots \leqslant C^{k+1}|x_0 - x^*|$，因为 $0 < C < 1$， $0 < C^{k+1} < 1$， $\lim_{k\to\infty} C^{k+1} = 0$，那么 $|x_{k+1} - x^*| \to 0$，则 $x_{k+1} \to x^*$。

4.2.2 迭代算法在图像重构模型中的应用

由第 2 章可知，图像采集可以表述为积分方程式（2-1），若已知图像的初始值，且存在算子 $\boldsymbol{T}$ ，使得 $\boldsymbol{Tu}(\boldsymbol{x}) = \int_R \boldsymbol{k}(\boldsymbol{x}-\boldsymbol{y})\boldsymbol{f}(\boldsymbol{y})\mathbf{d}\boldsymbol{y}$，那么 $\boldsymbol{u}(\boldsymbol{x}) = \boldsymbol{Tu}(\boldsymbol{x})$。若 $\boldsymbol{u}(\boldsymbol{x})$ 和 $\boldsymbol{Tu}(\boldsymbol{x})$ 属于同一函数空间，成像问题的计算可以转化为不动点迭代算法。给定成像系统的初始值，利用采集数据和成像系统，基于迭代原理，计算积分方程的解，从而获得重构图像。由式（2-2）可知，若 $\boldsymbol{b} = \boldsymbol{u} + \boldsymbol{n}$ ，成像问题可以转化为线性方程组 $\boldsymbol{Af} = \boldsymbol{b}$ 。一般情况下，采集获得的 $\boldsymbol{b}$ 已知，需要重构真实的未知目标 $\boldsymbol{f}$ ，矩阵 $\boldsymbol{A}$ 是成像系统。由采集数据获得真实目标，本质上是计算线性方程组 $\boldsymbol{Af} = \boldsymbol{b}$ 的解 $\boldsymbol{f}$ 。若矩阵 $\boldsymbol{A}$ 的行与列的维数是 $m \times n$，且 $m < n$，那么未知量的个数超出方程的个数，线性方程组有无穷多组解，获得的目标解不具有唯一性，而在实际成像系统中，真实目标是唯一的；若矩阵 $\boldsymbol{A}$ 的维数是 $m \times n$，且 $m > n$，那么线性方程组是冗余的，若矩阵的秩和目标解的维数相等，选取最大线性无关组构成系数矩阵，然后通过解线性方程组获得目标解；若矩阵 $\boldsymbol{A}$ 的维数是 $m \times n$，如果是方阵，即 $m = n$，且矩阵满秩，那么可以通过矩阵操作获得目标解。但在实际应用中，由于成像系统的核函数产生的矩阵是“病态”的，矩阵的条件数较大，即使矩阵是满秩的，也无法通过直接计算矩阵的逆获得线性方程组的解。下面以第 3 章中的六种成像系统的核函数为例，对其构成的矩阵进行奇异值分解。用横坐标表示奇异值的个数，用纵坐标表示奇异值的幅值。图 4-5 为不同成像系统核函数的奇异值幅值。

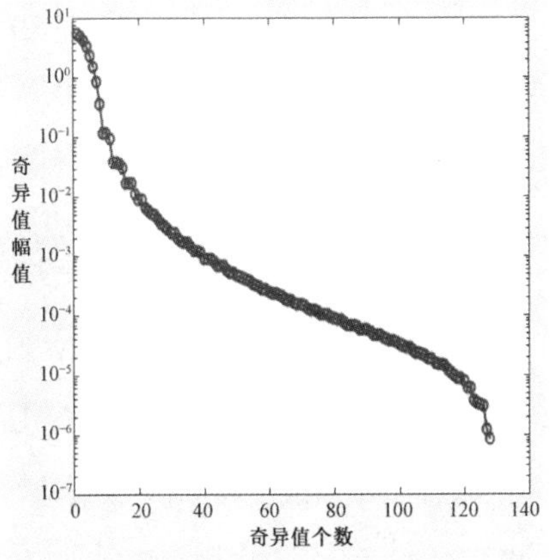

（a）Phillips 问题

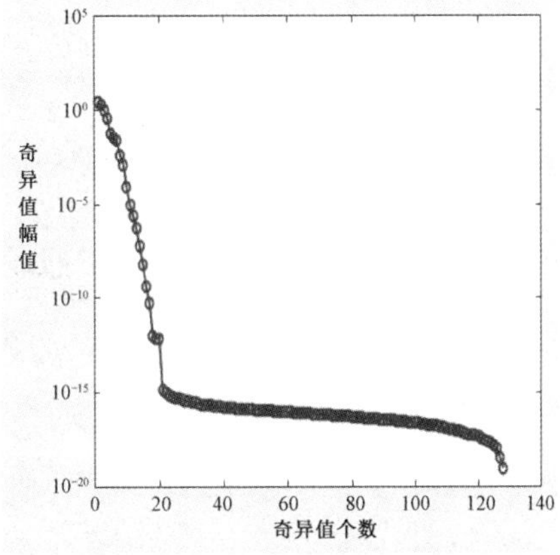

（b）Shaw 问题

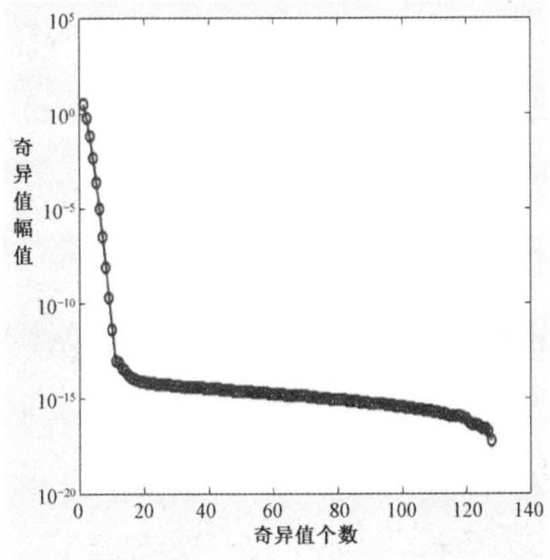

（c）Baart 问题

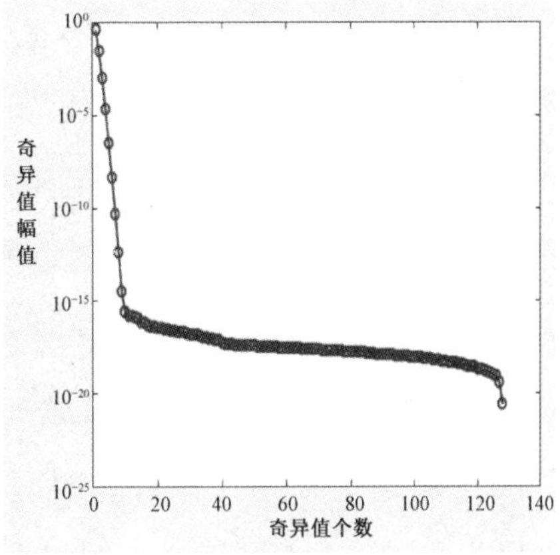

（d）Wing 问题

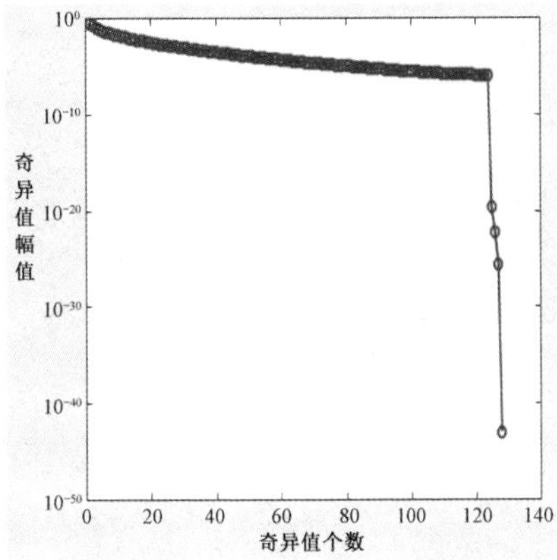

（e）热传导问题

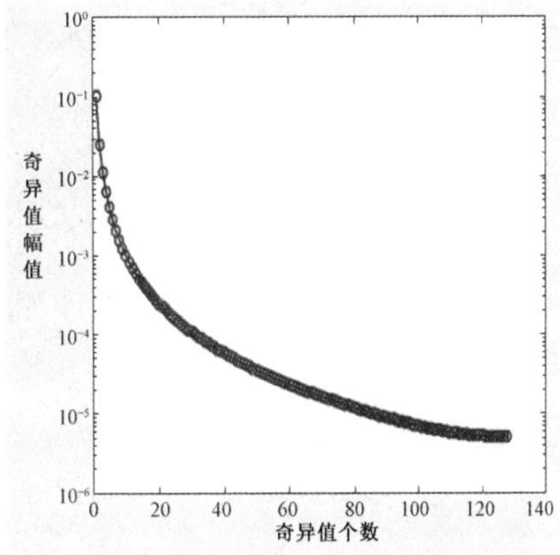

（f）Deriv2 问题

图 4-5　不同成像系统核函数的奇异值幅值

由图 4-5 可知，矩阵的奇异值幅值相差较大且幅值非常小，说明成像系统的核函数产生的矩阵是“病态”的，条件数较大，无法通过计算逆矩阵获得理想解。

此外，由图 4-5 还可知，成像系统经离散化处理后，获得的线性系统往往是不适定的，为矩阵的直接操作带来了困难，因此可以采用模型逼近的方法获得理想解。但具体采用何种数学模型描述成像系统，使得模型能准确逼近理想解，则由实际成像系统决定。从统计学的观点来看，若采集的图像受椒盐噪声的干扰而降质，采用 L_1 范数构建拟合项；若采集的图像受泊松噪声的干扰而降质，如天文望远镜成像、医学核磁共振成像、CT 成像，常采用 Kullback-Leibler 距离函数描述拟合项；若采集的图像受乘性 Gamma 噪声的干扰而降质，如雷达成像系统，常用 I-散度函数构建拟合项；若采集的图像受高斯噪声的干扰，要获得真实的成像目标，常采用最小方差（L_2 范数）描述拟合项。下面以成像系统受高斯噪声干扰为例，阐述理想解的逼近形式。若式（2-2）中的 $\boldsymbol{n}$ 为高斯噪声，则用 L_2 范数描述拟合项，表达式为

$$\arg\min_{\boldsymbol{f}}\left\{\frac{1}{2}\|\boldsymbol{Af}-\boldsymbol{u}\|_2^2\right\} \tag{4-2}$$

式（4-2）是光滑函数，若要使目标函数获得最优解，根据一阶 Karush-Kucker-Tucker（KKT）最优条件，则有表达式

$$\boldsymbol{A}^{\mathrm{T}}\boldsymbol{Af}=\boldsymbol{A}^{\mathrm{T}}\boldsymbol{u} \tag{4-3}$$

式（4-3）称为法方程。若系数矩阵 $\boldsymbol{A}^{\mathrm{T}}\boldsymbol{A}$ 是满秩的，规模较小，且是“良定”的，通过计算 $\boldsymbol{A}^{\mathrm{T}}\boldsymbol{A}$ 的逆矩阵，获得最优解。但在实际成像系统中，矩阵 $\boldsymbol{A}^{\mathrm{T}}\boldsymbol{A}$ 的条件数较大，如图 4-6 所示，无法通过计算矩阵 $\boldsymbol{A}^{\mathrm{T}}\boldsymbol{A}$ 的逆矩阵获得理想解。一方面，这是因为式（4-2）仅从统计学的观点来对数据的分布进行拟合，不涉及真实目标的结构信息，一般情况下，理想解的结构信息非常丰富，因此，式（4-2）是对目标的不完全描述，无法体现被研究对象的完备信息，造成模型的天然不足；另一方面，从法方程式（4-3）可知，计算理想解 $\boldsymbol{f}$ 只涉及系统矩阵 $\boldsymbol{A}$ 和矩阵 $\boldsymbol{A}^{\mathrm{T}}\boldsymbol{A}$ 操作，由图 4-6 可知，系统矩阵 $\boldsymbol{A}$ 和矩阵 $\boldsymbol{A}^{\mathrm{T}}\boldsymbol{A}$ 的条件数较大，是“病态”矩阵，无法通过直接操作二者的逆矩阵获得理想解。

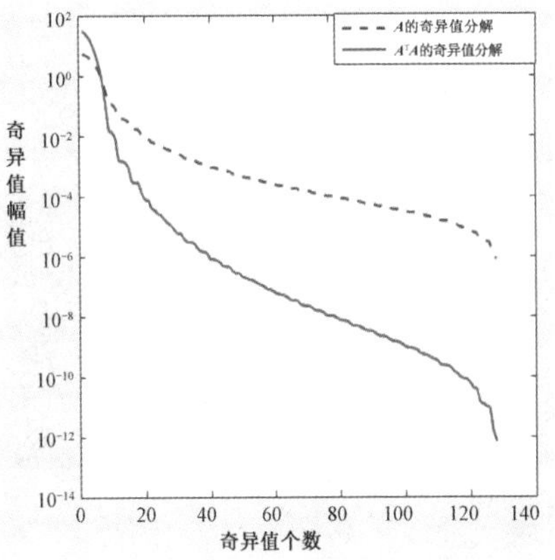

（a）Phillips 问题

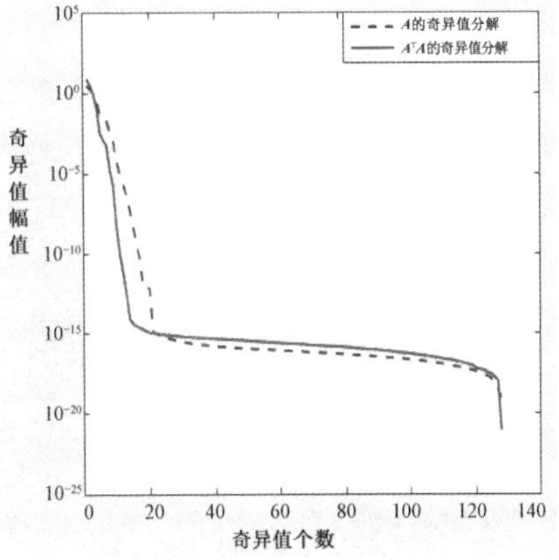

（b）Shaw 问题

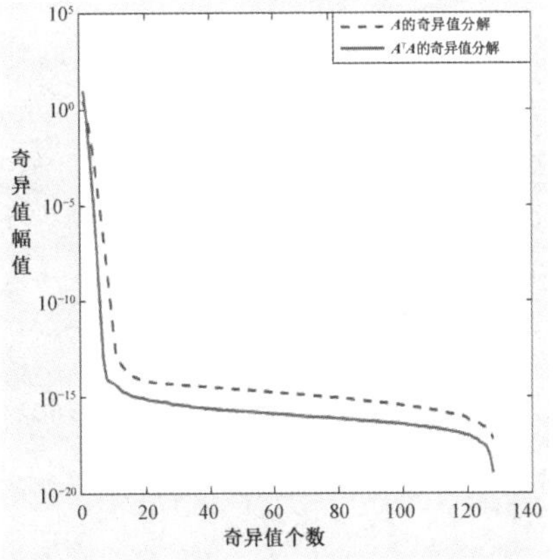

（c）Baart 问题

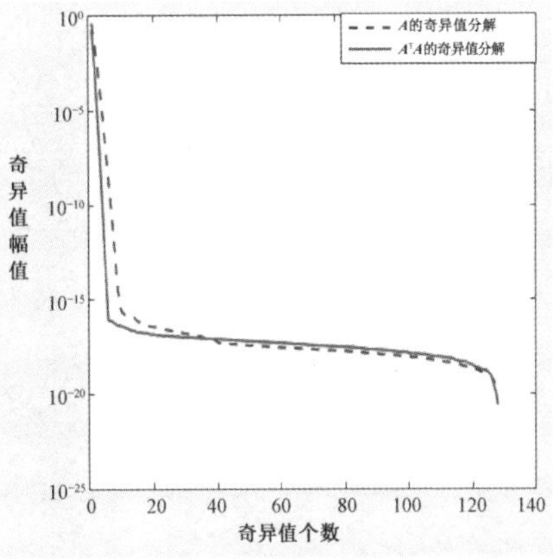

（d）Wing 问题

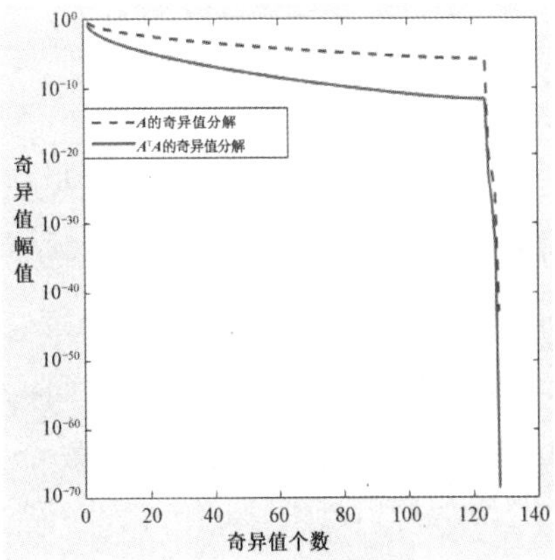

（e）热传导问题

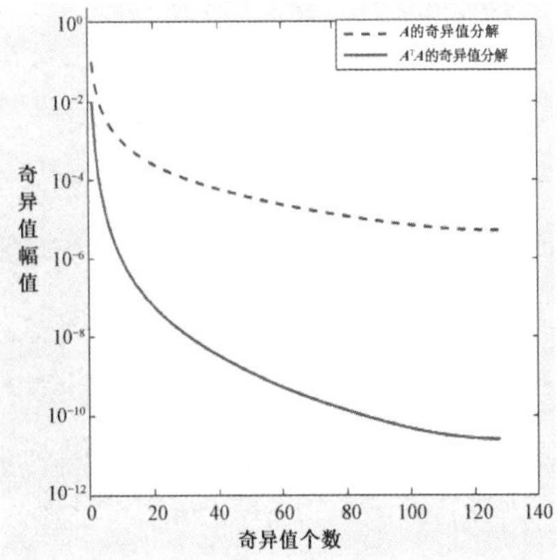

（f）Deriv2 问题

图 4-6　不同成像核函数矩阵 $\boldsymbol{A}$ 与 $\boldsymbol{A}^{\mathrm{T}}\boldsymbol{A}$ 奇异值幅值对比

由于式（4-3）的矩阵 $\boldsymbol{A}^{\mathrm{T}}\boldsymbol{A}$ 是病态矩阵，不能通过计算逆矩阵的形式计算目标函数的解，为此可以设计迭代算法计算目标函数的解。目标函数式（4-2）是光滑的，因此可以利用一阶导数计算目标函数的梯度，表达式为

$$\mathbf{Grad}(\boldsymbol{f})=\boldsymbol{A}^{\mathrm{T}}(\boldsymbol{A}\boldsymbol{f}-\boldsymbol{u}) \tag{4-4}$$

式中，$\mathbf{Grad}(\cdot)$ 表示梯度。基于不动点迭代原理，迭代过程可以表示为

$$\boldsymbol{f}_{k+1}=(\boldsymbol{I}-\boldsymbol{\tau}_k\mathbf{Grad})(\boldsymbol{f}_k) \tag{4-5}$$

式中，$\boldsymbol{\tau}_k$ 表示迭代步长。若每次以最小化 $\arg\min\limits_{\boldsymbol{\tau}_k}\left\{\left\|\boldsymbol{A}(\boldsymbol{I}+\boldsymbol{\tau}_k\mathbf{Grad})(\boldsymbol{f}_k)-\boldsymbol{u}\right\|_2^2\right\}$ 获得的值作为迭代步长，则称式（4-5）为最速下降迭代算法；若迭代步长取常数，且 $\boldsymbol{\tau}_k$ 满足条件 $0<\boldsymbol{\tau}_k<1/\|\boldsymbol{A}\|^2$，则称式（4-5）为 Landweber 迭代算法。若步长取值较小，可以获得光滑解；若步长取值较大，容易产生震荡现象，因此，迭代步长的选取对解的特性会产生十分重要的影响。在优化理论中，步长的选取有非精确搜索算法，如 Armijo 搜索算法、Goldstein 搜索算法等；精确搜索算法，如二分法、黄金分割法等。若采用差异准则（Discrepancy Principle）获得最优迭代步长，算法比较耗时，因此，在应用中必须权衡算法的复杂度和逼近解的精度。

对上述迭代进一步优化，为满足实际物理意义，将无条件约束的最优化问题式（4-2）转化为有条件约束的最优化问题，对其施加非负约束条件，将其应用于重构图像，如图 4-7 所示。图 4-7（a）为理想解，图 4-7（b）为经成像系统后获得的采集数据，图 4-7（c）为优化迭代算法重构后的逼近解，图 4-7（d）为迭代相对误差随迭代次数的变化，从图中可以看出，随着迭代次数的增加，迭代相对误差在减小，但迭代次数超过约 35 次以后，迭代相对误差随着迭代次数的增加而增加，说明该迭代算法具有半收敛特性，获得的逼近解精度下降。对比图 4-7（g）与图 4-7（h）重构三维表面可知，图 4-7（h）的重构三维表面好于图 4-7（g）的重构三维表面，但与理想解图 4-7（e）的三维表面对比可知，重构解的效果不理想，与理想解相差较大。由图 4-7（e）理想解的三维表面可知，理想解的突变点界限明显。由图 4-7（f）可知，获得的采集数据的边缘相对光滑。由图 4-7（g）与图 4-7（h）可知，重构图像的三维表面在边缘处产生很多突起，而且极其不光滑。

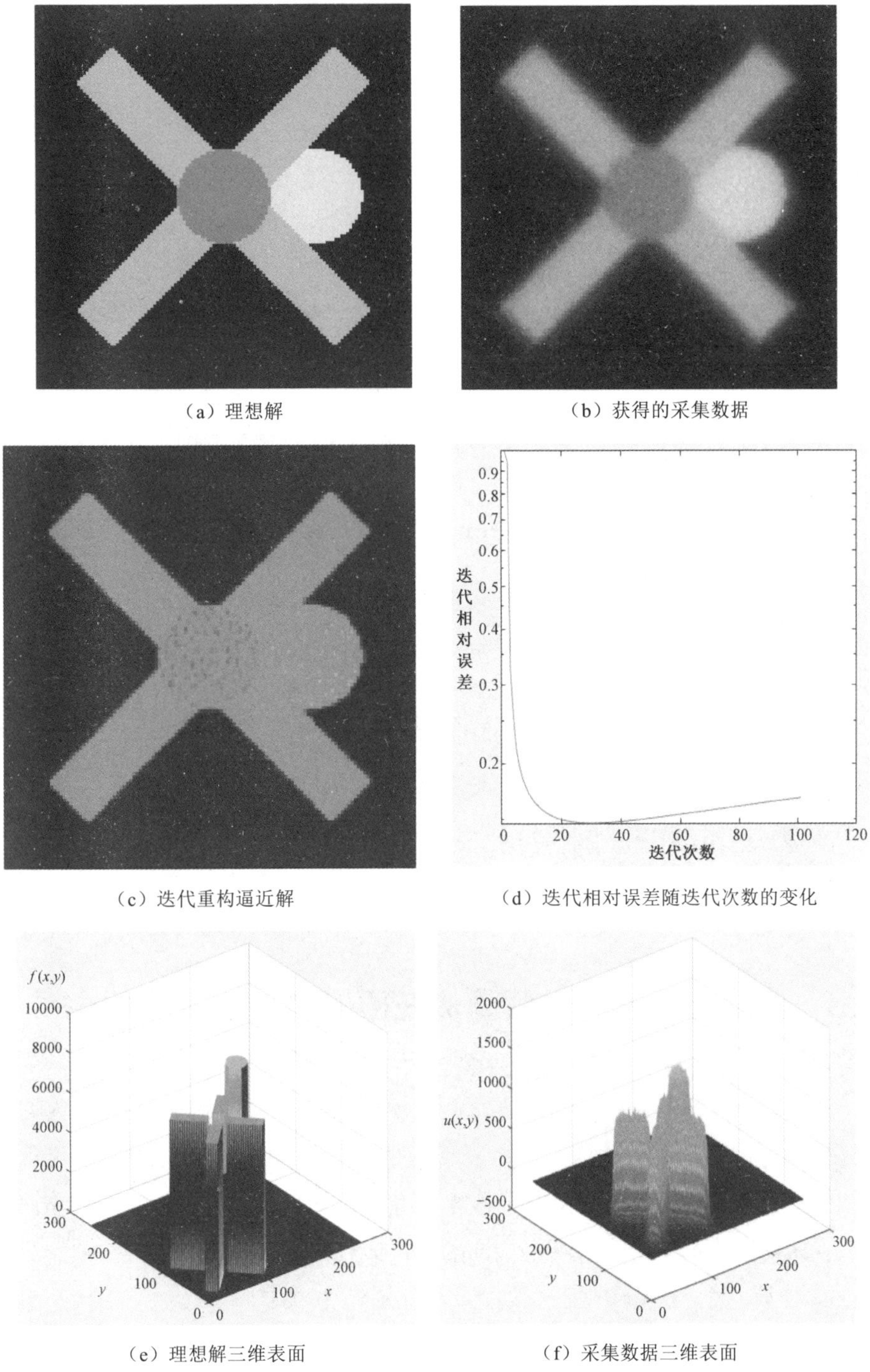

（a）理想解　（b）获得的采集数据

（c）迭代重构逼近解　（d）迭代相对误差随迭代次数的变化

（e）理想解三维表面　（f）采集数据三维表面

图 4-7　迭代算法重构理想解及其三维表面

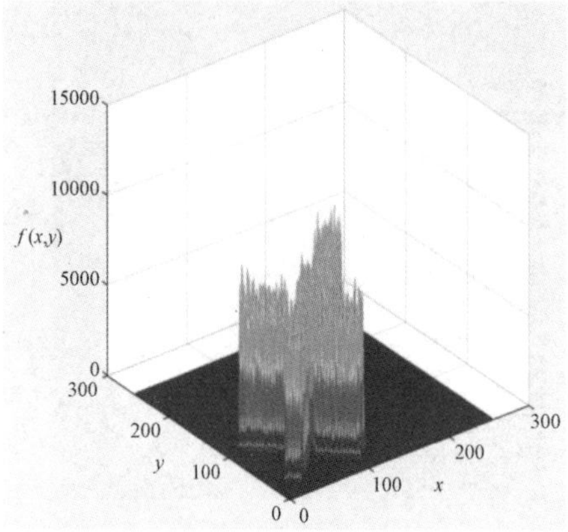

（g）迭代 35 次重构三维表面

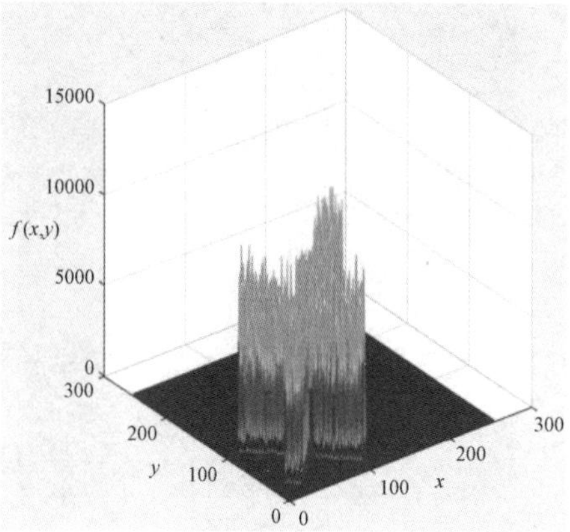

（h）迭代 100 次重构三维表面

图 4-7 迭代算法重构理想解及其三维表面（续）

利用预条件（Preconditioned）原理，可以将式（4-5）设计成为预条件迭代算法；式 4-4 中的 $\boldsymbol{A}^{\mathrm{T}}\boldsymbol{A}$ 是对称的，因此可以将其分裂为下三角矩阵+对角阵的形式，从而设计迭代算法；针对 $\boldsymbol{A}$ 条件数较大的缺点，对矩阵 $\boldsymbol{A}$ 进行奇异值分解，然后利用预条件原理，设计基于预条件滤波图像重构算法；采用对角矩阵预条件子方法，设计 Cimmino 迭代算法。为了进一步改善算法的性能，可以对式（4-5）进行改进，设计共轭梯度迭代算法、预条件共轭梯度迭代算法、广义极小残量迭代算法和最小方差正交三角分解迭代算法等。

4.3 正则化模型及迭代算法在图像重构中的应用

从模型建立来看，式（4-2）是采用最小二乘对数据进行拟合，利用数据的统计分布，对数据进行描述，要求目标函数的残差必须服从高斯分布，如果数据服从伽马分布、瑞利分布和卡方分布等，用 L_2 范数描述的拟合项效果将非常不理想，而且式（4-2）没有考虑数据间的结构信息，可以说，式（4-2）是对理想数据的不完全描述；从模型计算来说，式（4-3）试图利用矩阵论，通过对矩阵进行操作，计算目标函数的最优解，然而经离散化后，获得成像系统矩阵的条件数较大，是不适定的，造成无法通过计算矩阵的逆矩阵来获得目标函数的最优解，尽管可以通过预条件技术形成预条件系统矩阵，改善系统矩阵的条件数，从而获得逆矩阵，但由于所研究问题的规模较大，若预条件系统矩阵不具有特殊结构，则会造成计算矩阵的逆矩阵比较耗时，使得依赖梯度和海森矩阵的迭代算法收敛较慢，从而制约其在实际工程领域的应用；从算法迭代的形式来看，迭代算法式（4-5）的形式比较简单，容易操作，具有不动点迭代的形式；从实验结果来看，由图 4-7（d）可知，随着迭代次数的增加，迭代相对误差先减小后增大，迭代算法具有半收敛特性，这表明图像的重构质量与迭代次数息息相关；从图像重构的结果来看，即使在迭代相对误差最小的情况下，图像重构三维表面与理想解三维表面相差甚远，说明图像重构效果较差。

鉴于式（4-2）的不足，为提高理想解的重构质量，苏联 Tikhonov 院士提出设计附加的正则项，近年来，正则化模型如同雨后春笋般涌现。根据拟合项、正则项是否光滑，目前能量泛函正则化模型主要有三种形式：①光滑型能量泛函正则化模型。这类模型的拟合项和正则项都是光滑的，模型简单，可以利用经典迭代算法进行求解。②非光滑型能量泛函正则化模型。这类模型主要有三种形式：光滑的拟合项+非光滑的正则项、非光滑的拟合项+光滑的正则项，以及非光滑的拟合项+非光滑的正则项。这类模型整体是非光滑的，无法直接利用经典迭代算法计算目标函数的解，但可以分别利用拟合项和正则项的结构，对目标函数进行分裂，设计基于拟合项和正则项的交替迭代算法。③混合型能量泛函正则化模型。这类模型主要有两种形式：光滑的拟合项+多项非光滑的正则项，非光滑的拟合项+多项非光滑的正则项。目前，该类模型最有效的计算方法是首先利用算子分裂原理，将目标函数分裂成众多的子问题，且分裂出的子问题容易计算；其次分别根据子问题的结构，设计迭代算法；再次子问题间通过变量进行耦合，设计交替迭代算法。在实际图像重构应用中，所采用的正则化模型既要保证模型能准确地刻画图像的特征，同时又要注意模型的复杂度，以便形成高效、快速的迭代算法。

4.3.1　光滑型正则化模型在图像重构中的应用

由图 4-7（d）可知，在迭代 35 次前，算子 $\boldsymbol{T}=\boldsymbol{I}-\tau_k\mathbf{Grad}$ 的迭代幅值小

于 1，迭代算法具有收敛趋势，在迭代 35 次后，算子 $\boldsymbol{T}=\boldsymbol{I}-\boldsymbol{\tau}_k\mathbf{Grad}$ 的迭代幅值大于 1，迭代算法具有发散趋势，说明该迭代算法具有半收敛特性。迭代算法式（4-5）具有不动点迭代的形式，由不动点迭代定理可知，算法收敛的条件是算子的幅值应小于 1。

由图 4-7 的实验结果可知，图像重构结果并不理想。首要原因是描述图像重构的模型式（4-2）具有天然的不足，该模型是从统计的角度建立的，将具体的图像看作数据，从纯粹数据的角度进行拟合。在实际应用中，图像具有一定的物理结构，特征比较复杂，如图像的边缘结构、纹理结构、平稳区域、非平稳区域、渐变区域和跳跃间断点等，很难用一种解空间来描述图像的特征。也就是说，建立图像重构模型，不仅要考虑图像的统计特性，同时要考虑图像的结构特征。目前，国内外发展起来的能量泛函正则化模型引起学术界的广泛关注，主要用于解决模型的不适定问题。正则化模型研究最早可以追溯到 20 世纪 70 年代，由 Tiknonov 院士提出，将未知解的结构信息融入正则化模型中，具有明确的物理含义，突破了以往仅仅利用最小二乘来描述真实数据统计信息的局限性，是不适定反问题研究的里程碑。在学术界，也掀起了能量泛函正则化模型研究的热潮，主要原因是第一种类型的积分方程离散后，获得的线性方程组往往是不适定的，为反问题的求解带来了非常大的困难，同时获得解的准确性很难满足工业的需求。而正则化模型的提出，为不适定反问题的研究注入了新的活力。通过附加项，引入理想解的结构信息，设计迭代算法，获得精确的理想解。从贝叶斯理论来说，正则项是条件概率的先验信息，而正则化模型是条件概率的后验信息，具有明确的物理含义和理论依据。目前，能量泛函正则化模型已在地质演变问题、具有约束条件的最小方差问题、多分辨率稀疏正则化问题、交替投影图像合成问题、医学图像重构问题、傅里叶正则化图像修补问题、纹理图像分解问题、无损探伤问题、最大后验概率问题、最优控制问题和军事制导等领域得到广泛应用。

若采集获得的数据受高斯噪声的影响，用 L_2 范数描述解的结构特征，结合式（4-2），建立能量泛函正则化模型，表达式为

$$\arg\min_{\boldsymbol{f}}\left\{\boldsymbol{E}_0\left(\boldsymbol{f}\right)+\alpha\boldsymbol{R}\left(\boldsymbol{f}\right)\right\} \tag{4-6}$$

式中，拟合项 $\boldsymbol{E}_0\left(\boldsymbol{f}\right)=\dfrac{1}{2}\left\|\boldsymbol{Af}-\boldsymbol{u}\right\|_2^2$，正则项 $\boldsymbol{R}(\boldsymbol{f})=\left\|\boldsymbol{f}\right\|_2^2$，$\alpha>0$。由于式（4-6）

是光滑函数，根据一阶 Karush-Kucker-Tucker（KKT）最优条件，获得理想解的迭代表达式为

$$\boldsymbol{f}=\left(\boldsymbol{A}^{\mathrm{T}}\boldsymbol{A}+\alpha\boldsymbol{I}\right)^{-1}\boldsymbol{A}^{\mathrm{T}}\boldsymbol{u} \tag{4-7}$$

由于式（4-6）是光滑函数，从而使得式（4-7）具有简单的结构，通过对图像进行周期延拓，使得系统矩阵具有块循环-循环块结构，通过快速傅里叶变换，获得式（4-7）的解。若理想解是光滑的，也可以用拉普拉斯算子描述正则项，将式（4-6）中的正则项表示为 $\boldsymbol{R}(\boldsymbol{f})=\|\boldsymbol{Lf}\|_2^2$，$\boldsymbol{L}$ 代表拉普拉斯算子，则式（4-7）变为

$$\boldsymbol{f}=\left(\boldsymbol{A}^{\mathrm{T}}\boldsymbol{A}+\alpha\boldsymbol{L}\right)^{-1}\boldsymbol{A}^{\mathrm{T}}\boldsymbol{u} \tag{4-8}$$

为了对正则化模有直观的认识，利用星型图像，使用不同的正则项进行重构实验，仿真结果如图 4-8 所示。

对比原始图像 4-8（a）与采集图像 4-8（c）可知，采集获得的星型图像边缘比较模糊，对比图 4-8（b）与图 4-8（d）可知，采集获得的星型图像三维表面比较光滑。对比图 4-8（b）与 4-8（f）三维表面可知，用式（4-7）重构图像时产生虚假边缘。对比图 4-8（a）与图 4-8（e）、图 4-8（g）可知，用式（4-8）重构图像时产生的边缘具有加宽的趋势，这是由于正则项中的拉普拉斯算子具有光滑作用，使得边缘附近的像素幅值变大，这也说明正则项对图像重构的结构信息会产生十分重要的影响。

（a）原始图像

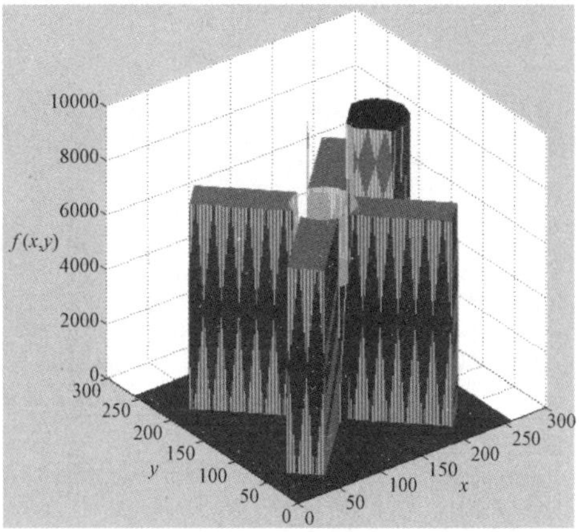

（b）原始图像三维表面

图 4-8　不同正则项重构图像仿真结果

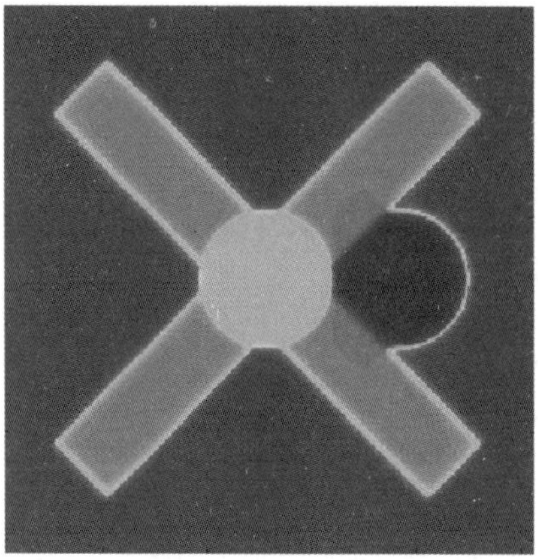

（c）由成像系统获得的图像

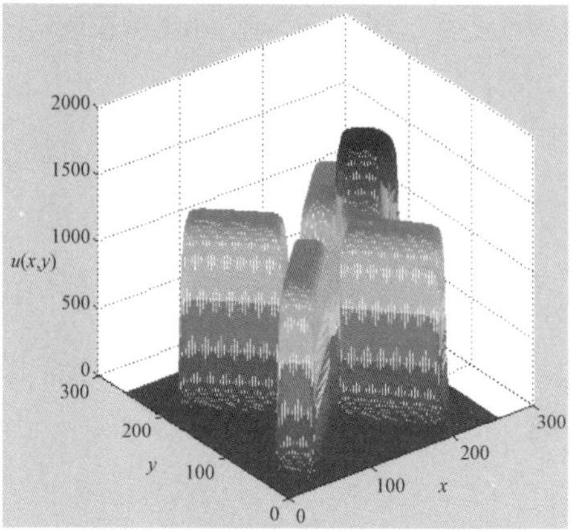

（d）成像系统获得的图像三维表面

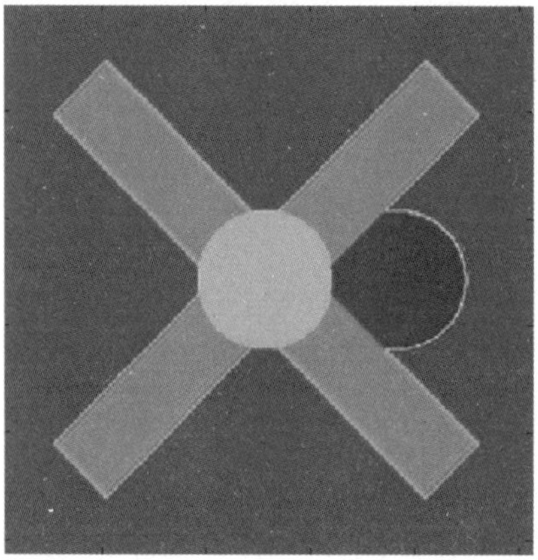

（e）式（4-7）重构图像

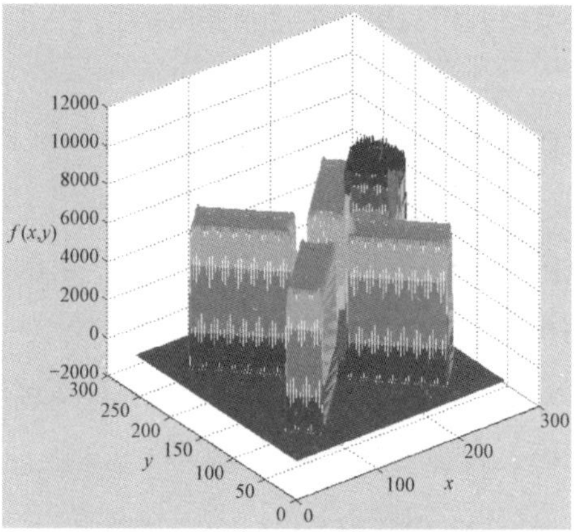

（f）式（4-7）重构图像的三维表面

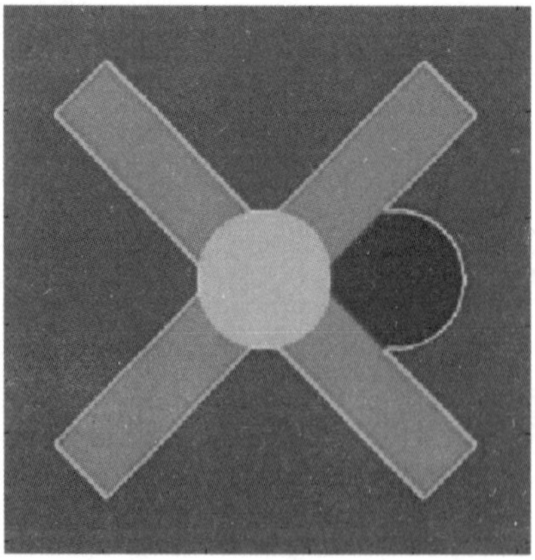

（g）式（4-8）重构图像

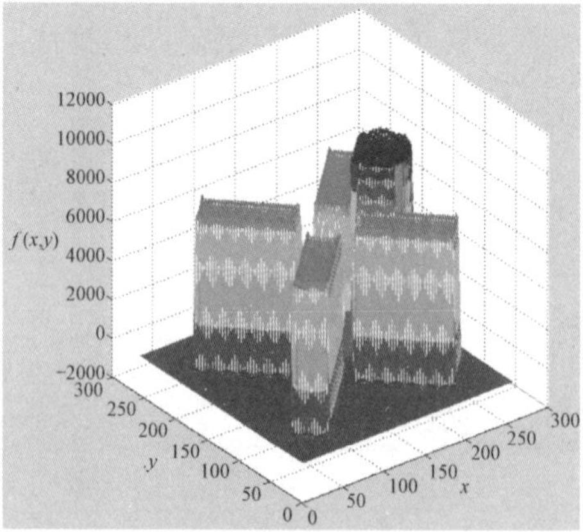

（h）式（4-8）重构图像的三维表面

图 4-8　不同正则项重构图像仿真结果（续）

4.3.2　非光滑型正则化模型在图像重构中的应用

由 4.3.1 节可知，给定能量泛函正则化模型，若拟合项和正则项都是光滑的，可以通过计算模型的一阶导数，设计基于梯度的一阶迭代算法，如式（4-7）和式（4-8）所示。由二阶 KKT 条件，可以设计基于海森矩阵的迭代算法，如牛顿迭代算法、拟牛顿迭代算法、投影牛顿迭代算法、改进的牛顿迭代算法和由 Broyden、Fletcher、Goldfarb 和 Shanno 提出的 BFGS 等，该类算法的关键是对海森矩阵和搜索步长的处理。但该算法依赖目标函数的二阶导数，获得的重构图像比较光滑，容易抹杀图像的细节信息，同时算法的快速性受海森矩阵规模的制约，若所研究的问题是大规模的，迭代算法的收敛速度较慢。为更好地体现图像的结构，1992 年，Rudin Leonid、Osher Stanley 和 Fatemi Emad 将一阶有界变差函数引入图像处理领域，提出 ROF 模型，成功应用于图像恢复，取得了较高的信噪比，引起学术界的广泛关注，开创了有界变差函数在图像处理领域应用的里程碑。在 ROF 模型的基础上，学术界掀起了不同函数空间在图像处理领域应用研究的热潮。例如，在小波域，图像的特征用 L_1 范数来描述，通过小波变换，完成对图像的稀疏化处理。为保护图像的纹理特征，完成对图像纹理特征的修补、重构和合成等，采用非局部有界变差函数作为正则项。为克服有界变差函数容易在图像平稳区域产生的阶梯效应，可以使用二阶有界变差函数作为正则项，通过对能量泛函正则化模型进行变分，获得四阶偏微分方程，但偏微分方程的阶次越高，获得的图像越光滑，容易抹杀图像的纹理信息。为克服此缺点，国内外学者对变指数函数空间和分数指数函数空间进行了广泛研究，在图像重构领域取得了很多有价值的研究成果。随着大数据和人工智能的兴起，以及高精尖产品的需求，需要对图像的结构信息进行更精确的描述，尽管非线性正则项在某种程度上能准确体现图像的结构，但导致算法设计复杂、计算困难。例如，ROF 模型中的正则项是有界变差函数，从整体来看，能量泛函正则化模型是非光滑的，经典导数不存在，无法直接进行求解。解决此问题主要有三种方法：

（1）通过引入辅助参数，用光滑的正则项逼近非光滑的正则项，使得能量泛函正则化模型整体光滑，然后设计基于梯度、海森矩阵的迭代算法。例如，式（4-6）中的正则项是有界变差函数，是非光滑的，为采用经典迭代算法，可

以采用分段光滑的函数 $\boldsymbol{R}(\boldsymbol{f})=\begin{cases}\dfrac{\boldsymbol{f}^2}{2\varepsilon} & |\boldsymbol{f}_{ij}|\leqslant\varepsilon \\ |\boldsymbol{f}|-\dfrac{\varepsilon}{2} & |\boldsymbol{f}_{ij}|>\varepsilon\end{cases}$、$\boldsymbol{R}(\boldsymbol{f})=\begin{cases}a\boldsymbol{f}^2 & |\boldsymbol{f}_{ij}|\leqslant M \\ \boldsymbol{f} & |\boldsymbol{f}_{ij}|>M\end{cases}$ 或光滑函数 $\boldsymbol{R}(\boldsymbol{f})=\sqrt{\boldsymbol{f}^2+\varepsilon}$ 和 $\boldsymbol{R}(\boldsymbol{f})=\varepsilon\left(\sqrt{1+\dfrac{\boldsymbol{f}}{\varepsilon}}-1\right)$ 等来逼近有界变差函数。假设式（4-6）中的正则项用光滑函数来逼近，拟合项用 L_2 范数来描述，由一阶 KKT 条件和不动点迭代原理，则有隐式梯度下降迭代算法，表达式为

$$\boldsymbol{f}_{k+1}=\boldsymbol{f}_k+\boldsymbol{\tau}_k\mathbf{Grad}\left[\boldsymbol{E}\left(\boldsymbol{f}_{k+1}\right)\right] \tag{4-9}$$

式中，$\boldsymbol{E}\left(\boldsymbol{f}_{k+1}\right)=\|\boldsymbol{A}\boldsymbol{f}-\boldsymbol{u}\|_2^2+\alpha\left|\mathrm{TV}_\varepsilon\left(\boldsymbol{f}\right)\right|$，$\mathrm{TV}_\varepsilon\left(\boldsymbol{f}\right)=\sqrt{\boldsymbol{f}^2+\boldsymbol{\varepsilon}}$，$\mathbf{Grad}(\cdot)$ 表示梯度。对式（4-9）进行移项，则有表达式

$$\frac{\boldsymbol{f}_{k+1}-\boldsymbol{f}_k}{\boldsymbol{\tau}_k}+\mathbf{Grad}\left[\boldsymbol{E}\left(\boldsymbol{f}_{k+1}\right)\right]=0 \tag{4-10}$$

对式（4-10）进行积分，忽略常数，则有表达式

$$\boldsymbol{E}_\tau\left(\boldsymbol{f}_k\right)=\frac{\left\|\boldsymbol{f}_{k+1}-\boldsymbol{f}_k\right\|^2}{2\boldsymbol{\tau}_k}+\boldsymbol{E}\left(\boldsymbol{f}_{k+1}\right) \tag{4-11}$$

从式（4-10）和式（4-11）的关系可知，若 $\boldsymbol{f}_{k+1}$ 满足式（4-10），那么式（4-10）是式（4-11）的一个临界点函数。若 $\mathbf{Grad}\left[\boldsymbol{E}\left(\boldsymbol{f}_{k+1}\right)\right]$ 是 Lipschitz 连续的，由第 2 章的式（2-56）可知，式（4-11）可以表示成迫近算子，表达式为

$$\mathbf{prox}_{\frac{\boldsymbol{E}}{\tau}}\left(\boldsymbol{f}_k\right)=\arg\min_{\boldsymbol{f}}\left\{\boldsymbol{E}\left(\boldsymbol{f}\right)+\frac{\left\|\boldsymbol{f}-\boldsymbol{f}_k\right\|_2^2}{2\tau}\right\} \tag{4-12}$$

在式（4-9）的基础上，文献[1]针对无条件约束的凸最优化问题提出了迭代软阈值算法，表达式为

$$\boldsymbol{f}_{k+1}=\mathbf{Soft}_\alpha\left(\boldsymbol{f}_k+\mathbf{Grad}\left[\boldsymbol{E}_0\left(\boldsymbol{f}_k\right)\right]\right) \tag{4-13}$$

式中，$\mathbf{Soft}_\alpha(\cdot)=\mathrm{sgn}(\cdot)\max\{0,|\cdot|-\alpha\}$，在迭代软阈值算法中，每次迭代只需要计算矩阵向量的积，以及降噪算子 $\mathbf{Soft}_\alpha(\cdot)$，算法的收敛速率严重依赖系统矩阵，若系统矩阵是“病态的”或不适定的，则迭代软阈值算法具有较慢的收敛速度。迭代软阈值算法每次迭代依赖最近一次迭代结果，在式（4-13）的基础上，文献[2]提出两步迭代软阈值算法，这种算法每次迭代依赖最近两次迭代的结果，在系统矩阵 $\boldsymbol{A}$ 处理上，对其进行了分解，将其表示成一个正定矩阵和一个对称

矩阵的形式，其中正定矩阵容易求逆矩阵；在采样数据处理上，将其表示成两个矩阵乘积的形式，然后对最近两次迭代的结果赋予不同的权值，形成两步迭代软阈值算法。为了对迭代软阈值算法和两步迭代软阈值算法有个直观的认识，利用 phantom 图像和 lena 图像进行重构实验。图 4-9 为利用不同迭代算法重构 phantom 图像实验结果，图 4-10 为目标函数值和最小方差随迭代时间的变化曲线。图 4-11 为利用不同迭代算法重构 lena 图像实验结果，图 4-12 为目标函数值和最小方差随迭代时间的变化曲线。从图 4-9 和图 4-11 重构的视觉效果来看，

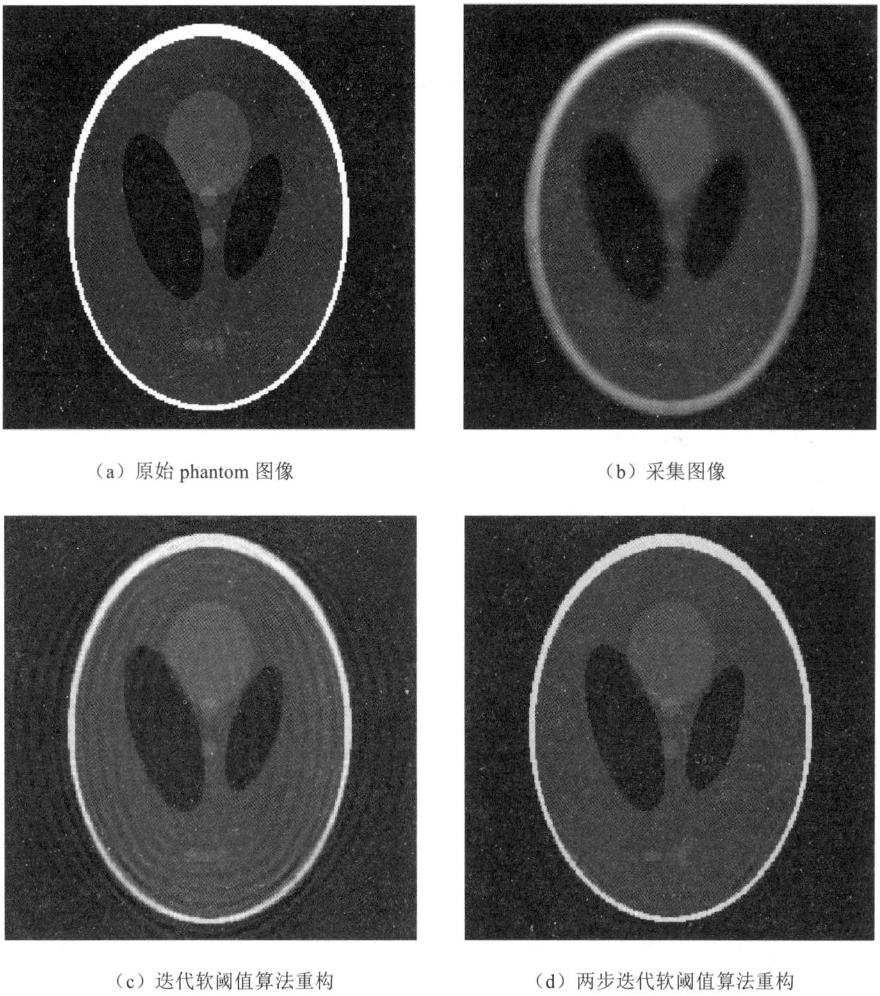

图 4-9　不同迭代算法重构 phantom 图像实验结果

在重构平稳区域方面，迭代软阈值算法产生很多“环圈”，形成明显的阶梯效应；在重构非平稳区域方面，两步迭代软阈值算法的边缘重构效果好于迭代软阈值算法。从图 4-10 和图 4-12 的目标函数值和最小方差来看，两步迭代软阈值算法的目标函数值和最小均方差小于软阈值迭代算法，且算法具有较快的收敛速度，对于 phantom 图像，迭代软阈值算法的重构时间为 307 s，两步迭代软阈值算法的重构时间为 77.8 s；对于 lena 图像，迭代软阈值算法的重构时间为 307.2 s，两步迭代软阈值算法的重构时间为 29.6 s。

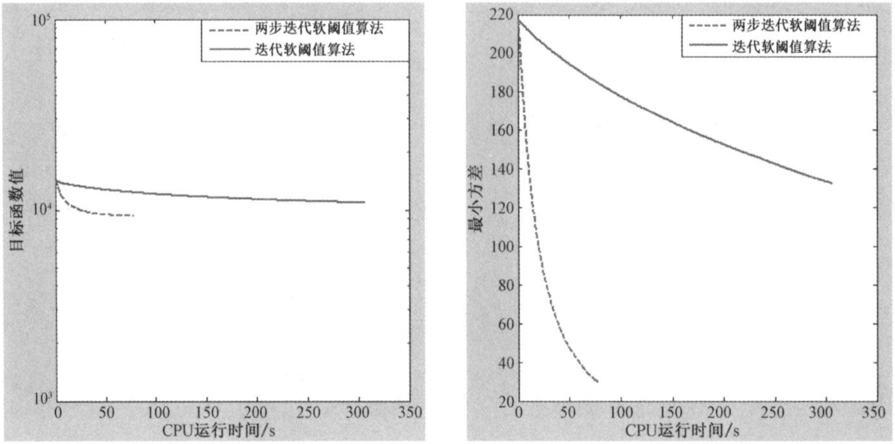

（a）目标函数值随运行时间的变化　　（b）最小方差随运行时间的变化

图 4-10　目标函数值和最小方差随迭代时间的变化曲线（phantom 图像）

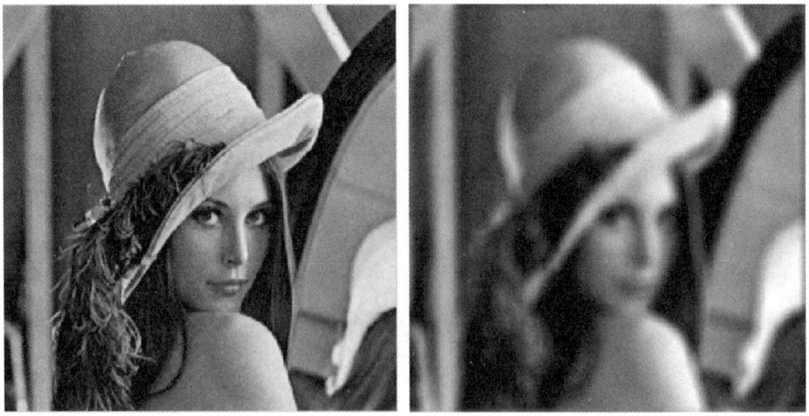

（a）原始 lena 图像　　（b）采集图像

图 4-11　不同迭代算法重构 lena 图像实验结果

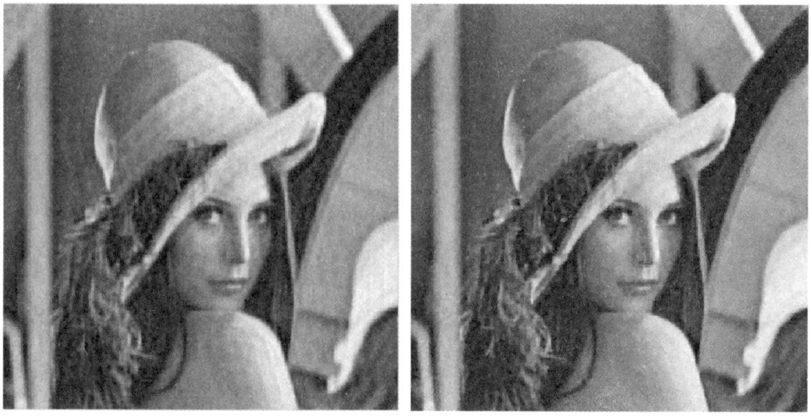

（c）迭代软阈值算法重构　　（d）两步迭代软阈值算法重构

图 4-11　不同迭代算法重构 lena 图像实验结果（续）

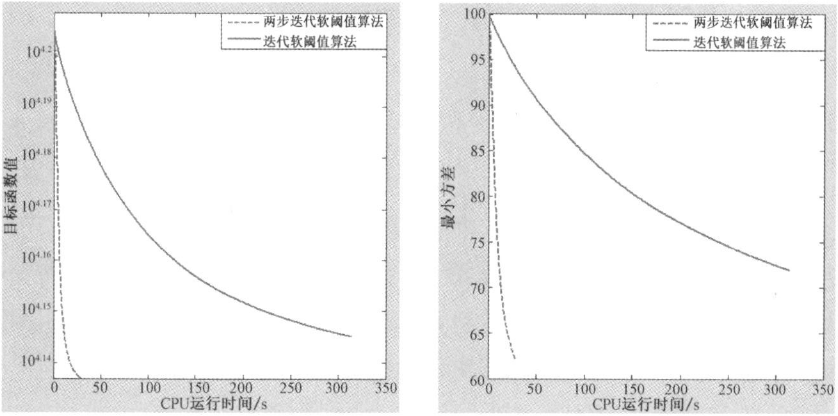

（a）目标函数值随运行时间的变化　　（b）最小方差随运行时间的变化

图 4-12　目标函数值和最小方差随迭代时间的变化曲线（lena 图像）

（2）利用拟合项的光滑特性，对拟合项进行二次逼近，然后与非光滑的正则项进行组合，形成迫近梯度迭代算法。若拟合项用 L_2 范数来描述，正则项用有界变差函数来描述，二者形成式（4-6）中的正则化模型。对于拟合项，用二次函数进行逼近，表达式为

$$\boldsymbol{E}_t(\boldsymbol{f},\boldsymbol{f}_{k-1}) := \boldsymbol{E}_0(\boldsymbol{f}_{k-1}) + \left\langle \boldsymbol{f}-\boldsymbol{f}_{k-1}, \nabla \boldsymbol{E}(\boldsymbol{f}_{k-1}) \right\rangle + \frac{1}{2t}\left\|\boldsymbol{f}-\boldsymbol{f}_{k-1}\right\|^2 \tag{4-14}$$

经过推导，则式（4-14）可以表示为

$$\boldsymbol{E}_t(\boldsymbol{f},\boldsymbol{f}_{k-1}) := \frac{1}{2t}\left\|\boldsymbol{f}-\left(\boldsymbol{f}_{k-1}-t\nabla \boldsymbol{E}_0(\boldsymbol{f}_{k-1})\right)\right\|^2 - \frac{t}{2}\left\|\nabla \boldsymbol{E}_0(\boldsymbol{f}_{k-1})\right\|^2 + \boldsymbol{E}_0(\boldsymbol{f}_{k-1}) \tag{4-15}$$

忽略常数项，则有

$$f_k = \arg\min_f \left\{ \frac{1}{2} \left\| f - \left(f_{k-1} - t_k \nabla E_0 \left(f_{k-1} \right) \right) \right\|^2 \right\} \tag{4-16}$$

式（4-16）就是所谓的梯度投影算法，可表示为

$$f_k = \underset{\Omega}{\mathbf{proj}} \left[f_{k-1} - t_k \nabla E_0 \left(f_{k-1} \right) \right] \tag{4-17}$$

式中，$\underset{g \in \Omega}{\mathbf{proj}}(f) = \|g - f\|^2$ 表示正交投影算子。综合式（4-16）和正则项，则能量泛函正则化模型的逼近表达式为

$$f_k = \arg\min_f \left\{ \frac{1}{2t_k} \left\| f - \left(f_{k-1} - t_k \nabla E_0 \left(f_{k-1} \right) \right) \right\|^2 + R(f) \right\} \tag{4-18}$$

由第 2 章的式（2-56）可知，式（4-18）可以表示成迫近算子，表达式为

$$f_k = \mathbf{prox}_{t_k R} \left(f_{k-1} - t_k \nabla E_0 \left(f_{k-1} \right) \right) \tag{4-19}$$

从而将拟合项用不动点迭代算法来表示，形成内循环，对非光滑的正则项用迫近算子来表示，形成外循环，二者交替迭代，形成迫近梯度迭代算法。若式（4-19）的内迭代用牛顿迭代算法来表示，则可以形成迫近牛顿迭代算法，经过对海森矩阵的处理，可以形成迫近拟牛顿迭代算法等。由前面的实验结果可知，两步迭代软阈值算法的运算速度是迭代软阈值算法运算速度的 4 倍以上。受两步迭代软阈值算法的启发，为提高算法的运算速度，在式（4-9）中，变量的更新由最近两次迭代决定，则中间变量迭代更新表达式为

$$g_{k+1} = f_k + \beta_k \left(f_k - f_{k-1} \right) \tag{4-20}$$

同理，利用式（4-19），则加速迫近梯度迭代算法的表达式为

$$f_{k+1} = \mathbf{prox}_{t_k R} \left(g_{k+1} - t_k \nabla E_0 \left(g_{k+1} \right) \right) \tag{4-21}$$

为了对加速迫近梯度迭代算法有个直观的认识，下面利用摄影图像和 phantom 图像进行仿真实验。图 4-13 为利用加速迫近梯度迭代算法重构摄影图像的实验结果，图 4-14 为利用加速迫近梯度迭代算法重构 phantom 图像的实验结果。

若式（4-6）中的拟合项仍然用 L_2 范数描述（或者是二阶导数存在），对其在点 f_{k-1} 处进行二阶泰勒展开，则有表达式

$$E_H(f, f_{k-1}) := E_0(f_{k-1}) + \left\langle f - f_{k-1}, \nabla E(f_{k-1}) \right\rangle + \frac{1}{2} \left\| f - f_{k-1} \right\|_H^2 \tag{4-22}$$

（a）原始摄影图像

（b）采集图像

（c）加速迫近梯度迭代算法重构

（d）重构图像与原始图像之差

图 4-13　加速迫近梯度迭代算法重构摄影图像的实验结果

则能量泛函正则化模型式（4-6）的逼近表达式为

$$\boldsymbol{E}(\boldsymbol{f},\boldsymbol{f}_{k-1}) := \boldsymbol{E}_0\left(\boldsymbol{f}_{k-1}\right)+\left\langle \boldsymbol{f}-\boldsymbol{f}_{k-1},\nabla \boldsymbol{E}\left(\boldsymbol{f}_{k-1}\right)\right\rangle+\frac{1}{2}\left\|\boldsymbol{f}-\boldsymbol{f}_{k-1}\right\|_{\boldsymbol{H}}^{2}+\alpha \boldsymbol{R}\left(\boldsymbol{f}\right) \quad (4\text{-}23)$$

从而最小化表达式为

$$\arg\min_{f}\left\{\boldsymbol{E}_0\left(\boldsymbol{f}_{k-1}\right)+\left\langle \boldsymbol{f}-\boldsymbol{f}_{k-1},\nabla \boldsymbol{E}\left(\boldsymbol{f}_{k-1}\right)\right\rangle+\frac{1}{2}\left\|\boldsymbol{f}-\boldsymbol{f}_{k-1}\right\|_{\boldsymbol{H}}^{2}+\alpha \boldsymbol{R}\left(\boldsymbol{f}\right)\right\} \quad (4\text{-}24)$$

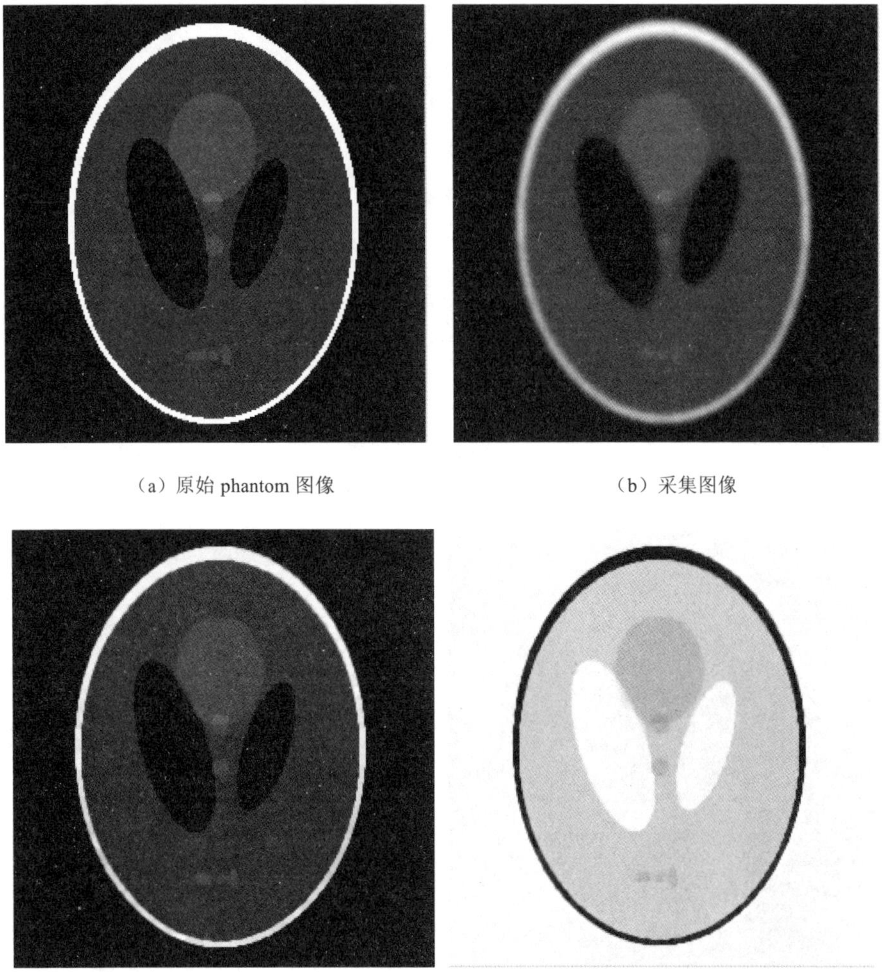

（a）原始 phantom 图像　　（b）采集图像

（c）加速迫近梯度迭代算法重构　　（d）重构图像与原始图像之差

图 4-14　加速迫近梯度迭代算法重构 phantom 图像的实验结果

式（4-24）的最小化目标解表达式为

$$\begin{aligned} \boldsymbol{f}_k &= \arg\min_{\boldsymbol{f}} \left\{ \frac{1}{2} \left\| \boldsymbol{f} - \left[\boldsymbol{f}_{k-1} - \boldsymbol{H}_k^{-1} \nabla \boldsymbol{E}\left(\boldsymbol{f}_{k-1}\right) \right] \right\|_{\boldsymbol{H}}^2 + \alpha \boldsymbol{R}(\boldsymbol{f}) \right\} \\ &= \mathbf{prox}_{\boldsymbol{H}_k}^{\boldsymbol{R}} \left\{ \boldsymbol{f}_{k-1} - \boldsymbol{H}_k^{-1} \nabla \boldsymbol{E}\left(\boldsymbol{f}_{k-1}\right) \right\} \end{aligned} \tag{4-25}$$

式（4-25）称为迫近牛顿迭代算法。

（3）若拟合项和正则项是可分的，则可以采用算子分裂的方法，将目标函数分裂为拟合项子问题和正则项子问题，二者交替迭代形成交替迭代算法。若

拟合项 $\boldsymbol{E}_0(\boldsymbol{f})$、正则项 $\boldsymbol{R}(\boldsymbol{f})$ 都是真、凸函数，则最小化目标函数可以表示为

$$\boldsymbol{f}^* = \arg\min_{\boldsymbol{f}} \left\{ \boldsymbol{E}_0(\boldsymbol{f}) + \boldsymbol{R}(\boldsymbol{f}) \right\} \tag{4-26}$$

则分裂迭代算法可以表示为

$$\boldsymbol{f}^{k+1} = \mathbf{prox}_{\lambda \boldsymbol{E}_0}\left(\boldsymbol{g}^k - \boldsymbol{u}^k\right) \tag{4-27}$$

$$\boldsymbol{g}^{k+1} = \mathbf{prox}_{\lambda \boldsymbol{R}}\left(\boldsymbol{f}^{k+1} + \boldsymbol{u}^k\right) \tag{4-28}$$

$$\boldsymbol{u}^{k+1} = \boldsymbol{u}^k + \boldsymbol{f}^{k+1} - \boldsymbol{g}^{k+1} \tag{4-29}$$

应用式（4-27）~式（4-29）时，要求由拟合项和正则项形成的迫近算子存在，且容易计算。

4.3.3　混合型正则化模型在图像重构中的应用

在实际成像应用中，目标解具有稀疏性和非光滑特性，用式（4-7）获得的光滑解不能准确刻画图像的特征。也就是说，图像可以分解为卡通部分与纹理部分，卡通部分是平稳的，通过空间标准正交基可以进行稀疏化表示，如小波基；而对于图像的纹理部分，具有奇异特性，可以通过有界变差函数来表征。

为了对图像的卡通部分和纹理部分有直观认识，下面利用 Barbara 图像、合成图像进行实验，图 4-15 为原始图像，图 4-16 为 Barbara 图像分解，图 4-17 为合成图像分解。

（a）原始 Barbara 图像　　　　（b）原始合成图像

图 4-15　原始图像

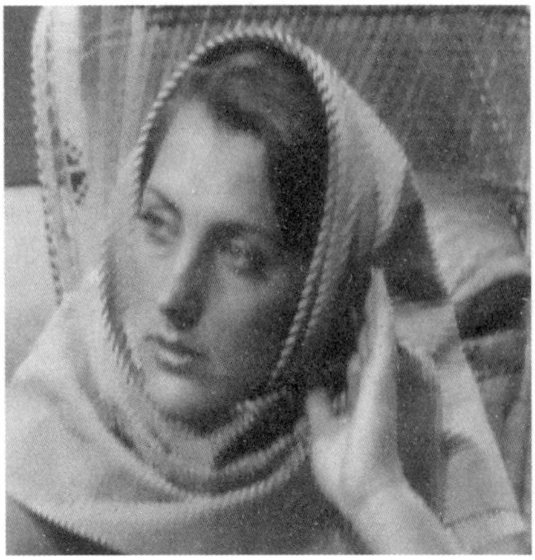

（a）卡通部分

（b）纹理部分

图 4-16　Barbara 图像分解

由图 4-16 和图 4-17 可知，图像可以分解为卡通部分和纹理部分，表达式为

$$\boldsymbol{f}=\boldsymbol{g}+\boldsymbol{v} \tag{4-30}$$

式中，$\boldsymbol{g}$ 表示卡通部分，$\boldsymbol{v}$ 表示纹理部分。卡通部分可以用变指数函数空间来描述，而纹理部分可以用空间正交基、小波变换和傅里叶变换等进行稀疏表示，用 L_1 范数进行描述。为准确描述图像的卡通特性和纹理特性，建立由两项正则项组成的非光滑型能量泛函正则化模型，表达式为

（a）卡通部分

（b）纹理部分

图 4-17　合成图像分解

$$\arg\min_{f,g,v}\left\{E_0(f)+\beta R(g)+\gamma R(v)\right\} \tag{4-31}$$

式中，$R(g)=\left\|D^{\alpha}g\right\|_1$ 描述卡通部分，$R(v)=\|Wv\|_1$ 描述纹理部分（W 表示正交变换），$\alpha>0$，$\gamma>0$。$E_0(f)$ 表示拟合项，常用 $E_0(f)=\frac{1}{2}\|Af-u\|_2^2$、$E_0(f)=\|Af-u\|_1$ 或 $E_0(f)=\|Af-u\ln Af\|_1$ 形式来描述。

下面以 $E_0(f)=\frac{1}{2}\|Af-u\|_2^2$ 为例，推导出对应的迭代算法（对于拟合项是其他形式的，读者可以模仿本推导过程，获得具体的迭代表达形式），并将其表示成不动点迭代的形式。由于式（4-31）由非光滑的拟合项和正则项组成，正则化模型中的经典导数不存在，无法直接应用牛顿迭代算法进行求解。另外，由于式（4-31）是无约束条件的最优化问题，且由三项组成，无法直接应用交替方向乘子迭代算法进行求解。为解决此问题，通过引入辅助变量 $Af=\theta$，$Af-u=z$，$f=g+v$，将式（4-31）转化为有条件约束的最优化问题，表达式为

$$E(z,g,v)=E_0(z)+\beta R(g)+\gamma R(v) \tag{4-32}$$

令 $h_1(v)=\gamma\|Wv\|_1$，$h_2(z)=\|z\|_2$，$h_3(\theta)=\sigma_+(\theta)=\begin{cases}\theta & \theta\succ 0\\ 0 & 其他\end{cases}$，$G_1(y)=\beta\left|D^{\alpha}g\right|$，

$G_2(Dy)=\sum_{i=1}^{3}h_i(D_i y)$。令 $b=[v,z,\theta]^{\mathrm{T}}$，$y=[g,u,f]^{\mathrm{T}}$，$D=\begin{bmatrix}-I & 0 & I\\ 0 & -I & A\\ 0 & 0 & A\end{bmatrix}$，则

$b=Dy$。将式（4-11）转化为具有两项组成的紧缩形式，表达式为

$$y=\arg\min_{y}\left\{G_1(y)+G_2(Dy)\right\} \tag{4-33}$$

应用交替方向乘子分裂原理，式（4-33）分裂为三个大的子问题，表达式为

$$y_{k+1}=\arg\min_{y}\left\{G_1(y)+\frac{\mu}{2}\|d_k+Dy-b_k\|_2^2\right\} \tag{4-34}$$

$$b_{k+1}=\arg\min_{b}\left\{G_2(Dy)+\frac{\mu}{2}\|d_k+Dy_k-b\|_2^2\right\} \tag{4-35}$$

$$d_{k+1}=d_k+\left(Dy_{k+1}-b_{k+1}\right) \tag{4-36}$$

（1）由大的子问题式（4-34），优化 y 的表达式为

$$\left(g_{k+1},u_{k+1},f_{k+1}\right)=\arg\min_{g,u,f}\left\{\beta\left|D^{\alpha}g\right|+\frac{\mu}{2}\left(\left\|d_k^1+f-g-v_{k+1}\right\|_2^2+\right.\right.$$
$$\left.\left.\left\|d_k^2+Af-u-z_{k+1}\right\|_2^2+\left\|d_k^3+Af-\theta_{k+1}\right\|_2^2\right)\right\} \tag{4-37}$$

对式（4-37）进行优化，获得三个小的子问题，分别为

① $\boldsymbol{g}_{k+1}$ 优化子问题

$$\boldsymbol{g}_{k+1}=\arg\min_{\boldsymbol{g}}\left\{\beta\left|\boldsymbol{D}^{\alpha}\boldsymbol{g}\right|+\frac{\mu}{2}\left(\left\|\boldsymbol{d}_k^1+\boldsymbol{f}-\boldsymbol{g}-\boldsymbol{v}_{k+1}\right\|_2^2\right\}\tag{4-38}$$

当 $\alpha=1$ 时，$\boldsymbol{g}_{k+1}$ 的表达式为

$$\boldsymbol{g}_{k+1}=\text{Soft}_{\frac{\beta}{\mu}}\left\{\boldsymbol{v}_{k+1}-\left(\boldsymbol{d}_k^1+\boldsymbol{f}\right)\right\}\tag{4-39}$$

② $\boldsymbol{u}_{k+1}$ 优化子问题

$$\boldsymbol{u}_{k+1}=\arg\min_{\boldsymbol{u}}\frac{\mu}{2}\left(\left\|\boldsymbol{d}_k^2+\boldsymbol{Af}-\boldsymbol{u}-\boldsymbol{z}_{k+1}\right\|_2^2\right)\tag{4-40}$$

式（4-40）为二次型，$\boldsymbol{u}_{k+1}$ 的表达式为

$$\boldsymbol{u}_{k+1}=\boldsymbol{Af}_{k+1}-\boldsymbol{z}_{k+1}+\boldsymbol{d}_k^2\tag{4-41}$$

③ $\boldsymbol{f}_{k+1}$ 优化子问题

$$\boldsymbol{f}_{k+1}=\arg\min_{\boldsymbol{f}}\left\{\frac{\mu}{2}\left(\left\|\boldsymbol{d}_k^1+\boldsymbol{f}-\boldsymbol{g}-\boldsymbol{v}_k\right\|_2^2+\left\|\boldsymbol{d}_k^2+\boldsymbol{Af}-\boldsymbol{u}-\boldsymbol{z}_{k+1}\right\|_2^2+\left\|\boldsymbol{d}_k^3+\boldsymbol{Af}-\boldsymbol{\theta}_{k+1}\right\|_2^2\right)\right\}\tag{4-42}$$

由于式（4-42）是光滑的二次函数，通过一阶 KKT 条件获得最优解表达式为

$$\boldsymbol{f}_{k+1}=\frac{\boldsymbol{g}+\boldsymbol{v}_k-\boldsymbol{d}_k^1+\boldsymbol{A}^{\mathrm{T}}\left(\boldsymbol{u}+\boldsymbol{z}_{k+1}-\boldsymbol{d}_k^2+\boldsymbol{\theta}_{k+1}-\boldsymbol{d}_k^3\right)}{2\boldsymbol{A}^{\mathrm{T}}\boldsymbol{A}+\boldsymbol{I}}\tag{4-43}$$

（2）由大的子问题式（4-35），优化 $\boldsymbol{b}$ 的表达式为

$$\begin{aligned}\left(\boldsymbol{v}_{k+1},\boldsymbol{z}_{k+1},\boldsymbol{\theta}_{k+1}\right)=\arg\min_{\boldsymbol{v},\boldsymbol{z},\boldsymbol{\theta}}&\left\{\left\|\boldsymbol{z}\right\|_2+\gamma\left\|\boldsymbol{Wv}\right\|_1+\sigma_+(\boldsymbol{\theta})+\frac{\mu}{2}\left(\left\|\boldsymbol{d}_k^1+\boldsymbol{f}_{k+1}-\boldsymbol{g}_{k+1}-\boldsymbol{v}\right\|_2^2+\right.\right.\\&\left.\left.\left\|\boldsymbol{d}_k^2+\boldsymbol{Af}_{k+1}-\boldsymbol{u}_{k+1}-\boldsymbol{z}\right\|_2^2+\left\|\boldsymbol{d}_k^3+\boldsymbol{Af}_{k+1}-\boldsymbol{\theta}\right\|_2^2\right)\right\}\end{aligned}\tag{4-44}$$

对式（4-44）进行优化，获得三个小的子问题，分别为

① $\boldsymbol{v}_{k+1}$ 优化子问题

$$\boldsymbol{v}_{k+1}=\arg\min_{\boldsymbol{v}}\left\{\gamma\left\|\boldsymbol{Wv}\right\|_1+\frac{\mu}{2}\left(\left\|\boldsymbol{d}_k^1+\boldsymbol{f}_{k+1}-\boldsymbol{g}_{k+1}-\boldsymbol{v}\right\|_2^2\right\}\tag{4-45}$$

$$\boldsymbol{v}_{k+1}=\boldsymbol{W}^{\mathrm{T}}\text{Soft}_{\frac{\gamma}{\mu}}\left\{\boldsymbol{W}\left(\boldsymbol{g}_{k+1}-\boldsymbol{d}_k^1-\boldsymbol{f}_{k+1}\right)\right\}\tag{4-46}$$

② $\boldsymbol{z}_{k+1}$ 优化子问题

$$\boldsymbol{z}_{k+1}=\arg\min_{\boldsymbol{z}}\left\{\left\|\boldsymbol{z}\right\|_2+\frac{\mu}{2}\left\|\boldsymbol{d}_k^2+\boldsymbol{Af}_{k+1}-\boldsymbol{u}_{k+1}-\boldsymbol{z}\right\|_2^2\right\}\tag{4-47}$$

$$\boldsymbol{z}_{k+1}=\left(\boldsymbol{I}+\mu\right)^{-1}\left(\boldsymbol{d}_k^2+\boldsymbol{A}\boldsymbol{f}_{k+1}-\boldsymbol{u}_{k+1}\right) \tag{4-48}$$

③ $\boldsymbol{\theta}_{k+1}$ 优化子问题

$$\boldsymbol{\theta}_{k+1}=\arg\min_{\boldsymbol{\theta}}\left\{\sigma_+(\boldsymbol{\theta})+\frac{\mu}{2}\left\|\boldsymbol{d}_k^3+\boldsymbol{A}\boldsymbol{f}_{k+1}-\boldsymbol{\theta}\right\|_2^2\right\} \tag{4-49}$$

$$\boldsymbol{\theta}_{k+1}=\max\left(0,\boldsymbol{d}_k^3+\boldsymbol{A}\boldsymbol{f}_{k+1}\right) \tag{4-50}$$

（3）对式（4-36）进行展开，则有表达式

$$\boldsymbol{d}_{k+1}^1=\boldsymbol{d}_k^1+\boldsymbol{f}_{k+1}-\boldsymbol{g}_{k+1}-\boldsymbol{v}_{k+1} \tag{4-51}$$

$$\boldsymbol{d}_{k+1}^2=\boldsymbol{d}_k^2+\boldsymbol{A}\boldsymbol{f}_{k+1}-\boldsymbol{u}_{k+1}-\boldsymbol{z}_{k+1} \tag{4-52}$$

$$\boldsymbol{d}_{k+1}^3=\boldsymbol{d}_k^3+\boldsymbol{A}\boldsymbol{f}_{k+1}-\boldsymbol{\theta}_{k+1} \tag{4-53}$$

对于用 L_1 范数、Kullback-Leibler 函数描述的拟合项，若正则项也由两项组成，则可以通过类似的方法，引入辅助变量，将目标函数表示成标准形式的能量泛函正则化模型。若建立的正则化模型中的正则项超过两项，则引入更多的辅助变量，通过矩阵将辅助变量有机地整合在一起，并将目标函数转化为由“拟合项”和“正则项”组成的标准形式，然后利用交替方向乘子迭代算法，对目标函数进行分裂，形成分裂交替迭代算法。由式（4-34）~式（4-36）可知，迭代算法具有交替依存关系，可以表示成不动点的形式。尽管式（4-31）比较复杂，不容易求解，但是通过分裂后获得的子问题容易求解，而且能表示成不动点的形式，最终使得问题容易求解。

4.4　本章小结

本章首先回顾图像的主要特征可以通过图像的边缘来体现，边缘的质量决定图像重构的效果，因此，在图像重构过程中，准确提取图像的边缘信息是至关重要的。在空域中，主要利用图像的一阶和二阶导数信息完成对图像边缘的提取，如 sobel 算子、roberts 算子、canny 算子等，然而，空域算子容易受噪声的影响，对图像进行稀疏化表示并不理想，学术界研究在变换域中对图像进行稀疏化表示，如小波变换、复小波变换和紧框架变换等，这些变换不仅能准确提取图像的边缘信息，而且有效地抑制噪声，有利于对图像进行稀疏化表示。

然后分析图像重构模型，在图像重构模型研究的早期阶段，主要是从数据拟合的角度来建立图像重构模型，如最小二乘数据拟合模型，由于模型是光滑的，利用不动点迭代原理，设计基于梯度和海森矩阵的迭代算法，但仿真实验结果表明，算法具有半收敛特性，图像重构的质量并不理想，这是由于建立的模型具有天然的不足，没有考虑解的先验信息，而实际问题的解并不是光滑的；通过分析六大问题形成的系统矩阵可知，系统矩阵的条件数较大，是不适定矩阵，因此，对解的重构造成十分不利的影响，这可以通过仿真实验得到验证。

最后为解决由模型的天然不足对目标解造成的不利影响，将图像的先验信息融入能量泛函中，建立能量泛函正则化模型。拟合项拟合图像的统计分布，正则项体现图像的结构信息，如图像的边缘和纹理结构等，从而尽可能准确地描述目标解。根据拟合项和正则项是否光滑，将正则化模型分为光滑型能量泛函正则化模型和非光滑型能量泛函正则化模型。根据拟合项和正则项的形式，对非光滑的正则项进行光滑化，设计基于梯度和海森矩阵的牛顿迭代算法，分别利用拟合项的光滑特性和正则项的非光滑特性，设计牛顿迫近子迭代算法，利用拟合项和正则项的可分特性，设计分裂迭代算法。

本章参考文献

[1] DAUBECHIES I, DEFRIES M, MOL C D. An iterative thresholding algorithm for linear inverse problems with a sparsity constraint [J]. Communications on Pure Applied Mathematics, 2004, 57(11): 1413-1457.

[2] DIAS J M B, FIGUEIREDO M A T. A new TwIST two-step iterative shrinkage/thresholding algorithms for image restoration [J]. IEEE Transactions on Image Processing, 2007, 16(2): 2992-3004.

[3] 冯象初，王卫卫. 图像处理的变分和偏微分方程方法[M]. 北京：科学出版社，2009.

[4] 陈汝栋. 不动点理论及应用[M]. 北京：国防工业出版社，2012.

[5] 张恭庆，林源渠. 泛函分析[M]. 北京：北京大学出版社，2009.

[6] STRUWE M. Variational methods, applications to nonlinear partial differential equations and Hamiltonian systems [M]. Berlin: Springer, 2008.

[7] HUNG X T, LI D S, WANG L H. Existence and symmetry of positive solutions of an integral equation system[J]. Mathematical and Computer Modelling, 2010, 52(5-6): 892-901.

[8] RUDIN L I, OSHER S, FATEMI E. Nonlinear total variation based noise removal algorithms [J]. Physica D Nonlinear Phenomena, 1992, 60(1-4): 259-268.

[9] GUO Z C, SUN J B, ZHANG D Z, et al. Adaptive Perona-Malik model based on the variable exponent for image denoising [J]. IEEE Transactions on Image Processing, 2012, 21(3): 958-967.

[10] BERTSEKAS D P. Projected Newton methods for optimization problems with simple constraints[J]. SIAM Journal on Control and Optimization, 1982, 20(1): 221-246.

[11] KELLEY C T. Iterative methods for optimization [M]. Philadelphia: Society for Industrial and Applied Mathematics, 1999.

[12] DAI Y H, HAGER W W, SCHITTKOWSKI K, et al. The cyclic Barzilai-Borwein method for constrained optimization [J]. IMA Journal of Numerical Analysis, 2006, 26(3): 604-627.

[13] FRASSOLDATI G, ZANGHIRATI G, ZANNI L. New adaptive stepsize selection in gradient methods[J]. Journal of Industrial and Management Optimization, 2008, 4(2): 299-312.

[14] WUNDERLI T. A partial regularity result for an anisotropic smoothing functional for image restoration in BV space[J]. Journal of Mathematical Analysis and Applications, 2008, 339(2): 1169-1178.

[15] 博赛克斯. 凸优化理论[M]. 赵千川，王梦迪，译. 北京：清华大学出版社，2011.

[16] BORWEIN J M, LEWIS A S. Convex analysis and nonlinear optimization Theory and Examples[M]. New York: Springer, 2005.

[17] FIGUEIREDO M A T, NOWAK R D, WRIGHT S J. Gradient projection for sparse reconstruction: application to compressed sensing and other inverse problems [J]. IEEE Journal of Selected Topics in Signal Processing, 2007, 4(1): 1-12.

[18] LIU Y, MA J, FAN Y, et al. Adaptive weighted total variation minimization for sparse data toward low dose X-ray computed tomography image reconstruction [J]. Physics in Medicine and Biology, 2012, 57(23): 7923-7956.

第 5 章

正则化对偶模型原理及在图像重构中的应用

第 4 章对能量泛函正则化模型进行了分析，在成像系统中，由有界变差函数描述的正则项能准确描述解的奇异特性，然而由于其非光滑特性，使得目标函数最小化变得异常困难。为了进行求解，常常需要引入光滑参数，对正则项或拟合项进行光滑逼近。光滑参数对图像重构质量和算法的快速性产生了十分重要的影响，若光滑参数较大，不利于图像重构的质量，有利于算法的收敛速度；若光滑参数较小，有利于图像重构质量，但不利于算法的收敛速度。因此，使用参数对正则化模型进行光滑化，要权衡算法的效率和图像重构的质量；在基于海森矩阵的迭代算法中，对海森矩阵的逼近，要求海森矩阵的逼近矩阵具有很好的性质，需要复杂的矩阵操作，造成算法比较耗时，但是，如果矩阵的规模较大，在计算海森矩阵的逆矩阵时，由于算法比较耗时，则很难满足工业算法设计的实时性要求。由于原始模型的非光滑特性，使得算法设计比较复杂，限制了正则化模型的应用，为摆脱由于非光滑特性对算法设计造成的不利影响，设计高效快速迭代算法，可以将原始正则化模型转化为对偶模型，在对偶空间中进行研究。正则化模型转化到对偶空间后，对偶模型具有很好的特性，如光滑特性，从而有利于算法设计。

5.1　对偶变换的物理意义及应用举例

在图像处理领域，由于图像的特征比较复杂，构建的图像重构正则化模型往往是非光滑的，为了获得理想的目标解，需要对目标函数进行优化，在进行优化时，需要将原始正则化模型转化为对偶模型，在转化对偶模型的过程中，使用的强有力的数学工具是对偶变换。目前，对偶变换在信号处理、图像重构、人工智能、最优控制、最少燃料控制、鲁棒控制等领域得到广泛应用。对偶变换最早是由法国数学家 Legendre 研究力学时提出的，借助拉格朗日乘子法，将有条件约束的最优化问题转化为无条件约束的最优化问题，通过变分原理，获得欧拉-拉格朗日方程。在最优控制中，通过变分获得的欧拉-拉格朗日方程也称为哈密顿方程。随着函数空间理论的发展，学术界将对偶空间引入泛函分析中，20 世纪中期，Fenchel 将对偶空间引入对偶变换中，开创了对偶变换理论应用的先河。为纪念 Legendre 和 Fenchel 对对偶变换发展所做的贡献，称对偶变换为 Legendre-Fenchel 变换。

5.1.1 对偶变换的物理意义

定义 5.1 对偶变换 若 $x \in \Omega$，Ω 为实赋范空间，$f(x)$ 是真、凸、下半连续函数，$\forall y \in \Omega$，那么 $f(x)$ 的 Fenchel 对偶函数表达式为

$$f^*(y)=\sup_x\{\langle y,x\rangle - f(x)\} \tag{5-1}$$

式中，$\sup\{\cdot\}$ 表示上确界，$\langle\cdot,\cdot\rangle$ 表示内积。若 x 和 y 是标量，则 $\langle y,x\rangle=y\cdot x$；若 $\boldsymbol{x}$ 和 $\boldsymbol{y}$ 是向量，则 $\langle \boldsymbol{y},\boldsymbol{x}\rangle=\boldsymbol{y}^{\mathrm{T}}\bullet\boldsymbol{x}$；若 $\boldsymbol{x}$ 和 $\boldsymbol{y}$ 是矩阵，则 $\langle \boldsymbol{y},\boldsymbol{x}\rangle=\mathrm{tr}(\boldsymbol{yx})$。对偶函数 $f^*(y)$ 是线性函数 $\langle y,x\rangle$ 和 $f(x)$ 之间的最大差值，y 可以看作线性函数 $\langle y,x\rangle$ 的斜率，当直线的斜率和原函数 $f(x)$ 的斜率相同时，式（5-1）获得最大值。从式（5-1）可知，对偶函数是仿射函数和原函数之差的上确界。假定函数 $f(x)$ 具有一阶导数，且是凸函数，则式（5-1）转化为 Legendre 变换，表达式为

$$x^*=\arg\max_x\{\langle y,x\rangle - f(x)\} \tag{5-2}$$

为获得式（5-2）的极值，由一阶 KKT 条件，则有表达式

$$y=\nabla f(x^*) \tag{5-3}$$

式（5-3）的实质是直线的斜率等于原函数的斜率，即在满足式（5-3）的条件下，式（5-2）在点 x^* 处获得最大值。由第 4 章的不动点迭代原理可知，利用式（5-3）可构造出基于梯度的迭代算法。对比式（5-1）与式（5-2）可知，式（5-2）要求

函数 $f(x)$ 具有一阶导数，且是凸函数，才能保证目标函数式（5-2）具有唯一极值点。式（5-1）对原函数的凸性没有要求，但获得的对偶函数却是凸函数。由式（5-1）可知，Fenchel 对偶函数 $f^*(y)$ 是关于 y 的线性函数，给定的每个 x，都对应一个凸函数 $\langle y,x\rangle - f(x)$，而 $f^*(y)$ 是一系列点 x 对应的凸函数的上确界，因此获得的对偶函数是凸函数，也就是说，对偶函数 $f^*(y)$ 的凸性与函数 $f(x)$ 是否为凸函数无关，正是由于这一点，对偶变换能将原函数转化为凸函数进行研究，而凸函数具有很好的特性，如极值解的唯一性；另外，对于给定的 y，可以有多个点 x 使得对偶函数 $f^*(y)$ 获得上确界，对原函数 $f(x)$ 的可微性不作要求。因此，从原函数 $f(x)$ 的凸性和可微性来说，式（5-1）对原函数 $f(x)$ 没有要求，而式（5-2）要求原函数 $f(x)$ 必须同时满足这两个条件，因此，式（5-2）是式（5-1）的一种特殊情况，式（5-1）是对式（5-2）的范化，更具有通用性。根据上面的解释，由式（5-1）可知，若原函数 $f(x)$ 是凸函数，且是闭的，则 $f(x)$ 的对偶函数 $f^*(y)$ 是凸函数，再次利用对偶原理可知，对偶函数 $f^*(y)$ 的对偶函数 $f^{**}(x)$ 也是凸函数，可以证明，若原函数 $f(x)$ 是凸函数，其对偶函数 $f^*(y)$ 的对偶是本身，即 $f^{**}(x)=f(x)$；但是，如果原函数 $f(x)$ 不是凸函数，由对偶原理可知，其对偶函数 $f^*(y)$ 是凸函数，再次利用对偶变换可知，对偶函数 $f^*(y)$ 的对偶函数 $f^{**}(x)$ 仍然是凸函数，因此，原函数 $f(x)$ 的对偶函数的对偶不是本身，即 $f^{**}(x)\neq f(x)$。

为深入理解对偶变换，下面结合图 5-1 对单点和多点对偶变换的物理意义进行解释。在坐标系中，将原函数用 $(x,f(x))$ 来表示，如图 5-1 所示。假定通过原点的直线斜率为 y，通过原点的正比例函数为 xy，如图 5-1（a）中虚线所示，将此直线向下平移至与原函数 $f(x)$ 相切，此时可知平移后直线的斜率与截距，平移后的一次函数与正比例函数在切点处具有最大的距离，此距离就称为对偶函数，从而将原函数 $f(x)$ 表示成斜率 y 和截距 $f^*(y)$ 的形式，对原函数 $f(x)$ 所有点都进行类似处理，如图 5-1（b）所示，图中 y_1、y_2、y_3、y_4 等表示斜率，具有该斜率的直线与原函数 $f(x)$ 相切，切线与纵轴的交点就是截距，若以斜率为横轴，截距为纵轴，二者就形成了新的直角坐标系，进而将由 $(x,f(x))$ 构成的图像转化为由 $(y,f^*(y))$ 构成的对偶图像，从而获得原函数 $f(x)$ 的对偶函数，此过程就称为对偶变换。通过对偶变换，将原函数转化为凸包络函数，由于转化后的对偶函数是凸函数，在最优化理论中，通过算法设计，容易获得能量泛函正则化目标函数的最优解。

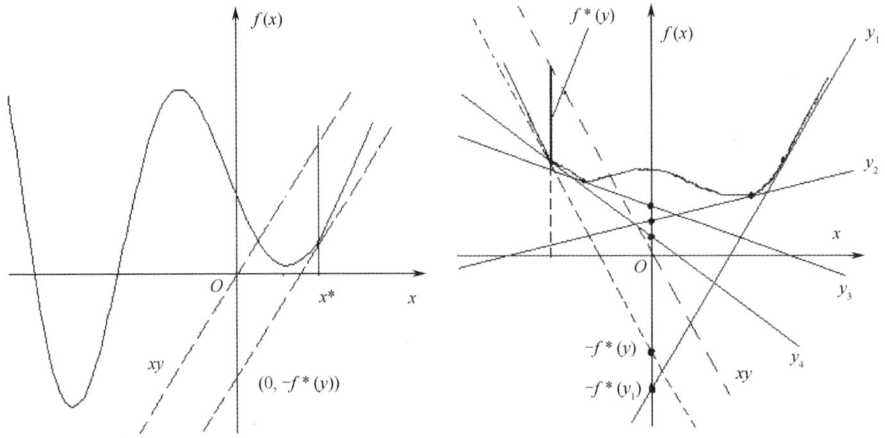

（a）单点对偶变换　　（b）多点对偶变换

图 5-1　对偶变换的图像表示

为了更好地对对偶变换进行理解和应用，下面举几个对偶变换的例子，读者可以模仿下面的例子，对所建立的目标函数进行对偶变换。

5.1.2　对偶变换应用举例

例 5.1　若 $x\in\Omega$，计算指数函数 $R(x)=\mathrm{e}^x$ 的对偶变换。

解： 令 $y\in\Omega$，由式（5-1）可知指数函数 $R(x)=\mathrm{e}^x$ 的对偶变换表达式为

$$R^*(y)=\sup_x\left\{\langle y,x\rangle-\mathrm{e}^x\right\} \tag{5-4}$$

对式（5-4）进行求导，由一阶 KKT 条件，则有

$$y-\mathrm{e}^{x^*}=0 \tag{5-5}$$

当 $y>0$ 时，对式（5-4）进行对数变换，则有 $x^*=\log y$，将 $\mathrm{e}^{x^*}=y$ 和 $x^*=\log y$ 代入式（5-4）中，则有

$$R^*(y)=\langle y,x^*\rangle-\mathrm{e}^{x^*}=y\log y-y \tag{5-6}$$

当 $y=0$ 时，式（5-4）的对偶函数为

$$R^{*}(y)=0 \tag{5-7}$$

综合式（5-6）和式（5-7），则指数函数 $R(x)=\mathrm{e}^{x}$ 的对偶变换表达式为

$$R^{*}(y)=\begin{cases} y\log y-y & y>0 \\ 0 & y=0 \end{cases} \tag{5-8}$$

例 5.2　若 $x\in\Omega$，计算对数函数 $R(x)=\log\frac{1}{x}$ 的对偶变换。

解：令 $y\in\Omega$，由式（5-1）可知对数函数 $R(x)=\log\frac{1}{x}$ 的对偶变换表达式为

$$R^{*}(y)=\sup_{x}\left\{\langle y,x\rangle-\log\frac{1}{x}\right\} \tag{5-9}$$

对式（5-9）进行求导，由一阶 KKT 条件，则有

$$y+\frac{1}{x^{*}}=0 \tag{5-10}$$

对式（5-10）进行变换，则有 $x^{*}=-\frac{1}{y}$，将 $x^{*}=-\frac{1}{y}$ 代入式（5-9）中，则有

$$R^{*}(y)=\langle y,x^{*}\rangle-\log x^{*}=-1-\log(-y) \tag{5-11}$$

当 $y<0$ 时，对数函数 $R(x)=\log\frac{1}{x}$ 的对偶变换表达式为

$$R^{*}(y)=-1-\log(-y) \tag{5-12}$$

例 5.3　若 $x\in\Omega$，$x>0$，计算函数 $R(x)=x\log x$ 的对偶变换。

解：令 $y\in\Omega$，由式（5-1）可知函数 $R(x)=x\log x$ 的对偶变换表达式为

$$R^{*}(y)=\sup_{x}\{\langle y,x\rangle-x\log x\} \tag{5-13}$$

对式（5-13）进行求导，由一阶 KKT 条件，则有

$$y-\log x-1=0 \tag{5-14}$$

对式（5-14）进行整理，则有 $x^{*}=\mathrm{e}^{y-1}$，将其代入式（5-13）中，则有

$$R^{*}(y)=\langle y,x^{*}\rangle-x^{*}\log x^{*}=\langle y,\mathrm{e}^{y-1}\rangle-\mathrm{e}^{y-1}\log(\mathrm{e}^{y-1})=\mathrm{e}^{y-1} \tag{5-15}$$

故函数 $R(x)=x\log x$ 的对偶变换表达式为

$$R^{*}(y)=\mathrm{e}^{y-1} \tag{5-16}$$

例 5.4　若 $x\in\Omega$，计算函数 $R(x)=\log(1+\mathrm{e}^{x})$ 的对偶变换。

解：令 $y\in\Omega$，由式（5-1）可知函数 $R(x)=\log(1+\mathrm{e}^{x})$ 的对偶变换表达式为

$$R^{*}(y)=\sup_{x}\{\langle y,x\rangle-\log(1+\mathrm{e}^{x})\} \tag{5-17}$$

对式（5-17）进行求导，由一阶 KKT 条件，则有

$$y-\frac{\mathrm{e}^{x^*}}{1+\mathrm{e}^{x^*}}=0 \tag{5-18}$$

对式（5-18）进行变形，则有

$$y=\frac{\mathrm{e}^{x^*}}{1+\mathrm{e}^{x^*}}\Rightarrow y=\frac{1+\mathrm{e}^{x^*}-1}{1+\mathrm{e}^{x^*}}\Rightarrow y=1-\frac{1}{1+\mathrm{e}^{x^*}}\Rightarrow 1-y=\frac{1}{1+\mathrm{e}^{x^*}} \tag{5-19}$$

对式（5-19）进行变形，则有

$$1+\mathrm{e}^{x^*}=\frac{1}{1-y}\Rightarrow \mathrm{e}^{x^*}=\frac{1}{1-y}-1\Rightarrow \mathrm{e}^{x^*}=\frac{y}{1-y} \tag{5-20}$$

当 $0<y<1$ 时，对式（5-20）进行对数变换，则有

$$x^*=\log\frac{y}{1-y}\Rightarrow x^*=\log y-\log(1-y) \tag{5-21}$$

将式（5-20）和式（5-21）代入式（5-17）中，则有

$$\begin{aligned}R^*(y)&=\langle y,x^*\rangle-\log\left(1+\mathrm{e}^{x^*}\right)=y\left(\log y-\log(1-y)\right)-\log(1-y)\\&=y\log y+(1-y)\log(1-y)\end{aligned} \tag{5-22}$$

当 $y=0$ 或 1 时，式（5-17）的对偶函数为

$$R^*(y)=0 \tag{5-23}$$

综合式（5-22）和式（5-23），则函数 $\log\left(1+\mathrm{e}^x\right)$ 的对偶变换表达式为

$$R^*(y)=\begin{cases}y\log y+(1-y)\log(1-y) & 0<y<1\\0 & y=0,\ 1\end{cases} \tag{5-24}$$

例 5.5 若 $x\in\Omega$，计算函数 $R(x)=\sqrt{1+x^2}$ 的对偶变换。

解： 令 $y\in\Omega$，由式（5-1）可知函数 $R(x)=\sqrt{1+x^2}$ 的对偶变换表达式为

$$R^*(y)=\sup_x\left\{\langle y,x\rangle-\sqrt{1+x^2}\right\} \tag{5-25}$$

对式（5-25）进行求导，由一阶 KKT 条件，则有

$$y-\frac{x^*}{\sqrt{1+\left(x^*\right)^2}}=0 \tag{5-26}$$

对式（5-26）进行变形，则有

$$x^*=y\sqrt{1+\left(x^*\right)^2} \tag{5-27}$$

再对（5-26）进行变形，则有

$$y=\frac{x^*}{\sqrt{1+\left(x^*\right)^2}}\Rightarrow y^2=\frac{\left(x^*\right)^2}{1+\left(x^*\right)^2}\Rightarrow y^2=\frac{1+\left(x^*\right)^2-1}{1+\left(x^*\right)^2}\Rightarrow y^2=1-\frac{1}{1+\left(x^*\right)^2}$$

$$\Rightarrow\frac{1}{1+\left(x^*\right)^2}=1-y^2\Rightarrow 1+\left(x^*\right)^2=\frac{1}{1-y^2}\Rightarrow\sqrt{1+\left(x^*\right)^2}=\frac{1}{\sqrt{1-y^2}}\tag{5-28}$$

将式（5-27）和式（5-28）代入式（5-25）中，当$|y|\leqslant 1$时，函数$R(x)=\sqrt{1+x^2}$也称为最小表面问题，其对偶变换表达式为

$$R^*(y)=\frac{y^2}{\sqrt{1-y^2}}-\frac{1}{\sqrt{1-y^2}}=\frac{y^2-1}{\sqrt{1-y^2}}=-\frac{1-y^2}{\sqrt{1-y^2}}=-\sqrt{1-y^2}\tag{5-29}$$

例 5.6　若$x\in\Omega$，计算函数$R(x)=\sqrt{\beta^2+x^2}$的对偶变换。

解：令$y\in\Omega$，由式（5-1）可知函数$R(x)=\sqrt{\beta^2+x^2}$的对偶变换表达式为

$$R^*(y)=\sup_x\left\{\langle y,x\rangle-\sqrt{\beta^2+x^2}\right\}\tag{5-30}$$

对式（5-30）进行求导，由一阶 KKT 条件，则有

$$y-\frac{x^*}{\sqrt{\beta^2+\left(x^*\right)^2}}=0\tag{5-31}$$

对式（5-31）进行变形，则有

$$x^*=y\sqrt{\beta^2+\left(x^*\right)^2}\tag{5-32}$$

再对（5-31）进行变形，则有

$$y=\frac{x^*}{\sqrt{\beta^2+\left(x^*\right)^2}}\Rightarrow y^2=\frac{\left(x^*\right)^2}{\beta^2+\left(x^*\right)^2}\Rightarrow y^2=\frac{\beta^2+\left(x^*\right)^2-\beta^2}{\beta^2+\left(x^*\right)^2}\Rightarrow y^2=1-\frac{\beta^2}{\beta^2+\left(x^*\right)^2}$$

$$\Rightarrow\frac{\beta^2}{\beta^2+\left(x^*\right)^2}=1-y^2\Rightarrow\beta^2+\left(x^*\right)^2=\frac{\beta^2}{1-y^2}\Rightarrow\sqrt{\beta^2+\left(x^*\right)^2}=\frac{\beta}{\sqrt{1-y^2}}\tag{5-33}$$

将式（5-32）和式（5-33）代入式（5-30）中，当$|y|\leqslant 1$时，函数$R(x)=\sqrt{\beta^2+x^2}$的对偶变换表达式为

$$R^*(y)=\frac{y^2\beta}{\sqrt{1-y^2}}-\frac{\beta}{\sqrt{1-y^2}}=\frac{\beta\left(y^2-1\right)}{\sqrt{1-y^2}}=-\frac{\beta\left(1-y^2\right)}{\sqrt{1-y^2}}=-\beta\sqrt{1-y^2}\tag{5-34}$$

若β=1，那么对偶变换式（5-34）变为对偶变换式（5-29）。

例 5.7　若$x\in\Omega$，计算函数$R(x)=\sqrt{1+\beta^2x^2}$的对偶变换。

解： 令 $y\in\Omega$，由式（5-1）可知函数 $R(x)=\sqrt{1+\beta^2x^2}$ 的对偶变换表达式为

$$R^*(y)=\sup_x\left\{\langle y,x\rangle-\sqrt{1+\beta^2x^2}\right\} \tag{5-35}$$

对式（5-35）进行求导，由一阶 KKT 条件，则有

$$y-\frac{\beta^2x^*}{\sqrt{1+\beta^2\left(x^*\right)^2}}=0 \tag{5-36}$$

对式（5-36）进行变形，则有

$$y=\frac{\beta^2x^*}{\sqrt{1+\beta^2\left(x^*\right)^2}} \tag{5-37}$$

再对（5-37）进行变形，则有

$$y=\frac{\beta^2x^*}{\sqrt{1+\left(\beta x^*\right)^2}}\Rightarrow y^2=\frac{\beta^2\left(\beta x^*\right)^2}{1+\left(\beta x^*\right)^2}\Rightarrow y^2=\frac{\beta^2+\beta^2\left(\beta x^*\right)^2-\beta^2}{1+\left(\beta x^*\right)^2}\Rightarrow y^2=\beta^2-\frac{\beta^2}{1+\left(\beta x^*\right)^2}$$

$$\Rightarrow\frac{\beta^2}{1+\left(\beta x^*\right)^2}=\beta^2-y^2\Rightarrow 1+\left(\beta x^*\right)^2=\frac{\beta^2}{\beta^2-y^2}\Rightarrow\sqrt{1+\left(\beta x^*\right)^2}=\sqrt{\frac{\beta^2}{\beta^2-y^2}} \tag{5-38}$$

将式（5-37）和式（5-38）代入式（5-35）中，当 $|y|\leqslant\beta$ 时，函数 $R(x)=\sqrt{1+\beta^2x^2}$ 的对偶变换表达式为

$$R^*(y)=\frac{\left(\beta x^*\right)^2}{\sqrt{1+\left(\beta x^*\right)^2}}-\frac{\beta}{\sqrt{\beta^2-y^2}}=\frac{y^2}{\beta^2-y^2}\cdot\frac{\sqrt{\beta^2-y^2}}{\beta}-\frac{\beta}{\sqrt{\beta^2-y^2}}=\frac{y^2}{\beta\sqrt{\beta^2-y^2}}-$$

$$\frac{\beta}{\sqrt{\beta^2-y^2}}=\frac{y^2}{\beta\sqrt{\beta^2-y^2}}-\frac{\beta^2}{\beta\sqrt{\beta^2-y^2}}=\frac{y^2-\beta^2}{\beta\sqrt{\beta^2-y^2}}=-\sqrt{1-y^2/\beta^2} \tag{5-39}$$

若 β=1，那么对偶变换式（5-39）变为对偶变换式（5-29）。

例 5.8 若 $x\in\Omega$，计算函数 $R(x)=1+\beta^2x^2$ 的对偶变换。

解： 令 $y\in\Omega$，由式（5-1）可知函数 $R(x)=1+\beta^2x^2$ 的对偶变换表达式为

$$R^*(y)=\sup_x\left\{\langle y,x\rangle-\left(1+\beta^2x^2\right)\right\} \tag{5-40}$$

对式（5-40）进行求导，由一阶 KKT 条件，则有

$$y-2\beta^2x^*=0 \tag{5-41}$$

对式（5-41）进行变形，则有

$$x^* = \frac{y}{2\beta^2} \tag{5-42}$$

将式（5-42）代入式（5-40）中，函数 $R(x) = 1 + \beta^2 x^2$ 的对偶变换表达式为

$$R^*(y) = \frac{y^2}{2\beta^2} - \left(1 + \frac{y^2}{4\beta^2}\right) = \frac{y^2}{4\beta^2} - 1 \tag{5-43}$$

若 $\beta=1$，那么对偶变换式（5-39）变为对偶变换式（5-29）。

例 5.9　若 $x \in \Omega$，计算函数 $R(x) = 1 + \beta|x|$ 的对偶变换。

解：令 $y \in \Omega$，由式（5-1）可知函数 $R(x) = 1 + \beta|x|$ 的对偶变换表达式为

$$R^*(y) = \sup_x \left\{ \langle y, x \rangle - (1 + \beta|x|) \right\} \tag{5-44}$$

由 Cauchy-Schwarz 不等式，则有

$$y \cdot x - \beta|x| \leqslant (|y| - \beta)|x| \tag{5-45}$$

如果 $|y| > \beta$，则式（5-45）可以获得任意大的正值；如果 $|y| \leqslant \beta$，则式（5-45）可以获得零值或负值；那么函数 $R(x) = 1 + \beta|x|$ 的对偶变换为

$$R^*(y) = \begin{cases} -1 & |y| \leqslant \beta \\ +\infty & |y| > \beta \end{cases} \tag{5-46}$$

由式（5-46）可知，对偶集为

$$C^* = \left\{ y \in R^d \mid |y| \leqslant \beta \right\} \tag{5-47}$$

对于给定的集合 C^*，若 $y \in C^*$，那么 $R(x) = 1 + \beta|x|$ 的对偶函数为 $R^*(y) = -1$。

5.1.3　对偶变换的性质及应用

5.1.2 节对对偶变换进行了分析，在实际使用中，若对能量泛函正则化模型中的正则项进行平移或尺度伸缩，可以利用上面的定义进行求解，也可以利用对偶变换的性质得出相应的结论。下面给出对偶变换的几个性质，然后利用此性质给出正则项的对偶变换，同时利用对偶变换的定义验证此性质的正确性。

假定 $R(x)$ 和 $R_0(x)$ 都是真、凸、下半连续函数，$R(x)$ 和 $R_0(x)$ 的对偶变换分别为 $R^*(x^*)$ 和 $R_0^*(x^*)$，原函数是通过平移或尺度伸缩得到的，下面分析其对应的对偶函数的形式。

性质 5.1　水平-平移特性　若 $R_0(x) = R(x - a)$，那么平移函数 $R_0(x)$ 与原函

数 $R(x)$ 的对偶变换 $R^*(x^*)$ 之间关系的表达式为

$$R_0^*(x^*)=R^*(x^*)+\langle x^*,\ a\rangle \tag{5-48}$$

证明 利用对偶变换的定义式（5-1）和换元法，令 $y=x-a$，$x=y+a$，将 $R(x-a)$ 换为标准形式，则有

$$R_0^*(x^*)=\sup_x\{\langle x^*,x\rangle-R(x-a)\}\Rightarrow R_0^*(x^*)=\sup_y\{\langle x^*,y+a\rangle-R(y)\}$$

$$\Rightarrow R_0^*(x^*)=\sup_y\{\langle x^*,y\rangle-R(y)\}+\langle x^*,a\rangle \tag{5-49}$$

对式（5-49）逆向应用 Fenchel 变换，则有

$$R_0^*(x^*)=R^*(x^*)+\langle x^*,a\rangle \tag{5-50}$$

性质 5.2 水平–尺度伸缩特性 若 $R_0(x)=R(ax)$，则伸缩函数 $R_0(x)$ 与原函数 $R(x)$ 的对偶变换 $R^*(x^*)$ 之间关系的表达式为

$$R_0^*(x^*)=R^*\left(\frac{x^*}{a}\right) \tag{5-51}$$

证明 利用对偶变换的定义式（5-1）和换元法，令 $y=ax$，那么 $x=\frac{y}{a}$，将 $R(ax)$ 换为标准形式，则有

$$R_0^*(x^*)=\sup_x\{\langle x^*,x\rangle-R(ax)\}\Rightarrow R_0^*(x^*)=\sup_y\left\{\left\langle x^*,\frac{y}{a}\right\rangle-R(y)\right\}$$

$$\Rightarrow R_0^*(x^*)=\sup_y\left\{\left\langle \frac{x^*}{a},y\right\rangle-R(y)\right\} \tag{5-52}$$

对式（5-52）逆向应用 Fenchel 变换，则有

$$R_0^*(x^*)=R^*\left(\frac{x^*}{a}\right) \tag{5-53}$$

性质 5.3 水平–平移尺度伸缩特性 若 $R_0(x)=R[a(x-b)]$，则水平–平移伸缩函数 $R_0(x)$ 与原函数 $R(x)$ 的对偶变换 $R^*(x^*)$ 之间关系的表达式为

$$R_0^*(x^*)=R^*\left(\frac{x^*}{a}\right)+\langle x^*,\ b\rangle \tag{5-54}$$

证明 利用对偶变换的定义式（5-1）和换元法，令 $y=a(x-b)$，那么 $x=\frac{y}{a}+b$，将 $R[a(x-b)]$ 换为标准形式，则有

$$R_0^*\left(x^*\right)=\sup_x\left\{\left\langle x^*,x\right\rangle-R\left[a\left(x-b\right)\right]\right\}=\sup_y\left\{\left\langle x^*,\frac{y}{a}+b\right\rangle-R\left(y\right)\right\}$$

$$=\sup_y\left\{\left\langle x^*,\frac{y}{a}\right\rangle-R\left(y\right)\right\}+\left\langle x^*,b\right\rangle=\sup_y\left\{\left\langle\frac{x^*}{a},y\right\rangle-R\left(y\right)\right\}+\left\langle x^*,b\right\rangle \quad (5\text{-}55)$$

对式（5-55）逆向应用 Fenchel 变换，则有

$$R_0^*\left(x^*\right)=R^*\left(\frac{x^*}{a}\right)+\left\langle x^*,\ b\right\rangle \quad (5\text{-}56)$$

性质 5.4 纵向-平移特性 若 $R_0\left(x\right)=R\left(x\right)-a$，那么纵向-平移函数 $R_0\left(x\right)$ 与原函数 $R\left(x\right)$ 的对偶变换 $R^*\left(x^*\right)$ 之间关系的表达式为

$$R_0^*\left(x^*\right)=R^*\left(x^*\right)+a \quad (5\text{-}57)$$

证明 利用对偶变换的定义式（5-1），则有

$$R_0^*\left(x^*\right)=\sup_x\left\{\left\langle x^*,x\right\rangle-R\left(x\right)+a\right\}=\sup_x\left\{\left\langle x^*,x\right\rangle-R\left(x\right)\right\}+a \quad (5\text{-}58)$$

对式（5-58）逆向应用 Fenchel 变换，则有

$$R_0^*\left(x^*\right)=R^*\left(x^*\right)+a \quad (5\text{-}59)$$

性质 5.5 纵向-尺度伸缩特性 若 $R_0\left(x\right)=aR\left(x\right)$，则纵向-尺度伸缩函数 $R_0\left(x\right)$ 与原函数 $R\left(x\right)$ 的对偶变换 $R^*\left(x^*\right)$ 之间关系的表达式为

$$R_0^*\left(x^*\right)=\mathrm{a}R^*\left(\frac{x^*}{a}\right) \quad (5\text{-}60)$$

证明 利用对偶变换的定义式（5-1），则有

$$R_0^*\left(x^*\right)=\sup_x\left\{\left\langle x^*,x\right\rangle-aR\left(x\right)\right\}=\sup_x\left\{a\left\langle\frac{x^*}{a},x\right\rangle-aR\left(x\right)\right\}$$

$$=\sup_x a\cdot\left\{\left\langle\frac{x^*}{a},x\right\rangle-R\left(x\right)\right\}=\mathrm{a}\cdot\sup_x\left\{\left\langle\frac{x^*}{a},x\right\rangle-R\left(x\right)\right\} \quad (5\text{-}61)$$

对式（5-61）逆向应用 Fenchel 变换，则有

$$R_0^*\left(x^*\right)=aR^*\left(\frac{x^*}{a}\right) \quad (5\text{-}62)$$

性质 5.6 纵向-平移尺度伸缩特性 若 $R_0\left(x\right)=aR\left(x\right)-b$，则纵向-平移伸缩函数 $R_0\left(x\right)$ 与原函数 $R\left(x\right)$ 的对偶变换 $R^*\left(x^*\right)$ 之间关系的表达式为

$$R_0^*\left(x^*\right)=a\cdot R^*\left(\frac{x^*}{a}\right)+b \tag{5-63}$$

证明 利用对偶变换的定义式（5-1），则有

$$\begin{aligned}R_0^*\left(x^*\right)&=\sup_x\left\{\left\langle x^*,x\right\rangle-\left(aR(x)-b\right)\right\}=\sup_x\left\{\left\langle x^*,x\right\rangle-aR(x)\right\}+b\\&=\sup_x\left\{a\left\langle\frac{x^*}{a},x\right\rangle-aR(x)\right\}+b=a\cdot\sup_x\left\{\left\langle\frac{x^*}{a},x\right\rangle-R(x)\right\}+b\end{aligned} \tag{5-64}$$

对式（5-64）逆向应用 Fenchel 变换，则有

$$R_0^*\left(x^*\right)=a\cdot R^*\left(\frac{x^*}{a}\right)+b \tag{5-65}$$

例 5.10 若 $\boldsymbol{x}\in\mathbb{R}^n$，$\boldsymbol{a}\in\mathbb{R}^n$，矩阵 $\boldsymbol{A}^{-1}$ 是 $\boldsymbol{A}$ 的可逆矩阵，计算 $\boldsymbol{R}_1(\boldsymbol{x})=\frac{1}{2}\boldsymbol{x}^{\mathrm{T}}\boldsymbol{A}\boldsymbol{x}$，$\boldsymbol{R}_2(\boldsymbol{x})=\frac{1}{2}(\boldsymbol{x}-\boldsymbol{a})^{\mathrm{T}}\boldsymbol{A}(\boldsymbol{x}-\boldsymbol{a})$ 的对偶变换，并用对偶变换的性质进行解释。

解：利用对偶变换的定义式（5-1），$\boldsymbol{R}_1(\boldsymbol{x})=\frac{1}{2}\boldsymbol{x}^{\mathrm{T}}\boldsymbol{A}\boldsymbol{x}$ 的对偶变换表达式为

$$\boldsymbol{R}_1^*\left(\boldsymbol{x}^*\right)=\sup_{\boldsymbol{x}}\left\{\left\langle\boldsymbol{x}^*,\boldsymbol{x}\right\rangle-\frac{1}{2}\boldsymbol{x}^{\mathrm{T}}\boldsymbol{A}\boldsymbol{x}\right\} \tag{5-66}$$

对式（5-66）进行求导，由一阶 KKT 条件，则有

$$\boldsymbol{x}^*-\boldsymbol{A}\boldsymbol{x}=0 \tag{5-67}$$

对式（5-67）进行变形，则有

$$\boldsymbol{x}=\boldsymbol{A}^{-1}\boldsymbol{x}^* \tag{5-68}$$

将式（5-68）代入式（5-66）中，函数 $\boldsymbol{R}_1(\boldsymbol{x})=\frac{1}{2}\boldsymbol{x}^{\mathrm{T}}\boldsymbol{A}\boldsymbol{x}$ 的对偶变换表达式为

$$\boldsymbol{R}_1^*\left(\boldsymbol{x}^*\right)=\frac{1}{2}\left(\boldsymbol{x}^*\right)^{\mathrm{T}}\boldsymbol{A}^{-1}\boldsymbol{x}^* \tag{5-69}$$

利用对偶变换的定义式（5-1），$\boldsymbol{R}_2(\boldsymbol{x})=\frac{1}{2}(\boldsymbol{x}-\boldsymbol{a})^{\mathrm{T}}\boldsymbol{A}(\boldsymbol{x}-\boldsymbol{a})$ 的对偶变换表达式为

$$\boldsymbol{R}_2^*\left(\boldsymbol{x}^*\right)=\sup_{\boldsymbol{x}}\left\{\left\langle\boldsymbol{x}^*,\boldsymbol{x}\right\rangle-\frac{1}{2}(\boldsymbol{x}-\boldsymbol{a})^{\mathrm{T}}\boldsymbol{A}(\boldsymbol{x}-\boldsymbol{a})\right\} \tag{5-70}$$

对式（5-70）进行求导，由一阶 KKT 条件，则有

$$\boldsymbol{x}^*-\boldsymbol{A}(\boldsymbol{x}-\boldsymbol{a})=0 \tag{5-71}$$

对式（5-71）进行变形，则有

$$\boldsymbol{x}=\boldsymbol{A}^{-1}\boldsymbol{x}^{*}+\boldsymbol{a} \tag{5-72}$$

将式（5-72）代入式（5-70）中，函数 $\boldsymbol{R}_2(\boldsymbol{x})=\frac{1}{2}(\boldsymbol{x}-\boldsymbol{a})^{\mathrm{T}}\boldsymbol{A}(\boldsymbol{x}-\boldsymbol{a})$ 的对偶变换表达式为

$$\begin{aligned}\boldsymbol{R}_2^{*}(\boldsymbol{x}^{*})&=\left\langle\boldsymbol{x}^{*},\boldsymbol{A}^{-1}\boldsymbol{x}^{*}+\boldsymbol{a}\right\rangle-\frac{1}{2}\left(\boldsymbol{A}^{-1}\boldsymbol{x}^{*}\right)^{\mathrm{T}}\boldsymbol{A}\left(\boldsymbol{A}^{-1}\boldsymbol{x}^{*}\right)\\&=\frac{1}{2}\left(\boldsymbol{x}^{*}\right)^{\mathrm{T}}\boldsymbol{A}^{-1}\boldsymbol{x}^{*}+\left\langle\boldsymbol{x}^{*},\boldsymbol{a}\right\rangle\end{aligned} \tag{5-73}$$

函数 $\boldsymbol{R}_2(\boldsymbol{x})=\frac{1}{2}(\boldsymbol{x}-\boldsymbol{a})^{\mathrm{T}}\boldsymbol{A}(\boldsymbol{x}-\boldsymbol{a})$ 是通过 $\boldsymbol{R}_1(\boldsymbol{x})=\frac{1}{2}\boldsymbol{x}^{\mathrm{T}}\boldsymbol{A}\boldsymbol{x}$ 平移得到的，若已知 $\boldsymbol{R}_1(\boldsymbol{x})$ 的对偶变换为式（5-69），利用性质 5.1 中的式（5-50），则可以获得式（5-73），因此，在实际使用中，直接应用对偶变换的性质，可以获得平移、伸缩函数的对偶变换。

5.2　对偶模型基本原理

5.2.1　利用对偶变换将原始模型转化为对偶模型

一般情况下，能量泛函正则化模型由拟合项和正则项构成，常称为原始正则化模型，由于模型的非光滑特性，无法直接进行求解，需要转化为对偶模型。为便于理解和应用正则化对偶模型，下面利用对偶变换，将原始模型转化为对偶模型。假定原始能量泛函正则化模型的表达式为

$$\inf_{\boldsymbol{x}}\left\{\boldsymbol{E}(\boldsymbol{x})+\boldsymbol{R}(\boldsymbol{D}\boldsymbol{x})\right\} \tag{5-74}$$

式中，$\boldsymbol{x}\in\Omega$，$\boldsymbol{E}(\boldsymbol{x})$ 为拟合项，$\boldsymbol{R}(\boldsymbol{D}\boldsymbol{x})$ 为正则项，且拟合项和正则项都是真、凸、下半连续函数。利用式（5-1），对 $\boldsymbol{R}(\boldsymbol{D}\boldsymbol{x})$ 应用逆对偶变换，获得的表达式为

$$\boldsymbol{R}(\boldsymbol{D}\boldsymbol{x})=\sup_{\boldsymbol{x}^{*}}\left\{\left\langle\boldsymbol{x}^{*},\boldsymbol{D}\boldsymbol{x}\right\rangle-\boldsymbol{R}^{*}(\boldsymbol{x}^{*})\right\} \tag{5-75}$$

式中，$\boldsymbol{x}^{*}\in\Omega^{*}$，$\Omega$ 是 Ω^{*} 的对偶空间。将式（5-75）代入式（5-74），则有

$$\begin{aligned}&\inf_{\boldsymbol{x}}\left\{\boldsymbol{E}(\boldsymbol{x})+\sup_{\boldsymbol{x}^{*}}\left\{\left\langle\boldsymbol{x}^{*},\boldsymbol{D}\boldsymbol{x}\right\rangle-\boldsymbol{R}^{*}(\boldsymbol{x}^{*})\right\}\right\}\\&=\inf_{\boldsymbol{x}}\sup_{\boldsymbol{x}^{*}}\left\{\boldsymbol{E}(\boldsymbol{x})+\left\langle\boldsymbol{x}^{*},\boldsymbol{D}\boldsymbol{x}\right\rangle-\boldsymbol{R}^{*}(\boldsymbol{x}^{*})\right\}\end{aligned} \tag{5-76}$$

交换式（5-76）中 $\inf\limits_{x}$ 和 $\sup\limits_{x^*}$ 的先后顺序，则有

$$\sup_{x^*}\inf_{x}\left\{E(x)+\left\langle x^*,Dx\right\rangle-R^*\left(x^*\right)\right\}=\sup_{x^*}\inf_{x}\left\{E(x)+\left\langle D^*x^*,x\right\rangle-R^*\left(x^*\right)\right\}$$
$$=\sup_{x^*}\left\{-\sup_{x}\left(-E(x)-\left\langle D^*x^*,x\right\rangle\right)-R^*\left(x^*\right)\right\}=\sup_{x^*}\left\{-\sup_{x}\left(\left\langle -D^*x^*,x\right\rangle-E(x)\right)-R^*\left(x^*\right)\right\}$$

（5-77）

式中，D^* 为 D 的伴随算子。对式（5-77）应用对偶变换的定义，可得原始能量泛函正则化的对偶模型，表达式为

$$\sup_{x^*}\left\{-\sup_{x}\left(-E(x)-\left\langle D^*x^*,x\right\rangle\right)-R^*\left(x^*\right)\right\}=\sup_{x^*}\left\{-E^*\left(-D^*x^*\right)-R^*\left(x^*\right)\right\} \quad (5\text{-}78)$$

在图像重构、图像修复、脑电信号重构、最优控制和地质勘测反演等应用领域，为准确描述解的先验信息，如解的结构特征，在正则项中，常常选用合适的算子来描述理想解，使所建立的数学模型能准确描述解的结构信息，从而在反问题应用中，使得能量泛函正则化模型更好地逼近理想解。例如，为了在频域中研究图像重构，如核磁共振成像系统，D 可以是傅里叶变换，D^* 为逆傅里叶变换；为突出信号的时-频特性及解的稀疏性，D 可以是小波变换或紧框架变换，称为分析算子，D^* 称为合成算子；为描述解的奇异特性，D 可以是一阶微分算子，D^* 称为一阶散度算子；为描述解的光滑特性，D 可以是二阶微分算子，D^* 称为二阶伴随算子。在实际使用中，选用何种算子，依据所研究问题而定，同时这些算子可以进行有限次复合，形成复合算子。

5.2.2 利用拉格朗日乘子原理将原始模型转化为对偶模型

由式（5-74）可知，原始能量泛函正则化模型的求解为无约束条件的最优化问题，为了利用拉格朗日乘子原理，需要引入辅助变量，将条件无约束的最优化问题转化为有条件约束的最优化问题。令 $y=Dx$，则由式（5-74）可得能量泛函正则化最优化模型的等价模型，表达式为

$$\inf_{x}\left\{E(x)+R(y)\right\},\quad y=Dx \quad (5\text{-}79)$$

式（5-79）为具有条件约束的最优化问题，应用拉格朗日乘子原理，并逆向利用 Fenchel 对偶变换，则有

$$
\begin{aligned}
&\inf_{x,y}\left\{E(x)+R(y)-\langle\omega,Dx-y\rangle\right\}=\inf_{x,y}\left\{E(x)+R(y)+\langle\omega,y\rangle-\left\langle D^{*}\omega,x\right\rangle\right\}\\
&=\inf_{x,y}\left\{E(x)-\left\langle D^{*}\omega,x\right\rangle+R(y)-\langle\omega,-y\rangle\right\}=\inf_{x}\left\{E(x)-\left\langle D^{*}\omega,x\right\rangle\right\}+\inf_{y}\left\{R(y)-\langle\omega,-y\rangle\right\}\\
&=-\sup_{x}\left\{\left\langle -D^{*}\omega,x\right\rangle-E(x)\right\}-\sup_{y}\left\{\langle-\omega,y\rangle-R(y)\right\}=\sup_{\omega}\left\{-E^{*}\left(-D^{*}\omega\right)-R^{*}(-\omega)\right\}
\end{aligned}
\tag{5-80}
$$

式中，$\boldsymbol{\omega}$为拉格朗日乘子。式（5-78）是直接利用 Fenchel 对偶变换得到的对偶模型，式（5-80）是通过引入辅助变量，利用拉格朗日乘子原理得到的对偶模型。对比式（5-78）与式（5-80）可知，对于原始能量泛函正则化模型式（5-74），通过不同的方法进行转化，获得的对偶模型具有相同的表达式，这表明 Fenchel 对偶变换和拉格朗日乘子原理具有某种内在的联系。

5.2.3　原始模型与对偶模型的算子关系

从原始模型转化为对偶模型的推导过程可知，获得对偶模型的关键是将原始模型写成标准形式，然后给出算子 $\boldsymbol{D}$ 的伴随算子 $\boldsymbol{D}^{*}$，利用式（5-78）获得对偶模型。由式（5-79）可知，引入辅助变量，将原始能量泛函正则化模型转化成具有两个向量的正则化模型，并将无条件约束的优化问题转化为具有等式约束的最优化问题，经过一系列的推导，获得的对偶模型式（5-80）与式（5-78）具有相同的表达式。在实际应用中，正则项往往由多项组成，为了便于计算，需要将由多项正则项组成的正则化模型写成式（5-74）的标准形式，即仅由拟合项和正则项组成，这时就需要引入辅助变量，利用矩阵论，将多项正则项中的辅助变量和拟合项中的相关变量表示成矩阵紧缩的形式，获得正则化模型的标准形式。

5.2.4　原始函数与对偶函数的对偶函数的关系

若 $\boldsymbol{x}\in\Omega$，原函数 $\boldsymbol{R}(\boldsymbol{x})$ 为凸函数，则其共轭函数的共轭函数也为凸函数，且为其本身，即 $\boldsymbol{R}^{**}(\boldsymbol{x})=\boldsymbol{R}(\boldsymbol{x})$；若原函数 $\boldsymbol{R}(\boldsymbol{x})$ 为非凸函数，则其共轭函数的共轭函数不为其本身，即 $\boldsymbol{R}^{**}(\boldsymbol{x})\neq\boldsymbol{R}(\boldsymbol{x})$，下面利用具体例子阐述二者之间的关系。

例 5.11　若 $\boldsymbol{x}\in\Omega$，$\boldsymbol{x}^{*}\in\Omega^{*}$，$\Omega^{*}$ 是 Ω 的对偶空间，计算凸函数

$$R(\boldsymbol{x})=\frac{1}{2}(\boldsymbol{x}-\boldsymbol{b})^2 \tag{5-81}$$

的对偶函数的对偶函数。

解：由式（5-1）可知，$R(\boldsymbol{x})=\frac{1}{2}(\boldsymbol{x}-\boldsymbol{b})^2$ 的对偶变换表达式为

$$R^*(\boldsymbol{u})=\sup_{\boldsymbol{x}}\left\{\langle\boldsymbol{u},\boldsymbol{x}\rangle-\frac{1}{2}(\boldsymbol{x}-\boldsymbol{b})^2\right\} \tag{5-82}$$

对式（5-82）进行求导，由一阶 KKT 条件，则有

$$\boldsymbol{u}-\boldsymbol{x}+\boldsymbol{b}=0 \tag{5-83}$$

对式（5-83）进行变形，则有

$$\boldsymbol{x}^*=\boldsymbol{u}+\boldsymbol{b} \tag{5-84}$$

将式（5-84）代入式（5-82）中，函数 $R(\boldsymbol{x})=\frac{1}{2}(\boldsymbol{x}-\boldsymbol{b})^2$ 的对偶变换表达式为

$$R^*(\boldsymbol{u})=\sup_{\boldsymbol{x}}\left\{\langle\boldsymbol{u},\boldsymbol{u}+\boldsymbol{b}\rangle-\frac{1}{2}(\boldsymbol{u}+\boldsymbol{b}-\boldsymbol{b})^2\right\}=\frac{1}{2}(\boldsymbol{u}+\boldsymbol{b})^2-\frac{\boldsymbol{b}^2}{2} \tag{5-85}$$

利用对偶变换的定义式（5-1），$R^*(\boldsymbol{u})=\frac{1}{2}(\boldsymbol{u}+\boldsymbol{b})^2-\frac{\boldsymbol{b}^2}{2}$ 的对偶变换表达式为

$$R^{**}(\boldsymbol{x})=\sup_{\boldsymbol{u}}\left\{\langle\boldsymbol{x},\boldsymbol{u}\rangle-\left(\frac{1}{2}(\boldsymbol{u}+\boldsymbol{b})^2-\frac{\boldsymbol{b}^2}{2}\right)\right\} \tag{5-86}$$

对式（5-86）进行求导，由一阶 KKT 条件，则有

$$\boldsymbol{x}-(\boldsymbol{u}+\boldsymbol{b})=0 \tag{5-87}$$

对式（5-87）进行变形，则有

$$\boldsymbol{u}^*=\boldsymbol{x}-\boldsymbol{b} \tag{5-88}$$

将式（5-88）代入式（5-86）中，函数 $R^*(\boldsymbol{u})=\frac{1}{2}(\boldsymbol{u}+\boldsymbol{b})^2-\frac{\boldsymbol{b}^2}{2}$ 的对偶变换为

$$R^{**}(\boldsymbol{x})=\sup_{\boldsymbol{u}}\left\{\langle\boldsymbol{x},\boldsymbol{u}^*\rangle-\left(\frac{1}{2}(\boldsymbol{u}^*+\boldsymbol{b})^2-\frac{\boldsymbol{b}^2}{2}\right)\right\}=\frac{1}{2}(\boldsymbol{x}-\boldsymbol{b})^2 \tag{5-89}$$

对比式（5-81）与式（5-89）可知，凸函数的对偶函数的对偶函数是其本身，具体关系表达式为

$$R^{**}(\boldsymbol{x})=R(\boldsymbol{x}) \tag{5-90}$$

例 5.12 若 $\boldsymbol{x}\in\Omega$，$\boldsymbol{x}^*\in\Omega^*$，$\Omega^*$ 是 Ω 的对偶空间，计算函数

$$R(\boldsymbol{x})=-\frac{1}{2}(\boldsymbol{x}-\boldsymbol{b})^2-\boldsymbol{b}\boldsymbol{x} \tag{5-91}$$

的对偶函数的对偶函数。

解：由式（5-1）可知，$\boldsymbol{R}(\boldsymbol{x})=-\frac{1}{2}(\boldsymbol{x}-\boldsymbol{b})^2-\boldsymbol{bx}$ 的对偶变换表达式为

$$\boldsymbol{R}^*(\boldsymbol{u})=\sup_{\boldsymbol{x}}\left\{\langle\boldsymbol{u},\boldsymbol{x}\rangle+\frac{1}{2}(\boldsymbol{x}-\boldsymbol{b})^2+\boldsymbol{bx}\right\} \tag{5-92}$$

对式（5-92）进行求导，由一阶 KKT 条件，则有

$$\boldsymbol{u}+\boldsymbol{x}=0 \tag{5-93}$$

对式（5-93）进行变形，则有

$$\boldsymbol{x}^*=-\boldsymbol{u} \tag{5-94}$$

将式（5-94）代入式（5-92）中，函数 $\boldsymbol{R}(\boldsymbol{x})=-\frac{1}{2}(\boldsymbol{x}-\boldsymbol{b})^2-\boldsymbol{bx}$ 的对偶变换表达式为

$$\boldsymbol{R}^*(\boldsymbol{u})=\sup_{\boldsymbol{x}}\left\{\langle\boldsymbol{u},-\boldsymbol{u}\rangle+\frac{1}{2}(-\boldsymbol{u}-\boldsymbol{b})^2-\boldsymbol{bu}\right\}=-\frac{1}{2}\boldsymbol{u}^2+\frac{\boldsymbol{b}^2}{2} \tag{5-95}$$

利用对偶变换的定义式（5-1），$\boldsymbol{R}^*(\boldsymbol{u})=-\frac{1}{2}\boldsymbol{u}^2+\frac{\boldsymbol{b}^2}{2}$ 的对偶变换表达式为

$$\boldsymbol{R}^{**}(\boldsymbol{x})=\sup_{\boldsymbol{u}}\left\{\langle\boldsymbol{x},\boldsymbol{u}\rangle-\left(-\frac{1}{2}\boldsymbol{u}^2+\frac{\boldsymbol{b}^2}{2}\right)\right\} \tag{5-96}$$

对式（5-96）进行求导，由一阶 KKT 条件，则有

$$\boldsymbol{x}+\boldsymbol{u}=0 \tag{5-97}$$

对式（5-97）进行变形，则有

$$\boldsymbol{u}^*=-\boldsymbol{x} \tag{5-98}$$

将式（5-98）代入式（5-96）中，函数 $\boldsymbol{R}^*(\boldsymbol{u})=-\frac{1}{2}\boldsymbol{u}^2+\frac{\boldsymbol{b}^2}{2}$ 的对偶变换为

$$\boldsymbol{R}^{**}(\boldsymbol{x})=\sup_{\boldsymbol{u}}\left\{\langle\boldsymbol{x},\boldsymbol{u}^*\rangle-\left(-\frac{1}{2}(\boldsymbol{u}^*)^2+\frac{\boldsymbol{b}^2}{2}\right)\right\}=\langle\boldsymbol{x},-\boldsymbol{x}\rangle+\frac{1}{2}(-\boldsymbol{x})^2-\frac{\boldsymbol{b}^2}{2}=-\frac{1}{2}\boldsymbol{x}^2-\frac{\boldsymbol{b}^2}{2} \tag{5-99}$$

对比式（5-91）与式（5-99）可知，非凸函数的对偶函数的对偶函数不是其本身，具体关系表达式为

$$\boldsymbol{R}^{**}(\boldsymbol{x})\neq\boldsymbol{R}(\boldsymbol{x})$$

5.3 图像重构中的对偶模型

由于正则项的非光滑特性，无法直接进行求解，但可以利用对偶变换对模型进行转化。

例 5.13 若 $\boldsymbol{x}\in\Omega$，$\boldsymbol{R}(\boldsymbol{x})=\alpha\|\boldsymbol{x}\|_{\mathrm{L}_1}$，$\boldsymbol{x}^*\in\Omega^*$，$\Omega^*$ 是 Ω 的对偶空间，计算 $\boldsymbol{R}(\boldsymbol{x})=\alpha\|\boldsymbol{x}\|_{\mathrm{L}_1}$ 的对偶函数。

解：由式（5-1）可知，$\boldsymbol{R}(\boldsymbol{x})=\alpha\|\boldsymbol{x}\|_{\mathrm{L}_1}$ 的对偶变换表达式为

$$\boldsymbol{R}^*(\boldsymbol{u})=\sup_{\boldsymbol{x}}\left\{\langle\boldsymbol{u},\boldsymbol{x}\rangle-\alpha\|\boldsymbol{x}\|_{\mathrm{L}_1}\right\}=\sup_{\rho>0}\sup_{\|\boldsymbol{x}\|_{\mathrm{L}_1}=\rho}\left\{\langle\boldsymbol{u},\boldsymbol{x}\rangle-\alpha\rho\right\} \qquad (5\text{-}100)$$

由 hölder 不等式可知，L_1 范数与 L_∞ 范数为对偶范数，$\langle\boldsymbol{u},\boldsymbol{x}\rangle\leqslant\|\boldsymbol{u}\|_{\mathrm{L}_\infty}\|\boldsymbol{x}\|_{\mathrm{L}_1}$，将其代入式（5-100），则有

$$\boldsymbol{R}^*(\boldsymbol{u})=\sup_{\rho>0}\left\{\rho\left(\|\boldsymbol{u}\|_{\mathrm{L}_\infty}\|\boldsymbol{u}\|_{\mathrm{L}_1}-\alpha\|\boldsymbol{u}\|_{\mathrm{L}_1}\right)\right\}=\sup_{\rho>0}\left\{\rho\left(\|\boldsymbol{u}\|_{\mathrm{L}_\infty}-\alpha\right)\right\}=I_{\left\{\|\cdot\|_{\mathrm{L}_\infty}\leqslant\alpha\right\}}(\boldsymbol{u}) \qquad (5\text{-}101)$$

式中，$I_{\left\{\|\cdot\|_\infty\leqslant\alpha\right\}}(\boldsymbol{u})$ 为示性函数，表达式为

$$\boldsymbol{I}_{\left\{\|\cdot\|_{\mathrm{L}_\infty}\leqslant\alpha\right\}}(\boldsymbol{u})=\begin{cases}0 & \|\boldsymbol{u}\|_{\mathrm{L}_\infty}\leqslant\alpha\\ +\infty & \|\boldsymbol{u}\|_{\mathrm{L}_\infty}>\alpha\end{cases} \qquad (5\text{-}102)$$

式（5-100）给出了 L_1 范数的对偶变换，由于 L_1 范数与 L_∞ 范数为对偶范数，因此，可以模仿例 5.13 的推导过程，给出 L_∞ 范数的对偶变换，本书仅给出结论，具体推导过程读者可以查阅相关文献。$\boldsymbol{R}(\boldsymbol{x})=\alpha\|\boldsymbol{x}\|_{\mathrm{L}_1}$ 常作为拟合项或正则项，由于其侧重解的稀疏性和奇异特性，体现图像的跳跃特性，在图像重构中获得广泛应用。但由于其非光滑特性，无法直接进行微分，尽管通过光滑函数可以逼近绝对值函数，但需要引入常数，使得算法进行设计时参数调节困难，造成逼近解的精度不高。但通过对偶变换后，获得的式（5-102）是分段函数，且取值为零和无穷大，在优化中很容易处理。

例 5.14 若 $\boldsymbol{x}\in\Omega$，$\boldsymbol{R}(\boldsymbol{x})=\alpha\|\boldsymbol{x}\|_{\mathrm{L}_\infty}$，$\boldsymbol{x}^*\in\Omega^*$，$\Omega^*$ 是 Ω 的对偶空间，则 $\boldsymbol{R}(\boldsymbol{x})=\alpha\|\boldsymbol{x}\|_{\mathrm{L}_\infty}$ 的对偶函数表达式为

$$R^*(u)=I_{\{\|\cdot\|_{L_1}\leqslant\alpha\}}(u)=\begin{cases}0 & \|u\|_{L_1}\leqslant\alpha\\+\infty & \|u\|_{L_1}>\alpha\end{cases}\tag{5-103}$$

$R(x)=\alpha\|x\|_{L_\infty}$ 常在图像重构中作为正则项，由于使用无穷范数，使得正则化模型难以处理，但通过对偶变换后，获得的式（5-103）是示性函数，在模型优化中，示性函数比较容易处理。

例 5.15　若 $x\in\Omega$，$E(x)=0$，$R(x)=\alpha\|\nabla x\|_{L_1}$，$x^*\in\Omega^*$，$\Omega^*$ 是 Ω 的对偶空间，计算 $E(x)+R(x)$ 的对偶函数。

解：令 $R(z)=\alpha\|z\|_{L_1}$，$z=\nabla x$，则 $R(z)=\alpha\|z\|_{L_1}$，由式（5-103）可知，$R(z)=\alpha\|z\|_{L_1}$ 的对偶变换表达式为

$$R^*(u)=I_{\{\|\cdot\|_{L_1}\leqslant\alpha\}}(u)=\begin{cases}0 & \|u\|_{L_1}\leqslant\alpha\\+\infty & \|u\|_{L_1}>\alpha\end{cases}\tag{5-104}$$

为了应用式（5-80），由式（5-79）可知，$E(x)=0$，$D=\nabla$，由式（5-1）可知，$E(x)=0$ 的对偶变换表达式为

$$E^*(u)=\sup_x\{\langle u,x\rangle-E(x)\}=\sup_x\langle u,x\rangle=I_k(u)=\begin{cases}0 & u\in k\\+\infty & u\notin k\end{cases}\tag{5-105}$$

由式（5-80）可知，则 $E(x)+R(x)$ 的对偶函数表达式为

$$\sup_u\left\{-E^*\left(-\nabla^* u\right)-R^*(u)\right\}=\sup_u\left\{-I_k(-\mathrm{div}u)-I_{\{\|\cdot\|_{L_1}\leqslant\alpha\}}(u)\right\}\tag{5-106}$$

为了准确描述解的奇异特性，1992 年，Rudin Leonid、Osher Stanley 和 Fatemi Emad 利用全变差函数，提出 ROF 模型，将该模型应用于图像降噪，降噪效果与传统的维纳滤波器进行对比，ROF 模型取得了较高的信噪比，在非平稳区域，图像的边缘重构效果比较理想，而用传统的维纳滤波器进行降噪时，图像的边缘被抹杀，重构后的图像边缘比较光滑。但由于全变差函数的非光滑特性，使得能量泛函正则化模型求解非常困难，在基于原始 ROF 模型计算问题的早期研究中，学术界利用磨光技术，使正则项光滑化，在基于原始 ROF 模型处理方面，提出了很多非常优秀的迭代算法。例如，第 4 章所列举的梯度下降迭代算法、共轭梯度迭代算法、投影迭代算法；基于海森矩阵的牛顿迭代算法、拟牛顿迭代算法、改进的牛顿迭代算法、牛顿迫近子迭代算法等。从本质上说，ROF 模型计算的难点在于正则项的非光滑特性，为解决此问题，近年来，基于原始模型的

对偶模型迭代算法获得快速发展，利用对偶变换，将模型转化为对偶模型，利用对偶模型的结构，设计快速迭代算法，如前向-后向迭代算法、交替迭代算法、快速交替软阈值迭代算法、分裂迭代算法和加速追近子迭代算法等，最后利用对偶解与原始解的转化关系，获得原始解。由式（5-78）可知，将非光滑的全变差函数转化为对偶模型的关键是获得算子 $\boldsymbol{D}$ 和伴随算子 $\boldsymbol{D}^*$，由第 2 章可知，可以对有界变差函数进行离散化。$\boldsymbol{D}$ 称为正向算子，采用前向一阶差分来逼近，如式（2-48）所示；$\boldsymbol{D}^*$ 称为后向算子，采用后向一阶差分来逼近，如式（2-51）所示。

例 5.16 在图像降噪中，若用 L_2 范数描述拟合项，用全变差函数描述正则项，则表达式为

$$\arg\min_{\boldsymbol{x}}\left\{\frac{1}{2}\|\boldsymbol{x}-\boldsymbol{b}\|_2^2+\alpha\|\boldsymbol{Dx}\|_{\beta,1}\right\} \tag{5-107}$$

式中，α 为正则项权重，拟合项 $\boldsymbol{E}_0(\boldsymbol{x})=\frac{1}{2}\|\boldsymbol{x}-\boldsymbol{b}\|_2^2$，正则项 $\boldsymbol{R}(\boldsymbol{x})=\alpha\|\boldsymbol{Dx}\|_{\beta,1}$，其中，$\|\boldsymbol{Dx}\|_{\beta,1}$ 可以具体表示为

$$\|\boldsymbol{Dx}\|_{\beta,1}=\sum_{i=1,j=1}^{m,n}\left|(\boldsymbol{Dx})_{i,j}\right|_{\beta}=\sum_{i=1,j=1}^{m,n}\left[(\boldsymbol{Dx})_{i,j,1}^{\beta}+(\boldsymbol{Dx})_{i,j,2}^{\beta}\right]^{\frac{1}{\beta}} \tag{5-108}$$

解： 由对偶变换的定义式（5-1），将 $E_0(v)$ 转化为对偶函数，表达式为

$$\boldsymbol{E}_0^*(\boldsymbol{u})=\sup_{\boldsymbol{x}}\{\langle\boldsymbol{u},\boldsymbol{x}\rangle-\boldsymbol{E}_0(\boldsymbol{x})\}=\sup_{\boldsymbol{x}}\left\{\langle\boldsymbol{u},\boldsymbol{x}\rangle-\frac{1}{2}\|\boldsymbol{x}-\boldsymbol{b}\|_2^2\right\}=\frac{1}{2}\|\boldsymbol{u}\|_2^2+\boldsymbol{b}^{\mathrm{T}}\boldsymbol{u} \tag{5-109}$$

对于正则项，令 $\boldsymbol{z}=\boldsymbol{Dx}$，由例 5.13 式（5-102）可知，$\alpha\|\boldsymbol{z}\|_{\beta,1}$ 对偶变换的表达式为

$$\boldsymbol{R}^*(\boldsymbol{u})=\boldsymbol{I}_{\left\{\|\cdot\|_{\mu,\mathrm{L}_\infty}\leqslant\alpha\right\}}(\boldsymbol{u})=\begin{cases}0 & \left\|\boldsymbol{u}_{i,j}\right\|_{\mu}\leqslant\alpha\\+\infty & \left\|\boldsymbol{u}_{i,j}\right\|_{\mu}>\alpha\end{cases} \tag{5-110}$$

式中，$\frac{1}{\beta}+\frac{1}{\mu}=1$。当 $\beta=1$ 时，$\mu=+\infty$，此时，式（5-107）中的正则项具有各向异性，式（5-110）中的约束条件表达式为

$$\left\|\boldsymbol{u}_{i,j}\right\|_{\infty}=\max\left\{\left|\boldsymbol{u}_{i,j,1}\right|,\left|\boldsymbol{u}_{i,j,2}\right|\right\}\leqslant\alpha \tag{5-111}$$

当 $\beta=2$ 时，$\mu=2$，此时，式（5-107）中的正则项具有各向同性，式（5-110）中的约束条件表达式为

$$\left\|\boldsymbol{u}_{i,j}\right\|_{\infty}=\left(\boldsymbol{u}_{i,j,1}^{2}+\boldsymbol{u}_{i,j,2}^{2}\right)^{\frac{1}{2}}\leqslant\alpha \tag{5-112}$$

又知 $\boldsymbol{D}$ 的伴随算子为 $\boldsymbol{D}^{*}$，由式（5-78）可知，式（5-107）的对偶模型表达式为

$$\begin{aligned}\sup_{\boldsymbol{u}}\left\{-\boldsymbol{E}_{0}^{*}\left(-\boldsymbol{D}^{*}\boldsymbol{u}\right)-\boldsymbol{R}^{*}\left(\boldsymbol{u}\right)\right\}&=\sup_{\boldsymbol{u}}\left\{-\frac{1}{2}\left\|\boldsymbol{D}^{*}\boldsymbol{u}\right\|_{2}^{2}+\left\langle\boldsymbol{D}^{*}\boldsymbol{u},\boldsymbol{b}\right\rangle-\boldsymbol{R}^{*}\left(\boldsymbol{u}\right)\right\}\\&=\sup_{\boldsymbol{u}}\left\{-\frac{1}{2}\left\|\boldsymbol{D}^{*}\boldsymbol{u}-\boldsymbol{b}\right\|_{2}^{2}-\boldsymbol{I}_{\left\{\|\cdot\|_{\mu,\mathrm{L}_\infty}\leqslant\alpha\right\}}\left(\boldsymbol{u}\right)\right\}\end{aligned} \tag{5-113}$$

例 5.17　在图像重构中，若用 L_2 范数描述拟合项，用 L_1 范数描述理想解的稀疏性，构成能量泛函正则化模型，则表达式为

$$\arg\min_{\boldsymbol{x}}\left\{\frac{1}{2}\left\|\boldsymbol{A}\boldsymbol{x}-\boldsymbol{b}\right\|_{2}^{2}+\alpha\left\|\boldsymbol{x}\right\|_{1}\right\} \tag{5-114}$$

式中，$\boldsymbol{E}_{0}\left(\boldsymbol{x}\right)=\frac{1}{2}\left\|\boldsymbol{A}\boldsymbol{x}-\boldsymbol{b}\right\|_{2}^{2}$，$\boldsymbol{R}\left(\boldsymbol{x}\right)=\alpha\left\|\boldsymbol{x}\right\|_{1}$，$\alpha$ 为正则项权重。

解： 令 $\boldsymbol{v}=\boldsymbol{A}\boldsymbol{x}$，那么 $\boldsymbol{E}_{0}\left(\boldsymbol{v}\right)=\frac{1}{2}\left\|\boldsymbol{v}-\boldsymbol{b}\right\|_{2}^{2}$，由对偶变换的定义式（5-1），将 $\boldsymbol{E}_{0}\left(\boldsymbol{v}\right)$ 转化为对偶函数，表达式为

$$\boldsymbol{E}_{0}^{*}\left(\boldsymbol{u}\right)=\sup_{\boldsymbol{v}}\left\{\left\langle\boldsymbol{u},\boldsymbol{v}\right\rangle-\boldsymbol{E}_{0}\left(\boldsymbol{v}\right)\right\}=\sup_{\boldsymbol{v}}\left\{\left\langle\boldsymbol{u},\boldsymbol{v}\right\rangle-\frac{1}{2}\left\|\boldsymbol{v}-\boldsymbol{b}\right\|_{2}^{2}\right\}=\frac{1}{2}\left\|\boldsymbol{u}\right\|_{2}^{2}+\boldsymbol{b}^{\mathrm{T}}\boldsymbol{u} \tag{5-115}$$

对于正则项，由例 5.13 式（5-102）可知，$\boldsymbol{R}\left(\boldsymbol{x}\right)=\alpha\left\|\boldsymbol{x}\right\|_{1}$ 对偶变换的表达式为

$$\boldsymbol{R}^{*}\left(\boldsymbol{u}\right)=\boldsymbol{I}_{\left\{\|\cdot\|_{\mathrm{L}_\infty}\leqslant\alpha\right\}}\left(\boldsymbol{u}\right)=\begin{cases}0 & \left\|\boldsymbol{u}_{i,j}\right\|_{1}\leqslant\alpha\\+\infty & \left\|\boldsymbol{u}_{i,j}\right\|_{1}>\alpha\end{cases} \tag{5-116}$$

又知 $\boldsymbol{A}$ 的伴随算子为 $\boldsymbol{A}^{*}$，由式（5-78）可知，式（5-107）的对偶模型表达式为

$$\sup_{\boldsymbol{u}}\left\{-\boldsymbol{E}_{0}^{*}\left(-\boldsymbol{D}^{*}\boldsymbol{u}\right)-\boldsymbol{R}^{*}\left(\boldsymbol{u}\right)\right\}=\sup_{\boldsymbol{u}}\left\{-\frac{1}{2}\left\|\boldsymbol{u}\right\|_{2}^{2}-\boldsymbol{b}^{\mathrm{T}}\boldsymbol{u}-\boldsymbol{I}_{\left\{\|\cdot\|_{\mathrm{L}_\infty}\leqslant\alpha\right\}}\left(\boldsymbol{A}^{*}\boldsymbol{u}\right)\right\} \tag{5-117}$$

由于具有条件 $\boldsymbol{v}=\boldsymbol{A}\boldsymbol{x}$ 约束限制，能量泛函对偶问题转化为具有条件约束的对偶问题，表达式为

$$\sup_{\boldsymbol{u}}\left\{-\frac{1}{2}\left\|\boldsymbol{u}\right\|_{2}^{2}-\boldsymbol{b}^{\mathrm{T}}\boldsymbol{u}\right\},\quad\left\|\boldsymbol{A}^{*}\boldsymbol{u}\right\|_{\mathrm{L}_\infty}\leqslant\alpha \tag{5-118}$$

例 5.18　在图像重构中，若图像服从 Gamma 分布，受乘性噪声的影响，采用 I-散度描述拟合项，用一阶全变差函数描述理想解的奇异性，构成能量泛函正则化模型，则表达式为

$$\arg\min_{\boldsymbol{x}}\left\{\left\|\boldsymbol{x}-\boldsymbol{b}+\boldsymbol{b}\ln\frac{\boldsymbol{b}}{\boldsymbol{x}}\right\|_{1}+\alpha\left\|\boldsymbol{D}\boldsymbol{x}\right\|_{1}\right\} \tag{5-119}$$

式中，$E_0(x)=\left\|x-b+b\ln\dfrac{b}{x}\right\|_1$，$R(x)=\alpha\|Dx\|_1$，$\alpha$ 为正则项权重。

解：由对偶变换的定义式（5-1），将 $E_0(x)$ 转化为对偶函数，表达式为

$$E_0^*(u)=\sup_x\{\langle u,x\rangle-E_0(x)\}=\sup_x\left\{\langle u,x\rangle-\left\|x-b+b\ln\frac{b}{x}\right\|_1\right\}=\sup_x\left\{\langle u,x\rangle-\left\langle 1,\ x-b+b\ln\frac{b}{x}\right\rangle\right\}=\sup_x\{\langle u,x\rangle-\langle 1,\ x-b+b\ln b-b\ln x\rangle\}\tag{5-120}$$

由一阶 KKT 条件，式（5-120）获得最优解的条件是

$$x^*=\frac{I-u}{b}\tag{5-121}$$

将式（5-121）代入式（5-120）中，则有拟合项的对偶变换，表达式为

$$E_0^*(u)=b\ln(I-u)\tag{5-122}$$

由式（5-110）可知正则项 $R(x)=\alpha\|Dx\|_1$ 的对偶函数。又知 D 的伴随算子为 D^*，由式（5-78）可知，式（5-119）的对偶模型表达式为

$$\sup_u\left\{-E_0^*(-D^*u)-R^*(u)\right\}=\sup_u\left\{-b\ln\left(I-D^*u\right)-I_{\{\|\cdot\|_{L_\infty}\leqslant\alpha\}}(u)\right\}\tag{5-123}$$

例 5.19 在图像重构中，对于平稳部分采用光滑函数来逼近，对于非平稳部分采用非光滑函数来逼近，为较好地重构图像，可以采用分段函数来描述正则项，如使用 Huber 函数，构成能量泛函正则化模型，表达式为

$$\arg\min_x\left\{\frac{1}{2}\|x-b\|_2^2+\alpha H(Dx)\right\}\tag{5-124}$$

式中，$E_0(x)=\dfrac{1}{2}\|x-b\|_2^2$，$R(x)=H(Dx)=\begin{cases}\dfrac{\|x\|_2^2}{2\varepsilon} & |Dx|\leqslant\varepsilon\\ |Dx|-\dfrac{\varepsilon}{2} & |Dx|>\varepsilon\end{cases}$，$\alpha$ 为正则项权重，$\varepsilon>0$。

解：由式（5-115）可知，$E_0(x)$ 的对偶函数表达式为

$$E_0^*(u)=E_0^*(u)=\frac{1}{2}\|u\|_2^2+b^{\mathrm{T}}u\tag{5-125}$$

由式（5-1）可知，当 $|Dx|\leqslant\varepsilon$ 时，正则项 $R(x)=\dfrac{\alpha\|x\|_2^2}{2\varepsilon}$ 的对偶函数表达式为

$$R^*(u)=\sup_x\left\{\langle u,x\rangle-\frac{\alpha\|x\|_2^2}{2\varepsilon}\right\}\tag{5-126}$$

由一阶 KKT 条件，式（5-126）获得最优解的条件是

$$x^* = \frac{\varepsilon u}{\alpha} \tag{5-127}$$

将式（5-127）代入式（5-126）中，当 $|Dx| \leqslant \varepsilon$ 时，$R(x)=\frac{\alpha\|x\|_2^2}{2\varepsilon}$ 的对偶变换表达式为

$$R^*(u)=\frac{\varepsilon\|u\|_2^2}{2\alpha} \tag{5-128}$$

当 $|Dx| > \varepsilon$ 时，由式（5-110）可知正则项 $R(x)=\alpha\|x\|_1-\frac{\varepsilon}{2}$ 的对偶函数。由式（5-126）、式（5-128）可知，式（5-124）的对偶模型表达式为

$$\sup_u\left\{-E_0^*\left(-D^*u\right)-R^*(u)\right\}=\sup_u\left\{-\frac{1}{2}\|u\|_2^2-b^{\mathrm{T}}u-\frac{\varepsilon\|u\|_2^2}{2\alpha}-I_{\{\|\cdot\|_{L_\infty}\leqslant\alpha\}}(u)\right\} \tag{5-129}$$

例 5.20　在图像重构中，图像往往受椒盐噪声的干扰而降质，采集的数据服从重拖尾的高斯分布，若采用 L_2 范数描述拟合项，容易造成数据泄露，无法准确描述采集数据的统计分布，造成图像重构效果十分不理想。为较好地描述采集数据的统计分布，获得理想的重构图像，采用 L_1 范数描述拟合项，用 L_2 范数描述正则项，组成能量泛函正则化模型，表达式为

$$\arg\min_x\left\{\|Ax-b\|_1+\alpha\|x\|_2^2\right\} \tag{5-130}$$

式中，$E_0(x)=\|Ax-b\|_1$，$R(x)=\alpha\|x\|_2^2$，α 为正则项权重。

解：令 $v=Ax$，那么 $E_0(v)=\|v-b\|_1$，由对偶变换的定义式（5-1），将 $E_0(v)$ 转化为对偶函数，表达式为

$$E_0^*(u)=\sup_v\left\{\langle u,v\rangle-E_0(v)\right\}=\sup_v\left\{\langle u,v\rangle-\|v-b\|_1\right\}=\begin{cases}\langle u,b\rangle & \|u\|_\infty\leqslant 1\\ +\infty & \|u\|_\infty>1\end{cases} \tag{5-131}$$

对于正则项，由式（5-128），$R(x)=\alpha\|x\|_2^2$ 的对偶变换表达式为

$$R^*(u)=R^*(u)=\frac{\|u\|_2^2}{2\alpha} \tag{5-132}$$

又知 A 的伴随算子为 A^*，由式（5-78）可知式（5-107）的对偶模型表达式为

$$\sup_u\left\{-E_0^*\left(-D^*u\right)-R^*(u)\right\}=\sup_u\left\{-\frac{\|A^*u\|_2^2}{2\alpha}-\langle u,\ b\rangle\right\} \tag{5-133}$$

式（5-133）的约束条件为

$$\|\boldsymbol{u}\|_{L_\infty} \leqslant 1 \tag{5-134}$$

例 5.21 在例 5.20 中，正则项采用 L_2 范数描述图像的特征，容易造成图像过于平滑，为克服此缺点，可以采用全变差函数描述正则项，建立的能量泛函正则化模型表达式为

$$\arg\min_{\boldsymbol{x}}\left\{\|\boldsymbol{Ax}-\boldsymbol{b}\|_1+\alpha\|\boldsymbol{Dx}\|_1\right\} \tag{5-135}$$

式中，$\boldsymbol{E}_0(\boldsymbol{x})=\|\boldsymbol{Ax}-\boldsymbol{b}\|_1$，$\boldsymbol{R}(\boldsymbol{x})=\alpha\|\boldsymbol{Dx}\|_1$，$\alpha$ 为正则项权重。

但由于全变差函数的半范数是非光滑的，造成式（5-135）求解比较困难。为解决此问题，利用增广拉格朗日原理，对式（5-135）进行光滑化，提升模型的光滑性，获得的等价表达式为

$$\arg\min_{\boldsymbol{x},\boldsymbol{y}}\left\{\|\boldsymbol{Ax}-\boldsymbol{b}\|_1+\alpha\|\boldsymbol{Dy}\|_1+\frac{1}{2\beta}\|\boldsymbol{x}-\boldsymbol{y}\|_2^2\right\} \tag{5-136}$$

式中，$\beta>0$，$\boldsymbol{E}_0(\boldsymbol{x})=\|\boldsymbol{Ax}-\boldsymbol{b}\|_1$，$\boldsymbol{R}(\boldsymbol{y})=\alpha\|\boldsymbol{Dy}\|_1$，$\boldsymbol{E}(\boldsymbol{x},\boldsymbol{y})=\frac{1}{2\beta}\|\boldsymbol{x}-\boldsymbol{y}\|_2^2$。

解： 由对偶变换的定义式（5-1），将 $\boldsymbol{E}(\boldsymbol{x},\boldsymbol{y})=\frac{1}{2\beta}\|\boldsymbol{x}-\boldsymbol{y}\|_2^2$ 转化为对偶函数，表达式为

$$\boldsymbol{E}^*(\boldsymbol{u},\boldsymbol{v})=\sup_{\boldsymbol{x},\boldsymbol{y}}\left\{\langle\boldsymbol{u},\boldsymbol{x}\rangle+\langle\boldsymbol{v},\boldsymbol{y}\rangle-\frac{1}{2\beta}\|\boldsymbol{x}-\boldsymbol{y}\|_2^2\right\} \tag{5-137}$$

由一阶 KKT 条件，式（5-137）获得最优解的条件是

$$\beta\boldsymbol{u}=\boldsymbol{x}-\boldsymbol{y} \tag{5-138}$$

$$\beta\boldsymbol{v}=\boldsymbol{y}-\boldsymbol{x} \tag{5-139}$$

由式（5-138）和式（5-139）对偶变量之间的关系表达式为

$$\boldsymbol{u}=-\boldsymbol{v} \tag{5-140}$$

从而式（5-137）的等价转化表达式为

$$\boldsymbol{E}^*(\boldsymbol{u},\boldsymbol{v})=\sup_{\boldsymbol{x},\boldsymbol{y}}\left\{\langle\boldsymbol{u},\boldsymbol{x}-\boldsymbol{y}\rangle-\frac{1}{2\beta}\|\boldsymbol{x}-\boldsymbol{y}\|_2^2\right\} \tag{5-141}$$

由式（5-138）、式（5-139）和式（5-140）可知，式（5-136）获得最优解的条件是

$$\boldsymbol{u}=\frac{\boldsymbol{x}-\boldsymbol{y}}{\beta} \tag{5-142}$$

将式（142）代入式（5-141）中，则有

$$E^*(\boldsymbol{u},\boldsymbol{v})=\frac{\beta}{2}\|\boldsymbol{u}\|_2^2=\frac{\beta}{4}\|\boldsymbol{u}\|_2^2+\frac{\beta}{4}\|\boldsymbol{v}\|_2^2 \tag{5-143}$$

令 $\boldsymbol{z}=\boldsymbol{A}\boldsymbol{x}$，由对偶变换的定义式（5-1），将 $\boldsymbol{E}_0(\boldsymbol{z})=\|\boldsymbol{z}-\boldsymbol{b}\|_1$ 转化为对偶函数，表达式为

$$\boldsymbol{E}_0^*(\boldsymbol{u})=\sup_{z}\left\{\langle\boldsymbol{u},\boldsymbol{z}\rangle-\|\boldsymbol{z}-\boldsymbol{b}\|_1\right\}=\begin{cases}\langle\boldsymbol{u},\boldsymbol{b}\rangle & \|\boldsymbol{u}\|_\infty\leqslant 1\\ +\infty & \|\boldsymbol{u}\|_\infty>1\end{cases} \tag{5-144}$$

令 $\boldsymbol{\gamma}=\boldsymbol{D}\boldsymbol{y}$，由对偶变换的定义式（5-1），将 $\boldsymbol{R}(\boldsymbol{\gamma})=\alpha\|\boldsymbol{\gamma}\|_1$ 转化为对偶函数，表达式为

$$\boldsymbol{R}^*(\boldsymbol{v})=\boldsymbol{I}_{\{\|\cdot\|_\infty\leqslant\alpha\}}(\boldsymbol{v})=\begin{cases}0 & \|\boldsymbol{v}_{i,j}\|_\infty\leqslant\alpha\\ +\infty & \|\boldsymbol{v}_{i,j}\|_\infty>\alpha\end{cases} \tag{5-145}$$

又知 $\boldsymbol{A}$ 的伴随算子为 $\boldsymbol{A}^*$，$\boldsymbol{D}$ 的伴随算子为 $\boldsymbol{D}^*$，且 $\boldsymbol{A}^*\boldsymbol{u}-\boldsymbol{D}^*\boldsymbol{v}=0$。由式（5-78），可以获得式（5-136）的对偶模型，表达式为

$$\sup_{\boldsymbol{u},\boldsymbol{v}}\left\{-\boldsymbol{E}^*\left(-\boldsymbol{A}^*\boldsymbol{u},-\boldsymbol{D}^*\boldsymbol{v}\right)-\boldsymbol{E}_0^*(-\boldsymbol{u})-\boldsymbol{R}^*(-\boldsymbol{v})\right\}=\sup_{\boldsymbol{u},\boldsymbol{v}}\left\{-\frac{\beta}{4}\|\boldsymbol{A}^*\boldsymbol{u}\|_2^2-\frac{\beta}{4}\|\boldsymbol{D}^*\boldsymbol{v}\|_2^2+\langle\boldsymbol{u},\boldsymbol{b}\rangle\right\} \tag{5-146}$$

式（5-146）的约束条件为 $\|\boldsymbol{u}\|_\infty\leqslant 1$，$\|\boldsymbol{v}_{i,j}\|_\infty\leqslant\alpha$。从而将无条件约束的最优化原始正则化模型式（5-136）转化为有条件约束的对偶正则化模型式（5-146）。

5.4　对偶模型迭代算法

5.4.1　对偶模型优化基本原理

将原始模型转化为对偶模型后，需要选取适当的算法，计算目标函数的最优解。由式（5-78）可知，由原始模型转化后获得的对偶模型由“两项”组成，即“拟合项”和“正则项”。若二者都是光滑函数，则可以设计基于梯度、海森矩阵的最速下降迭代算法、牛顿迭代算法和拟牛顿迭代算法；如果拟合项是可微分的，正则项是非光滑不可微分的，则利用拟合项和正则项的结构，设计预测-校正形式的交替迭代算法；为加速算法收敛，提高算法的运行效率，可以设

计加速迭代软阈值算法，也可以对模型进行分裂，形成交替方向乘子迭代算法等。

5.4.2 迭代算法在图像重构对偶模型中的应用

5.4.2.1 最速下降迭代算法在图像重构中的应用

ROF 模型正则项的不可微分特性使得模型求解比较困难，2004 年 Antonin Chambolle 提出利用有界变差函数半范数的等价定义，将原始正则化模型转化为极小值-极大值问题，由于内部极小值问题是光滑函数，通过变分获得极小值问题的最优解，然后将极小值最优解代入极小值-极大值表达式中，获得对偶模型。转化后获得的对偶模型是光滑的，利用一阶 KKT 条件，通过变分获得对偶模型的梯度，利用第 2 章定理 2.1 的思想，引入时间变量，将基于椭圆型偏微分方程的对偶模型转化为发展型偏微分方程，通过对时间和空间进行离散化处理，然后设计最速下降迭代算法，将其应用于图像降噪，获得较高峰值信噪比，图像降噪质量优于原始 ROF 模型的降噪质量。该模型的提出，开创了纯粹对偶模型在图像降噪中应用的先河，此后，对偶模型在最优控制、图像重构、图像修补、图像恢复和图像纹理分解等方面得到了广泛应用。但该模型仅适用于标量灰度图像，为拓展其应用，并区别于标量形式的 ROF 模型，下面给出矢量形式的 ROF 模型，并给出迭代算法。

例 5.22 若拟合项用 L_2 范数来描述，正则项用全变差函数来描述，建立能量泛函正则化模型，则表达式为

$$\inf_{\boldsymbol{x}}\left\{\frac{\alpha}{2}\|\boldsymbol{A}\boldsymbol{x}-\boldsymbol{b}\|_2^2+\|\boldsymbol{x}\|_{\mathrm{TV}}\right\} \tag{5-147}$$

式中，$\boldsymbol{E}_0(\boldsymbol{x})=\frac{\alpha}{2}\|\boldsymbol{A}\boldsymbol{x}-\boldsymbol{b}\|_2^2$，$\boldsymbol{R}(\boldsymbol{x})=\|\boldsymbol{x}\|_{\mathrm{TV}(\Omega,\mathbb{R}^m)}$ 为全变差函数的半范数，表达式为

$$\|\boldsymbol{x}\|_{\mathrm{TV}}=\int_\Omega|\boldsymbol{D}\boldsymbol{x}|=\sup\left\{\int_\Omega\langle\boldsymbol{x},\boldsymbol{\nabla}\cdot\boldsymbol{g}\rangle\mathbf{d}\boldsymbol{x},\boldsymbol{g}\in C_0^\infty\left(\Omega,\mathbb{R}^m\right),\|\boldsymbol{g}\|_\infty\leqslant 1\right\} \tag{5-148}$$

式中，$C_0^\infty\left(\Omega,\mathbb{R}^m\right)$ 为紧支撑光滑函数，无限次可微，$\boldsymbol{\nabla}\cdot$ 表示散度。由式（5-148），则式（5-147）的转化表达式为

$$\inf_{x}\sup_{|g|\leqslant 1}\left\{\frac{\alpha}{2}\|\boldsymbol{A}\boldsymbol{x}-\boldsymbol{b}\|_2^2+\langle \boldsymbol{x},\boldsymbol{\nabla}\cdot g\rangle\right\} \tag{5-149}$$

交换 $\inf\limits_{x}$ 和 $\sup\limits_{|g|\leqslant 1}$ 的次序，利用拉格朗日乘子原理，将式（5-149）有条件约束的最优化问题转化为无条件约束的最优化问题，表达式为

$$\sup\inf_{x}\left\{\frac{\alpha}{2}\|\boldsymbol{A}\boldsymbol{x}-\boldsymbol{b}\|_2^2+\langle \boldsymbol{x},\boldsymbol{\nabla}\cdot g\rangle+\beta\left(|\boldsymbol{g}|-1\right)\right\} \tag{5-150}$$

式（5-150）中，内部 $\inf\limits_{x}$ 关于自变量 $\boldsymbol{x}$ 的泛函是光滑的，由一阶 KKT 条件，内部 $\inf\limits_{x}$ 获得最优解的条件为

$$\alpha \boldsymbol{A}^{\mathrm{T}}\left(\boldsymbol{A}\boldsymbol{x}-\boldsymbol{b}\right)+\boldsymbol{\nabla}\cdot g=0 \tag{5-151}$$

移项，整理则有

$$\boldsymbol{x}^{*}=\left(\alpha \boldsymbol{A}^{\mathrm{T}}\boldsymbol{A}\right)^{-1}\left(\alpha \boldsymbol{A}^{\mathrm{T}}\boldsymbol{b}-\boldsymbol{\nabla}\cdot g\right) \tag{5-152}$$

将式（5-152）代入式（5-150）中，则有原始模型的对偶形式，表达式为

$$\sup_{g}\left\{\frac{\alpha}{2}\|\boldsymbol{A}\boldsymbol{x}^{*}-\boldsymbol{b}\|_2^2+\langle \boldsymbol{x}^{*},\boldsymbol{\nabla}\cdot g\rangle+\beta\left(|\boldsymbol{g}|-1\right)\right\} \tag{5-153}$$

由一阶 KKT 条件和互补条件，式（5-153）获得最优解的条件是

$$-\boldsymbol{\nabla}\left[\left(\boldsymbol{A}^{\mathrm{T}}\boldsymbol{A}\right)^{-1}\left(\alpha \boldsymbol{A}^{\mathrm{T}}\boldsymbol{b}-\boldsymbol{\nabla}\cdot \boldsymbol{g}\right)\right]+\boldsymbol{g}\left|\boldsymbol{\nabla}\left[\left(\boldsymbol{A}^{\mathrm{T}}\boldsymbol{A}\right)^{-1}\left(\alpha \boldsymbol{A}^{\mathrm{T}}\boldsymbol{b}-\boldsymbol{\nabla}\cdot \boldsymbol{g}\right)\right]\right|=0 \tag{5-154}$$

由不动点迭代原理，则有

$$\boldsymbol{g}^{k+1}=\frac{\boldsymbol{g}^{k}+\boldsymbol{\nabla}\left[\left(\boldsymbol{A}^{\mathrm{T}}\boldsymbol{A}\right)^{-1}\left(\alpha \boldsymbol{A}^{\mathrm{T}}\boldsymbol{b}-\boldsymbol{\nabla}\cdot \boldsymbol{g}\right)\right]}{1+\tau\left|\boldsymbol{\nabla}\left[\left(\boldsymbol{A}^{\mathrm{T}}\boldsymbol{A}\right)^{-1}\left(\alpha \boldsymbol{A}^{\mathrm{T}}\boldsymbol{b}-\boldsymbol{\nabla}\cdot \boldsymbol{g}\right)\right]\right|} \tag{5-155}$$

当系统矩阵 $\boldsymbol{A}=\boldsymbol{I}$ 时，式（5-147）为标准的 ROF 模型，式（5-155）为 Antonin Chambolle 提出的最速下降迭代算法。

为了对对偶模型在图像重构中的应用有直观的认识，下面以最速下降迭代算法为例，给出仿真实验结果。图 5-2 为最速下降迭代算法重构视网膜图像实验结果，图 5-3 为最速下降迭代算法重构 lena 图像实验结果，图 5-4 为最速下降迭代算法重构玫瑰图像实验结果。

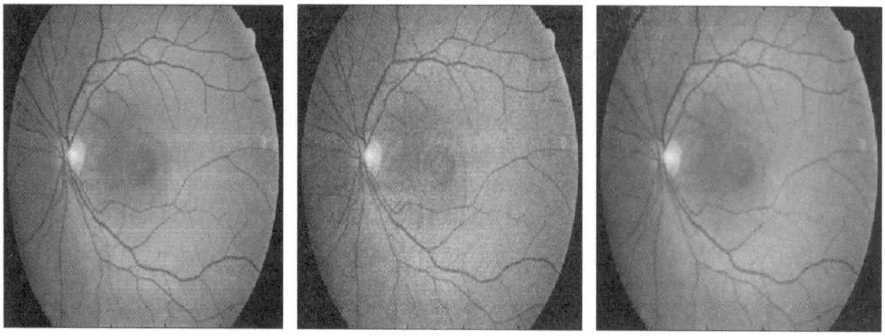

（a）原始视网膜图像　　（b）采集图像　　（c）重构图像

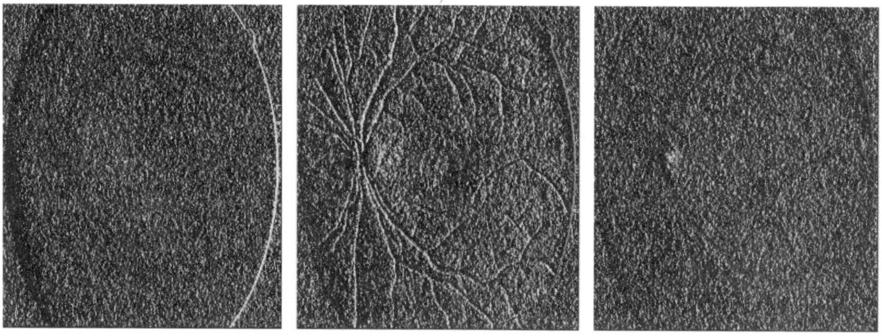

（d）r 分量水平对偶图像　　（e）g 分量水平对偶图像　　（f）b 分量水平对偶图像

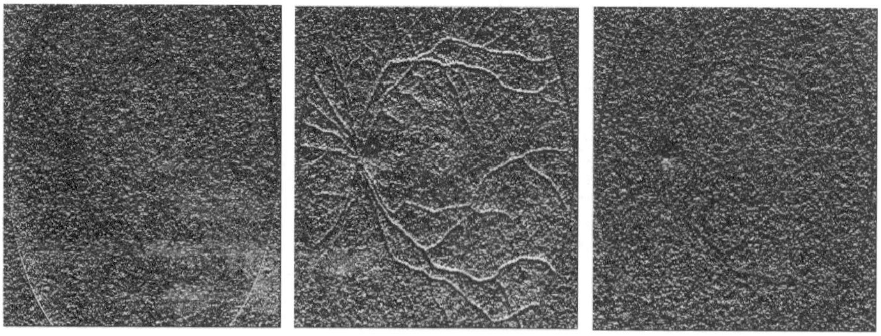

（g）r 分量垂直对偶图像　　（h）g 分量垂直对偶图像　　（i）b 分量垂直对偶图像

图 5-2　最速下降迭代算法重构视网膜图像实验结果

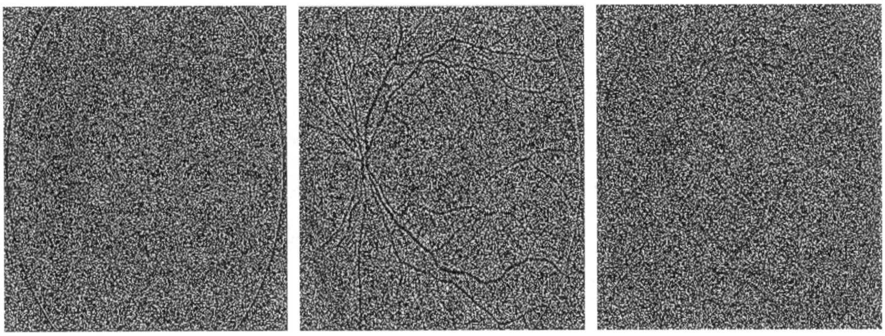

（j）r 分量散度图像　　（k）g 分量散度图像　　（l）b 分量散度图像

图 5-2　最速下降迭代算法重构视网膜图像实验结果（续）

（a）原始 lena 图像　　（b）采集图像　　（c）重构图像

（d）r 分量水平对偶图像　　（e）g 分量水平对偶图像　　（f）b 分量水平对偶图像

图 5-3　最速下降迭代算法重构 lena 图像实验结果

（g）*r* 分量垂直对偶图像　　（h）*g* 分量垂直对偶图像　　（i）*b* 分量垂直对偶图像

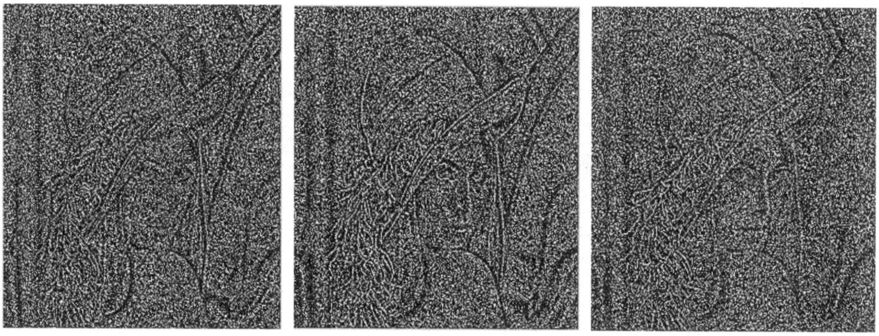

（j）*r* 分量散度图像　　（k）*g* 分量散度图像　　（l）*b* 分量散度图像

图 5-3　最速下降迭代算法重构 lena 图像实验结果（续）

（a）原始玫瑰图像　　（b）采集图像　　（c）重构图像

图 5-4　最速下降迭代算法重构玫瑰图像实验结果

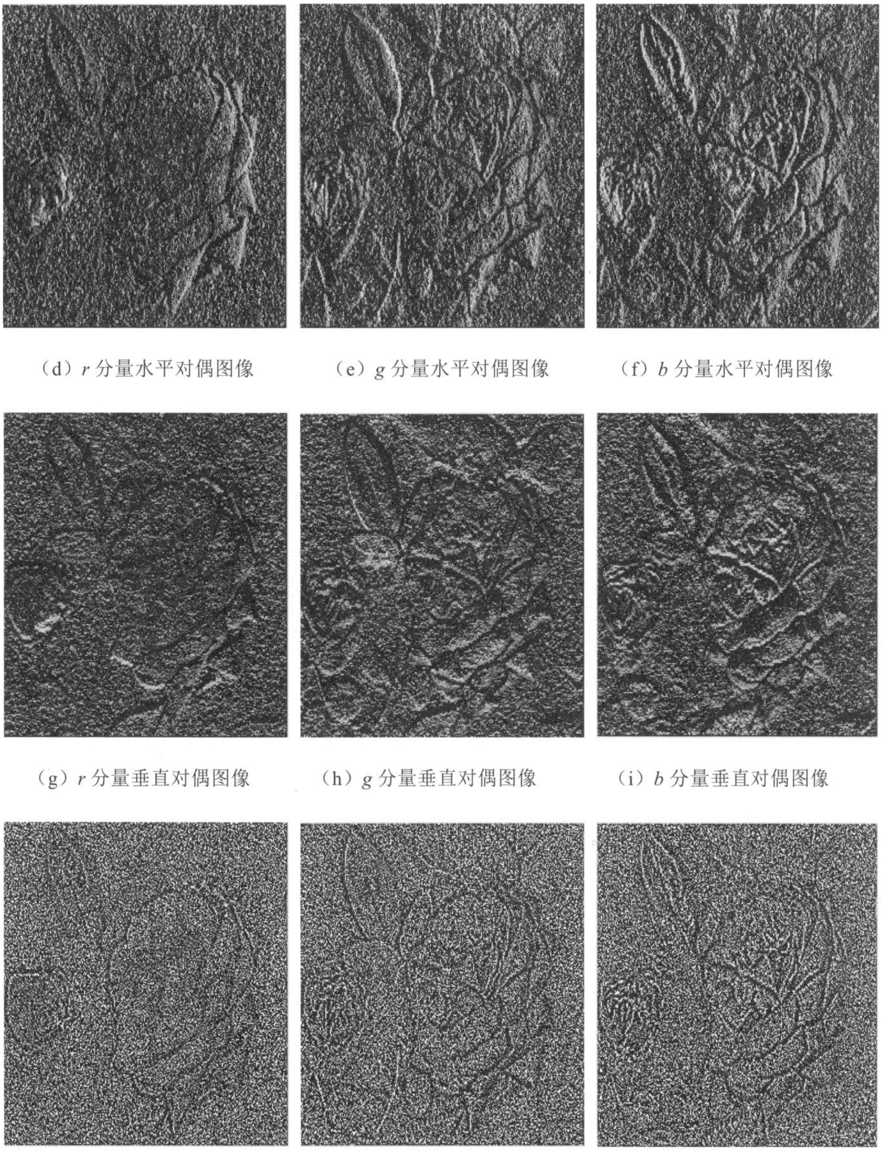

（d）r 分量水平对偶图像　（e）g 分量水平对偶图像　（f）b 分量水平对偶图像

（g）r 分量垂直对偶图像　（h）g 分量垂直对偶图像　（i）b 分量垂直对偶图像

（j）r 分量散度图像　（k）g 分量散度图像　（l）b 分量散度图像

图 5-4　最速下降迭代算法重构玫瑰图像实验结果（续）

5.4.2.2　预测-校正迭代算法在图像重构中的应用

对于式（5-147），可以将其分解为两种形式的最优化问题进行解释。第一种形式是在采集噪声方差已知的情况下，即拟合项 $\frac{1}{2}\|\boldsymbol{Ax}-\boldsymbol{b}\|_2^2 \leqslant \varepsilon$，$\varepsilon$ 是已知噪声

方差的估计值，将其作为先验信息，从而将式（5-147）转化为有条件约束的最优化问题，表达式为

$$\inf_{\boldsymbol{x}}\left\{\|\boldsymbol{x}\|_{\mathrm{TV}}, \frac{1}{2}\|\boldsymbol{A}\boldsymbol{x}-\boldsymbol{b}\|_2^2 \leqslant \varepsilon\right\} \tag{5-156}$$

利用拉格朗日乘子原理，将有条件约束的最优化问题转化为无条件约束的最优化问题式（5-147），二者具有等价性，因此，式（5-156）也可以利用最速下降迭代算法进行求解。第二种形式是由于采集信号的环境比较复杂，无法准确估测信号的噪声，但可以估计采集信号的全变差，即全变差$\|\boldsymbol{x}\|_{\mathrm{TV}} \leqslant \tau$，将其作为先验信息，利用其作为约束条件，从而将式（5-147）转化为有条件约束的最优化问题，表达式为

$$\inf_{\boldsymbol{x}}\left\{\frac{1}{2}\|\boldsymbol{A}\boldsymbol{x}-\boldsymbol{b}\|_2^2, \|\boldsymbol{x}\|_{\mathrm{TV}} \leqslant \tau\right\} \tag{5-157}$$

利用拉格朗日乘子原理，将其转化为无约束条件的最优化问题，若$\boldsymbol{A}=\boldsymbol{I}$，利用对偶变换，其对应的对偶模型表达式为

$$\boldsymbol{u}^* = \sup_{\boldsymbol{u}}\left\{-\frac{1}{2}\left\|\boldsymbol{D}^*\boldsymbol{u}-\boldsymbol{b}\right\|_2^2 - \tau\|\boldsymbol{u}\|_\infty\right\} \tag{5-158}$$

式（5-158）对应的等价模型表达式为

$$\boldsymbol{u}^* = \inf_{\boldsymbol{u}}\left\{\frac{1}{2}\left\|\boldsymbol{D}^*\boldsymbol{u}-\boldsymbol{b}\right\|_2^2 + \tau\|\boldsymbol{u}\|_\infty\right\} \tag{5-159}$$

由式（5-159）可知，$\boldsymbol{E}^*\left(\boldsymbol{D}^*\boldsymbol{u}\right)=\frac{1}{2}\left\|\boldsymbol{D}^*\boldsymbol{u}-\boldsymbol{b}\right\|_2^2$可看作光滑的。利用拟合项设计梯度最速下降迭代算法，表达式为

$$\boldsymbol{v}^k = \boldsymbol{u}^k + \eta\boldsymbol{\nabla}\left(\boldsymbol{D}^*\boldsymbol{u}^k - \boldsymbol{b}\right) \tag{5-160}$$

式（5-160）为最优解的预测步，将$\boldsymbol{u}$由$\boldsymbol{v}^k$取代，由第2章迫近算子的定义式（2-55）可知，式（5-159）的迫近算子可以表示成软阈值算子的形式，表达式为

$$\textbf{SoftThre}\left(\boldsymbol{v}_{ij}^k\right) = \max\left(\left|\boldsymbol{v}_{ij}^k\right| - \tau, 0\right)\frac{\operatorname{sign}\left(\boldsymbol{v}_{ij}^k\right)}{\left|\boldsymbol{v}_{ij}^k\right|} \tag{5-161}$$

式中，$\operatorname{sign}(\cdot)$为符号函数。利用正则项$\boldsymbol{R}^*(\boldsymbol{u})=\tau\|\boldsymbol{u}\|_\infty$，将式（5-161）作为对偶变量的校正步，用残差的形式进行表示，具体表达式为

$$\boldsymbol{u}^{k+1} = \boldsymbol{v}^k - \textbf{SoftThre}\left(\boldsymbol{v}^k\right) \tag{5-162}$$

利用拟合项形成的预测步式（5-160）和正则项形成的校正步式（5-161），二者交替迭代，形成预测-校正迭代算法。具体算法可描述为：当$\left\|\boldsymbol{u}^{k+1}-\boldsymbol{u}^{k}\right\|<\varepsilon$时，算法终止，输出水平对偶图像$\boldsymbol{u}^{k+1}(:,:,1)$和垂直对偶图像$\boldsymbol{u}^{k+1}(:,:,2)$，利用$\boldsymbol{u}^{k+1}$与重构图像之间的关系$\boldsymbol{x}^{*}=\boldsymbol{b}-\boldsymbol{D}^{*}\boldsymbol{u}^{k+1}$，输出重构图像；否则，更新迭代次数，设置$k=k+1$，交替迭代式（5-160）、式（5-161）和式（5-162）。

为了对预测校正迭代算法有直观的认识，下面进行图像重构仿真实验。图 5-5 为预测-校正迭代算法重构 Barbara 图像仿真实验结果，图 5-6 为预测-校正迭代算法重构直升机图像仿真实验结果。

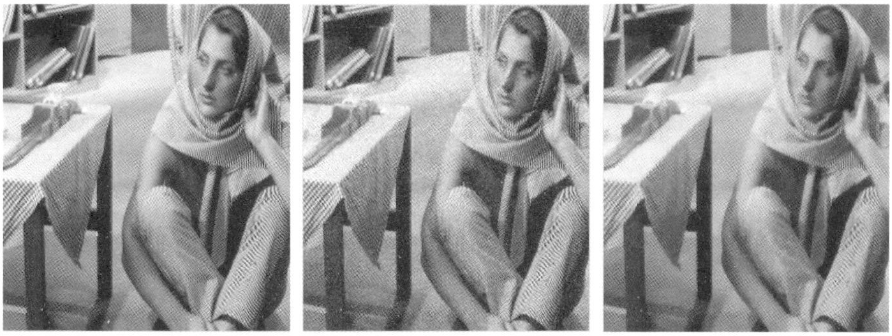

（a）原始 Barbara 图像　　（b）采集图像　　（c）重构图像

（d）水平对偶图像　　（e）垂直对偶图像　　（f）迭代相对误差随迭代次数变化

图 5-5　预测-校正迭代算法重构 Barbara 图像仿真实验结果

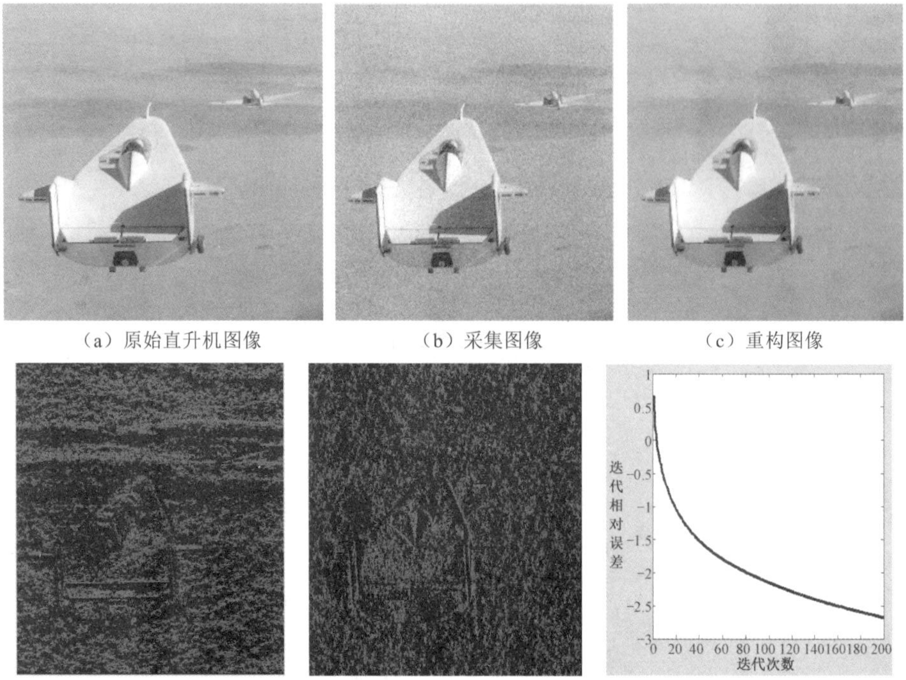

（a）原始直升机图像　（b）采集图像　（c）重构图像

（d）水平对偶图像　（e）垂直对偶图像　（f）迭代相对误差随迭代次数变化

图 5-6　预测-校正迭代算法重构直升机图像仿真实验结果

5.4.2.3　快速交替迭代算法在图像重构中的应用

预测-校正迭代算法分别利用拟合项的光滑性和正则项的非光滑性，设计交替迭代算法。针对由光滑的拟合项加非光滑的正则项两项组成的原始正则化模型，2009 年，Amir Beck 等人设计出一种快速迭代软阈值优化算法，而对偶正则化模型式（5-159）具有原始正则化模型的结构，因此可将快速软阈值迭代算法应用于对偶模型式（5-159）。为了将快速迭代软阈值算法应用于优化对偶正则化模型，对偶模型的拟合项的梯度必须满足 Lipschitz 连续条件，下面给出证明。

定理 5.1　若 $\boldsymbol{x}^* \in \Omega^*$， $\boldsymbol{y}^* \in \Omega^*$， Ω^* 为 Ω 的对偶空间，拟合项 $\boldsymbol{E}^*(\cdot)$ 连续可微，存在常数 $\delta > 0$，使得

$$\left\|\nabla \boldsymbol{E}^*\left(\boldsymbol{x}^*\right) - \nabla \boldsymbol{E}^*\left(\boldsymbol{y}^*\right)\right\| \leqslant \delta \left\|\boldsymbol{x}^* - \boldsymbol{y}^*\right\| \tag{5-163}$$

则称 $\boldsymbol{E}^*(\cdot)$ 是梯度 Lipschitz 连续的，δ 称为 Lipschitz 常数。

定理 5.2　若对偶拟合项 $\boldsymbol{E}^*(\cdot)$ 是梯度 Lipschitz 连续的，Lipschitz 常数为 δ，那么 $\boldsymbol{E}^*\left(\boldsymbol{D}^* \cdot\right)$ 的梯度是 Lipschitz 连续的，表达式为

$$\left\|\boldsymbol{\nabla} \boldsymbol{E}^*\left(\boldsymbol{D}^* \boldsymbol{u}\right)-\boldsymbol{\nabla} \boldsymbol{E}^*\left(\boldsymbol{D}^* \boldsymbol{v}\right)\right\| \leqslant \frac{\left\|\boldsymbol{D}^*\right\|^2}{\delta}\|\boldsymbol{u}-\boldsymbol{v}\| \tag{5-164}$$

式中，$\left\|\boldsymbol{D}^*\right\|^2 / \delta$ 为 Lipschitz 常数。

证明：$\left\|\boldsymbol{\nabla} \boldsymbol{E}^*\left(\boldsymbol{D}^* \boldsymbol{u}\right)-\boldsymbol{\nabla} \boldsymbol{E}^*\left(\boldsymbol{D}^* \boldsymbol{v}\right)\right\|=\left\|\boldsymbol{D}^* \boldsymbol{\nabla} \boldsymbol{E}^*\left(\boldsymbol{D}^* \boldsymbol{u}\right)-\boldsymbol{D}^* \boldsymbol{\nabla} \boldsymbol{E}^*\left(\boldsymbol{D}^* \boldsymbol{v}\right)\right\|$

$$\leqslant \frac{\left\|\boldsymbol{D}^*\right\|}{\delta}\left\|\boldsymbol{D}^* \boldsymbol{u}-\boldsymbol{D}^* \boldsymbol{v}\right\| \leqslant \frac{\left\|\boldsymbol{D}^*\right\|\left\|\left(\boldsymbol{D}^*\right)^{\mathrm{T}}\right\|}{\delta} \cdot\|\boldsymbol{u}-\boldsymbol{v}\|=\frac{\left\|\boldsymbol{D}^*\right\|^2}{\delta} \cdot\|\boldsymbol{u}-\boldsymbol{v}\| \tag{5-165}$$

由于对偶模型式（5-159）中拟合项的梯度满足 Lipschitz 连续条件，因此，可以设计快速迭代软阈值算法计算对偶模型的最优解，具体步骤如下：

$$\boldsymbol{u}^k=\mathbf{prox}_{\frac{1}{L} E^*}\left(\boldsymbol{v}^k-\frac{1}{L} \boldsymbol{\nabla} \boldsymbol{E}^*\left(\boldsymbol{v}^k\right)\right) \tag{5-166}$$

$$t^{k+1}=\frac{1+\sqrt{1+4 t_k^2}}{2} \tag{5-167}$$

$$\boldsymbol{v}^{k+1}=\boldsymbol{u}^k+\frac{t_k-1}{t_{k+1}}\left(\boldsymbol{u}^k-\boldsymbol{u}^{k-1}\right) \tag{5-168}$$

式中，$L \geqslant\left\|\boldsymbol{D}^*\right\|^2 / \delta$ 。

对于由两项凸函数组成的正则化模型优化问题，拟合项要求是光滑的，且其梯度是 Lipschitz 连续的；正则项要求具有简单的结构，形成的迫近算子容易计算，针对此类模型优化问题，Nesterov 提出一种加速多步梯度下降迭代算法，该算法具有较快的收敛速度。而式（5-159）恰好适用于 Nesterov 提出的加速迭代算法，应用 Nesterov 提出的加速思想，将其应用于优化对偶模型，算法的具体步骤如下。

步骤 1：设置初始化参数 $\boldsymbol{u}^0, \boldsymbol{A}_0, \xi^0=0, \eta \in(0,1/4)$

步骤 2：迫近计算

$$\boldsymbol{v}^k=\mathbf{prox}_{A_k \tau}\left(\boldsymbol{u}^0-\xi^k\right) \tag{5-169}$$

步骤 3：参数设置

$$a_k=\frac{\eta+\sqrt{\eta^2+4 \eta \boldsymbol{A}_k}}{2}, \quad \boldsymbol{\omega}^k=\boldsymbol{A}_k \boldsymbol{u}^k+a_k \boldsymbol{v}^k / \boldsymbol{A}_k+a_k \tag{5-170}$$

步骤 4：加速梯度最速下降迭代算法，表达式为

$$\boldsymbol{\omega}^{k+1}=\boldsymbol{\omega}^k+\frac{\eta}{2} \nabla\left(\boldsymbol{D}^* \boldsymbol{\omega}^k-\boldsymbol{b}\right) \tag{5-171}$$

步骤 5：对偶变量的校正步，用残差的形式表示，表达式为

$$\boldsymbol{u}^{k+1}=\boldsymbol{\omega}^{k+1}-\mathbf{SoftThre}\left(\boldsymbol{\omega}^{k+1}\right) \tag{5-172}$$

步骤 6：参数更新

$$\boldsymbol{A}_{k+1}=\boldsymbol{A}_k+a_k\ ,\quad \boldsymbol{\xi}^{k+1}=\boldsymbol{\xi}^k+a_k\nabla\left(\boldsymbol{D}^*\boldsymbol{u}^{k+1}-\boldsymbol{b}\right) \tag{5-173}$$

当 $\left\|\boldsymbol{u}^{k+1}-\boldsymbol{u}^k\right\|>\varepsilon$ 时，更新迭代次数，设置 $k=k+1$，循环迭代步骤 2 ~ 步骤 6；否则，迭代算法终止，输出对偶图像 $\boldsymbol{u}=\left(\boldsymbol{u}(:,:,1),\boldsymbol{u}(:,:,2)\right)$，利用对偶图像与重构图像之间的迭代关系 $\boldsymbol{x}^*=\boldsymbol{b}-\boldsymbol{D}^*\boldsymbol{u}^{k+1}$，输出重构图像。

为了对 Nesterov 迭代算法有个直观的认识，下面进行图像重构仿真实验。图 5-7 为 Nesterov 迭代算法重构 Barbara 图像仿真实验结果，图 5-8 为 Nesterov 迭代算法重构直升机图像仿真实验结果。

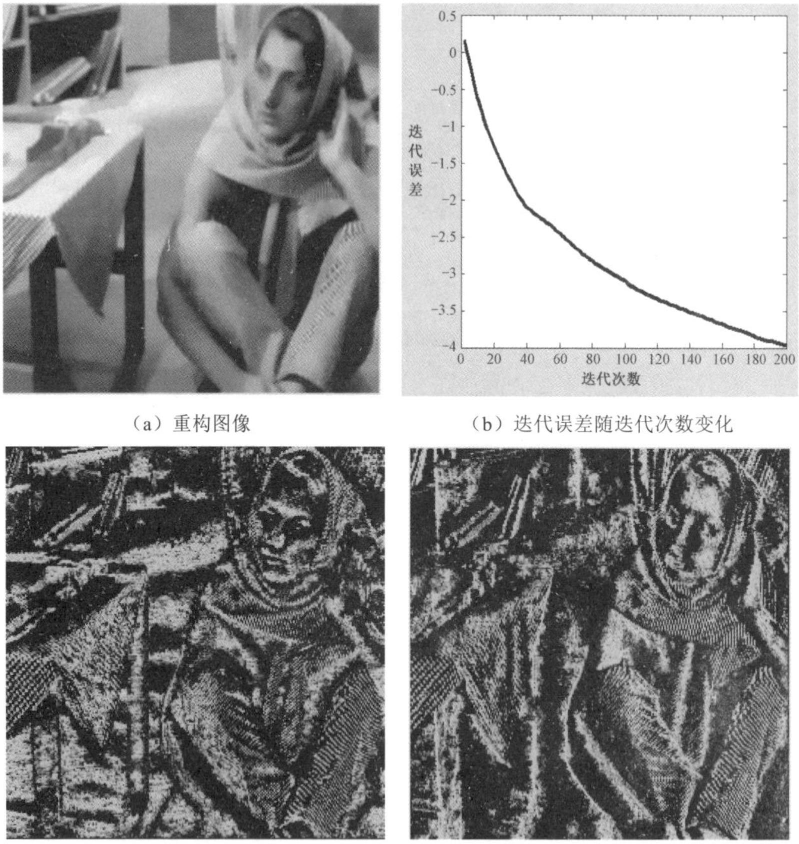

（a）重构图像　　（b）迭代误差随迭代次数变化

（c）水平对偶图像　　（d）垂直对偶图像

图 5-7　Nesterov 迭代算法重构 Barbara 图像仿真实验结果

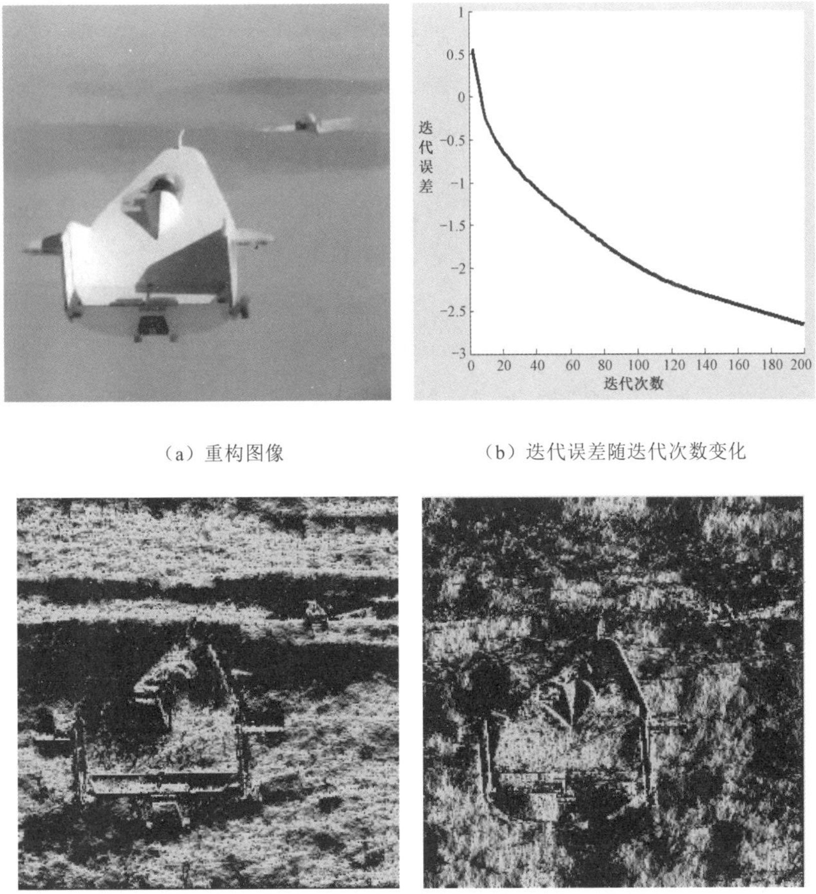

（a）重构图像　　（b）迭代误差随迭代次数变化

（c）水平对偶图像　　（d）垂直对偶图像

图 5-8　Nesterov 迭代算法重构直升机图像仿真实验结果

5.4.3　对偶模型中的预测-校正交替迭代算法收敛特性

定理 5.3　若式（5-157）存在理想解 $\boldsymbol{x}^*$，预测-校正算法产生的对偶迭代序列 $\boldsymbol{u}^{k+1}$ 使得 $\lim\limits_{k\to\infty}\left\|\boldsymbol{u}^{k+1}-\boldsymbol{u}^*\right\|=0$ 成立，则算法收敛，其中重构序列 $\boldsymbol{x}^{k+1}=\boldsymbol{b}-\boldsymbol{D}^*\boldsymbol{u}^{k+1}$，满足 $\lim\limits_{k\to\infty}\left\|\boldsymbol{x}^{k+1}-\boldsymbol{x}^*\right\|=0$。

证明：若 $\boldsymbol{A}=\boldsymbol{I}$，应用拉格朗日乘子原理，将式（5-157）转化为无条件约束的最优化模型，表达式为

$$\boldsymbol{E}(\boldsymbol{x})=\boldsymbol{E}_0(\boldsymbol{x})+\boldsymbol{R}(\boldsymbol{D}\boldsymbol{x}) \tag{5-174}$$

式中，$\boldsymbol{E}_0(\boldsymbol{x})=\frac{1}{2}\|\boldsymbol{x}-\boldsymbol{b}\|_2^2$，$\boldsymbol{R}(\boldsymbol{Dx})=\tau\|\boldsymbol{x}\|_{\text{TV}}$。应用 Fenchel 变换，则式（5-174）的对偶表达式为

$$\boldsymbol{E}^*(\boldsymbol{u})=\boldsymbol{E}_0^*(\boldsymbol{D}^*\boldsymbol{u})+\boldsymbol{R}^*(\boldsymbol{u}) \tag{5-175}$$

式中，$\boldsymbol{E}_0^*(\boldsymbol{D}^*\boldsymbol{u})=\frac{1}{2}\|\boldsymbol{D}^*\boldsymbol{u}-\boldsymbol{b}\|_2^2-\frac{1}{2}\|\boldsymbol{b}\|_2^2$，$\boldsymbol{R}^*(\boldsymbol{u})=\tau\|\boldsymbol{u}\|_\infty$。由表达式 $\boldsymbol{E}_0(\boldsymbol{x})=\frac{1}{2}\|\boldsymbol{x}-\boldsymbol{b}\|_2^2$ 和 $\boldsymbol{E}_0^*(\boldsymbol{D}^*\boldsymbol{u})=\frac{1}{2}\|\boldsymbol{D}^*\boldsymbol{u}-\boldsymbol{b}\|_2^2-\frac{1}{2}\|\boldsymbol{b}\|_2^2$ 可知，二者都是二次函数，因此 $\boldsymbol{E}_0(\boldsymbol{x})$ 和 $\boldsymbol{E}_0^*(\boldsymbol{D}^*\boldsymbol{u})$ 都是凸函数，应用 Legendre-Fenchel 等式，则有

$$\boldsymbol{E}_0(\boldsymbol{x})+\boldsymbol{E}_0^*(\boldsymbol{D}^*\boldsymbol{u})=\langle\boldsymbol{x},\ \boldsymbol{D}^*\boldsymbol{u}\rangle \tag{5-176}$$

式（5-176）将原始变量和对偶变量耦合在一起，则关于对偶变量 $\boldsymbol{D}^*\boldsymbol{u}$ 的梯度表达式为

$$\boldsymbol{D}_{\boldsymbol{D}^*\boldsymbol{u}}\boldsymbol{E}_0^*(\boldsymbol{D}^*\boldsymbol{u})=\boldsymbol{x} \tag{5-177}$$

Bregman 距离广泛应用于分析最速下降迭代算法的收敛特性，利用对偶正则项，模仿 Bregman 距离的定义，则有如下距离测度表达式：

$$\boldsymbol{\Psi}(\boldsymbol{v})=\boldsymbol{R}^*(\boldsymbol{v})-\boldsymbol{R}^*(\boldsymbol{u})+\langle\partial\boldsymbol{R}^*(\boldsymbol{u}),\boldsymbol{v}-\boldsymbol{u}\rangle \tag{5-178}$$

式中，$\partial\boldsymbol{R}^*(\boldsymbol{u})$ 为正则项的次微分。

式（5-175）中的拟合项是二次的，对其进行泰勒展开，则有

$$\boldsymbol{E}_0^*(\boldsymbol{D}^*\boldsymbol{v})=\boldsymbol{E}_0^*(\boldsymbol{D}^*\boldsymbol{u})+\langle-\boldsymbol{\nabla}(\boldsymbol{D}_{\boldsymbol{D}^*\boldsymbol{u}}\boldsymbol{E}_0^*(\boldsymbol{D}^*\boldsymbol{u})),\boldsymbol{v}-\boldsymbol{u}\rangle+o(\|\boldsymbol{v}-\boldsymbol{u}\|_2^2) \tag{5-179}$$

由于对偶的拟合项 $\boldsymbol{E}_0^*(\boldsymbol{D}^*\boldsymbol{u})$ 是凸函数，对式（5-179）进行转化，表达式为

$$\boldsymbol{\Phi}(\boldsymbol{v})=\boldsymbol{E}_0^*(\boldsymbol{D}^*\boldsymbol{v})-\boldsymbol{E}_0^*(\boldsymbol{D}^*\boldsymbol{u})-\langle-\boldsymbol{\nabla}(\boldsymbol{D}_{\boldsymbol{D}^*\boldsymbol{u}}\boldsymbol{E}_0^*(\boldsymbol{D}^*\boldsymbol{u})),\boldsymbol{v}-\boldsymbol{u}\rangle \tag{5-180}$$

因为 $\boldsymbol{D}^*$ 是 $-\boldsymbol{\nabla}$ 的伴随算子，则式（5-180）的转化表达式为

$$\boldsymbol{\Phi}(\boldsymbol{v})=\boldsymbol{E}_0^*(\boldsymbol{D}^*\boldsymbol{v})-\boldsymbol{E}_0^*(\boldsymbol{D}^*\boldsymbol{u})-\langle\boldsymbol{D}_{\boldsymbol{D}^*\boldsymbol{u}}\boldsymbol{E}_0^*(\boldsymbol{D}^*\boldsymbol{u}),\boldsymbol{D}^*(\boldsymbol{v}-\boldsymbol{u})\rangle \tag{5-181}$$

若式（5-159）有最优解，由一阶 KKT 条件，则有

$$\boldsymbol{\nabla}(\boldsymbol{D}_{\boldsymbol{D}^*\boldsymbol{u}}\boldsymbol{E}_0^*(\boldsymbol{D}^*\boldsymbol{u}))\in\partial\boldsymbol{R}^*(\boldsymbol{u}) \tag{5-182}$$

则式（5-178）的等价转化表达式为

$$\boldsymbol{\Psi}(\boldsymbol{v})=\boldsymbol{R}^*(\boldsymbol{v})-\boldsymbol{R}^*(\boldsymbol{u})+\langle-\boldsymbol{\nabla}(\boldsymbol{D}_{\boldsymbol{D}^*\boldsymbol{u}}\boldsymbol{E}_0^*(\boldsymbol{D}^*\boldsymbol{u})),\boldsymbol{v}-\boldsymbol{u}\rangle \tag{5-183}$$

将式（5-180）与式（5-183）相加，则有

$$\boldsymbol{\Phi}(\boldsymbol{v})+\boldsymbol{\Psi}(\boldsymbol{v})=\boldsymbol{E}_0^*(\boldsymbol{D}^*\boldsymbol{v})+\boldsymbol{R}^*(\boldsymbol{v})-\boldsymbol{E}_0^*(\boldsymbol{D}^*\boldsymbol{u})-\boldsymbol{R}^*(\boldsymbol{u}) \tag{5-184}$$

在算法迭代过程中，若令 $\boldsymbol{v}=\boldsymbol{u}^k$ ，则式（5-184）的转换表达式为

$$\boldsymbol{\Phi}\left(\boldsymbol{u}^k\right)+\boldsymbol{\Psi}\left(\boldsymbol{u}^k\right)=\boldsymbol{E}_0^*\left(\boldsymbol{D}^*\boldsymbol{u}^k\right)+\boldsymbol{R}^*\left(\boldsymbol{u}^k\right)-\boldsymbol{E}_0^*\left(\boldsymbol{D}^*\boldsymbol{u}\right)-\boldsymbol{R}^*\left(\boldsymbol{u}\right)=\boldsymbol{E}^*\left(\boldsymbol{u}^k\right)-\boldsymbol{E}^*\left(\boldsymbol{u}\right) \tag{5-185}$$

令 $\boldsymbol{v}=\boldsymbol{u}^k$ ，由式（5-180），则有

$$\begin{aligned}\boldsymbol{\Phi}\left(\boldsymbol{u}^k\right)&=\boldsymbol{E}_0^*\left(\boldsymbol{D}^*\boldsymbol{u}^k\right)-\boldsymbol{E}_0^*\left(\boldsymbol{D}^*\boldsymbol{u}\right)-\left\langle \boldsymbol{D}_{\boldsymbol{D}^*\boldsymbol{u}}\boldsymbol{E}_0^*\left(\boldsymbol{D}^*\boldsymbol{u}\right),\boldsymbol{D}^*\boldsymbol{u}^k-\boldsymbol{D}^*\boldsymbol{u}\right\rangle\\&=\frac{1}{2}\left\|\boldsymbol{D}^*\boldsymbol{u}^k-\boldsymbol{D}^*\boldsymbol{u}\right\|_2^2=\frac{1}{2}\left\|\boldsymbol{f}^k-\boldsymbol{f}\right\|_2^2\end{aligned} \tag{5-186}$$

由 Nesterov 提出的加速迭代算法可知，对偶能量泛函正则化模型式（5-175）的迭代能量残差表达式为

$$\left\|\boldsymbol{E}^*\left(\boldsymbol{u}^k\right)-\boldsymbol{E}^*\left(\boldsymbol{u}\right)\right\|\leqslant C_1\left\|\boldsymbol{u}^k-\boldsymbol{u}\right\|_2^2 \tag{5-187}$$

式中，$C_1=\dfrac{2\left\|\boldsymbol{D}^*\right\|_2^2}{k+2}>0$。Antonin Chambolle 提出将原始 ROF 模型转化为对偶模型，由最速下降迭代算法中可知，$\left\|\boldsymbol{D}^*\right\|_2^2\leqslant 8$ ，因此，式（5-187）的转化表达式为

$$\left\|\boldsymbol{E}^*\left(\boldsymbol{u}^k\right)-\boldsymbol{E}^*\left(\boldsymbol{u}\right)\right\|\leqslant C_2\left\|\boldsymbol{u}^k-\boldsymbol{u}\right\|_2^2 \tag{5-188}$$

式中，$C_2\leqslant\dfrac{16}{k+2}$。由式（5-184）可知

$$\boldsymbol{\Phi}\left(\boldsymbol{u}^k\right)\leqslant\boldsymbol{E}^*\left(\boldsymbol{u}^k\right)-\boldsymbol{E}^*\left(\boldsymbol{u}\right) \tag{5-189}$$

将式（5-188）代入式（5-189），由式（5-186）可知原始变量迭代序列与对偶变量迭代序列之间的关系，则有

$$\left\|\boldsymbol{f}^k-\boldsymbol{f}\right\|_2^2\leqslant C_3\left\|\boldsymbol{u}^k-\boldsymbol{u}\right\|_2^2 \tag{5-190}$$

式中，$C_3=2C_2$。由式（5-190）可知，原始变量的迭代残差受对偶变量的迭代残差控制。

5.5　本章小结

本章首先给出对偶变换的定义，根据定义分析对偶变换的物理意义，对于在图像重构中常用的函数，利用对偶函数的定义，计算相应的对偶函数，若原函

数是真、凸、下半连续函数，那么，其共轭函数的共轭是其本身。同时，根据对偶变换的形式，给出对偶变换的六个基本性质，利用对偶变换的基本性质，可以迅速地计算函数的对偶变换，简化运算过程。

其次给出将原始图像重构模型转化为对偶模型的基本原理，一是利用 Fenchel 定义可以将原始图像重构模型转化为对偶模型；二是利用拉格朗日乘子原理，将原始模型转化为对偶模型。列举在图像重构中常用的原始模型，利用 Fenchel 定义，将常见的图像重构模型转化为对偶模型。

最后根据转化获得的对偶模型，设计最速下降迭代算法、预测-校正迭代算法和加速软阈值迭代算法，并将其应用于图像重构，获得较高质量的重构图像。在算法收敛上，利用目标函数的梯度是 Lipschitz 连续的、次微分和类 Bregman 距离，分析预测-校正迭代算法的收敛特性。

本章参考文献

[1] CHAMBOLLE A, POCK T. Total Roto-Translational Variation[J/OL]. ArXiv: 1709. 09953V1, 2017.

[2] ZEHIRY N Y E, GRADY L. Contrast driven elastic for image segmentation[J]. IEEE Transactions on Image Processing, 2016, 25(6): 2508-2518.

[3] CHAMBOLLE A, POCK T. A first-order primal-dual algorithm for convex problems with applications to imaging[J]. Journal of Mathematical Imaging and Vision, 2011,40(1):120-145.

[4] BOYD S, VANDENBERGHE L. Convex Optimization[M]. Cambridge, UK: Cambridge University Press, 2004.

[5] CHAMBOLLE A. An algorithm for total variation minimization and applications[J]. Journal of Mathematical Imaging and Vision, 2004, 20(1): 89-97.

[6] MOHAMMADI M M, ROJAS C R, WAHLBERG B. A class of nonconvex penalties preserving overall convexity in optimization based mean filtering[J]. IEEE Transactions on Signal Processing, 2016, 64(24):6650-6664.

[7] BERGMANN R, HERZOG R, LOUZEIRO M S. Fenchel Duality and a

Separation Theorem on Hadamard Manifolds[J/OL]. ArXiv: 2102.11155v2, 2021.

[8] BAUSCHKE H H, DAO M, LINDSTROM S B. Regularizing with Bregman-Moreau envelopes[J]. SIAM Journal on Optimization, 2018, 28(4):3208-3228.

[9] BAUSCHKE H H, BOLTE J, CHEN J, et al. On linear convergence of non-Euclidean gradient methods without strong convexity and Lipschitz gradient continuity[J]. Journal of Optimization Theory and Applications, 2019, 182(3): 1068-1087.

[10] SELESNICK I W, PAREKH A, BAYRAM I. Convex 1-D total variation denoising with non-convex regularization[J]. IEEE Signal Processing Letters, 2015, 22(2):141-144.

[11] BECK A, TEBOULLE M. Fast gradient-based algorithms for constrained total variation image denoising and deblurring problems[J]. IEEE Transactions on Image Processing, 2009, 18(11): 2419-2434.

[12] BECK A, TEBOULLE M. A fast iterative shrinkage-thresholding algorithm for linear inverse problems[J]. SIAM Journal on Imaging Sciences, 2009, 84 (3): 183-202.

[13] NESTERO Y. Gradient methods for minimizing composite objective function[J]. Mathematical Programming, 2013, 140(1): 125-161.

[14] NESTEROV Y. Smooth minimization of non-smooth functions[J]. Mathematical Programming, 2005, 103(1): 127-152.

[15] COMBETTES P L. Solving monotone inclusions via compositions of nonexpansive averaged operators[J]. Optimization, 2004,53(5-6): 475-504.

[16] BAUSCHKE H H, BORWEIN J M, COMBETTES P L. Bregman monotone optimization algorithms[J]. SIAM Journal on Control Optimization, 2003, 42(2): 596-636.

[17] BREDIES K, LORENZ D. Linear convergence of iterative soft-thresholding[J]. Journal of Fourier Analysis and Applications, 2008,14(12): 813-837.

[18] AUSLENDER A. Asymptotic properties of Fenchel dual functional and

applications to decomposition problems[J]. Journal of Optimization Theory and Applications, 1992, 73(3): 427- 449.

[19] 李旭超. 能量泛函正则化模型在图像恢复中的应用[M]. 北京：电子工业出版社，2014.

[20] 博赛克斯. 凸优化理论[M]. 赵千川，王梦迪，译. 北京：清华大学出版社，2011.

[21] BERTSEKAS D P. Constrained optimization and Langrange multiplier methods[M]. New York: New York Academic Press, 1982.

[22] GOLDSTEIN T, OSHER S. The split Bregman method for L1 regularized problems[J]. SIAM Journal on Imaging Sciences, 2009, 2(2): 323-343.

[23] ZHU M Q, WRIGHT S J, CHAN T F. Duality-based algorithms for total-variation-regularized image restoration[J]. Journal Computational Optimization and Applications, 2010, 47(3): 377-400.

[24] AUJOL J F. Some first-order algorithms for total variation based image restoration[J]. Journal of Mathematical Imaging and Vision, 2009, 34(3): 307-327.

[25] CHAMBOLLE A, POCK T. A first-order primal-dual algorithm for convex problems with applications to imaging[J]. Journal of Mathematical Imaging and Vision, 2011, 40(1): 120-145.

[26] DURAN J, COLL B, SBERT C. Chambolle's projection algorithm for total variation denoising [J]. Image Processing on Line, 2013, 3: 301-321.

第6章

正则化原始–对偶模型原理及在图像重构中的应用

第 4 章基于能量泛函正则化模型，阐述了图像重构算法。为了准确描述解的结构信息，正则项往往具有非光滑特性，从而使基于经典导数的最优化迭代算法无法应用，为此，需要对正则项进行光滑化，设计基于经典导数的最优化迭代算法。但是，由于所处理的问题往往是大规模的，由拟合项和正则项形成的矩阵规模较大，若获得的二阶导数矩阵不具有特殊结构，造成计算其逆矩阵比较耗时，这对信息的实时处理是致命的，从而限制了牛顿迭代算法的应用。尽管利用矩阵论和数值分析可以完成对矩阵的处理，但经过处理后，若获得的矩阵不具有特殊结构，如对角矩阵、稀疏矩阵、块循环–循环块矩阵、Toeplitz 矩阵等，则无法形成高效的迭代算法。此外，引入的辅助参数对目标解产生了十分不利的影响。对目标函数进行光滑化，降低能量泛函正则化模型描述解的结构信息准确性，即光滑化的模型不能体现图像的奇异特征，如图像的边缘、跳跃间断点和纹理信息等。此外，原始能量泛函正则化模型的解空间和光滑化后能量泛函正则化模型的解空间不同，从而造成重构后获得的解无法准确描述图像的结构特性。

第 5 章针对正则项的非光滑特性，利用对偶变换，将原始目标函数转化为对偶模型，转化后的模型具有较好的光滑性，如 Antonin Chambolle 将 L_2-TV 模型转化为对偶模型，提出最速下降迭代算法，并将其应用于图像重构，图像重构的峰值信噪比高于基于原始模型重构图像的信噪比。在第 5 章将原始能量泛函正则化模型转化为对偶能量泛函正则化模型的基础上，本章对原始-对偶正则化模型进行理论分析，研究如何利用算子分裂原理将原始-对偶模型分裂为一系列容易计算的子问题，设计高效、快速的交替迭代算法，同时分析步长对算法收敛的影响，研究算法收敛的相关条件，并利用原始-对偶模型进行图像重构。

6.1 变分不等式基础及应用

6.1.1 变分不等式

20 世纪 60 年代，Hartman 和 Stampacchia 等在研究数学物理方程和非线性最优化问题时，首次引入变分不等式。在非空、闭、凸子空间中，利用 Lax-Milgram 定理得到了变分不等式解的存在、唯一性判定定理。目前，变分不等式在非线性分析、偏微分方程、最优控制、最优化理论、能量泛函正则化模型和图像处理等领域得到广泛应用。变分不等式本质上是一组偏微分不等式组，它将等式约束的变分问题拓展为不等式约束的变分问题。

定理 6.1 若用 H 表示希尔伯特空间（Hilbert Space），Ω 是 H 中的一个闭凸集，映射 $\boldsymbol{E}:H\to H$，$\boldsymbol{u}\in\Omega$，$\boldsymbol{E}(\boldsymbol{u})$ 是凸函数，若 $\boldsymbol{u}^*\in\Omega$ 是 $\boldsymbol{E}(\boldsymbol{u})$ 的最小值点，则变分不等式可以表示为

$$\boldsymbol{E}'\left(\boldsymbol{u}^*\right)\left(\boldsymbol{u}-\boldsymbol{u}^*\right)\geqslant 0 \tag{6-1}$$

解析： 因为 $\boldsymbol{u}^*\in\Omega$ 是目标函数 $\boldsymbol{E}(\boldsymbol{u})$ 的最小值，所以 $\boldsymbol{E}(\boldsymbol{u})\geqslant\boldsymbol{E}\left(\boldsymbol{u}^*\right)$，$\alpha\in[0,1]$，当 $\boldsymbol{u}^*+\alpha\left(\boldsymbol{u}-\boldsymbol{u}^*\right)\in\Omega$ 时，即 $\alpha\boldsymbol{u}+(1-\alpha)\boldsymbol{u}^*\in\Omega$，由于 $\boldsymbol{E}(\boldsymbol{u})$ 是凸函数，对于空间 Ω 中的任意一点，都有表达式

$$\boldsymbol{E}\left(\alpha\boldsymbol{u}+(1-\alpha)\boldsymbol{u}^*\right)=\boldsymbol{E}\left(\boldsymbol{u}^*+\alpha\left(\boldsymbol{u}-\boldsymbol{u}^*\right)\right)\geqslant\boldsymbol{E}\left(\boldsymbol{u}^*\right) \tag{6-2}$$

对式（6-2）的分子、分母同时进行处理，则有

$$\lim_{\alpha\to 0^+}\frac{\left[\boldsymbol{E}\left(\boldsymbol{u}^*+\alpha\left(\boldsymbol{u}-\boldsymbol{u}^*\right)\right)-\boldsymbol{E}\left(\boldsymbol{u}^*\right)\right]\left(\boldsymbol{u}-\boldsymbol{u}^*\right)}{\alpha\left(\boldsymbol{u}-\boldsymbol{u}^*\right)}\geqslant 0 \tag{6-3}$$

由导数的定义，则有

$$\boldsymbol{E}'\left(\boldsymbol{u}^*\right)\left(\boldsymbol{u}-\boldsymbol{u}^*\right)\geqslant 0 \tag{6-4}$$

式（6-4）称为变分不等式。变分不等式的重要意义在于将凸优化问题转化为不动点问题，若式(6-4)成立，用 $\mathbf{proj}_{\Omega}(\cdot)$ 表示正交投影算子，即对于所有的 $\boldsymbol{u}\in\Omega$，最优解满足 $\boldsymbol{u}^{*}=\mathbf{proj}_{\Omega}\left(\boldsymbol{u}^{*}-\tau\nabla\boldsymbol{E}\left(\boldsymbol{u}^{*}\right)\right)$，则 $\boldsymbol{u}^{*}$ 是变分不等式的一个解。若用 $\boldsymbol{u}^{k}$ 取代 $\boldsymbol{u}$，若迭代算法满足式（6-4），则表示迭代 $\boldsymbol{u}^{k}$ 没有可行的下降方向，也就是说，此时迭代算法 $\boldsymbol{u}^{k}$ 已经是目标函数的最优解；另外，若迭代算法中的 $\boldsymbol{u}^{k}$ 不满足式（6-4），即 $\boldsymbol{E}'\left(\boldsymbol{u}^{*}\right)\left(\boldsymbol{u}^{k}-\boldsymbol{u}^{*}\right)<0$，则表示迭代 $\boldsymbol{u}^{k}$ 具有可行的下降方向，迭代算法还没有获得目标函数的最优解。从本质上来说，变分不等式给出基于梯度迭代算法的可行方向集，同时也给出了迭代算法获得最优解的条件，是迭代算法最优解与可行方向集的完美结合。

6.1.2　变分不等式的应用

在图像重构算法中，有许多优化正则化模型具有变分不等式的形式。若 $\boldsymbol{u},\boldsymbol{v}\in\Omega$，式（6-4）中的算子 $\boldsymbol{E}'(\cdot)$ 是单调的，即 $\left\langle\boldsymbol{E}'(\boldsymbol{u})-\boldsymbol{E}'(\boldsymbol{v}),\boldsymbol{u}-\boldsymbol{v}\right\rangle\geqslant 0$，且满足 Lipschitz 连续条件，即 $\left\|\boldsymbol{E}'(\boldsymbol{u})-\boldsymbol{E}'(\boldsymbol{v})\right\|\leqslant L\|\boldsymbol{u}-\boldsymbol{v}\|$，基于变分不等式，将目标优化函数转化为投影迭代算法。

假定能量泛函正则化模型表达式为

$$\inf_{\boldsymbol{x}\in\Omega}\left\{\boldsymbol{E}(\boldsymbol{x})\right\} \tag{6-5}$$

式中，$\boldsymbol{E}(\boldsymbol{x})$ 是光滑函数，很容易写成式（6-4）的形式，即满足变分不等式成立的条件。从优化模型来看，式（6-5）是有条件约束的最优化问题，利用转化思想，将条件转化为示性函数，从而获得正交投影迭代算法，表达式为

$$\boldsymbol{x}_{k+1}=\mathbf{proj}_{\Omega}\left(\boldsymbol{x}_{k}-\sigma_{k}\boldsymbol{\nabla}\boldsymbol{E}\left(\boldsymbol{x}_{k}\right)\right) \tag{6-6}$$

式中，σ_{k} 为迭代步长，可以通过最小化目标函数获得，表达式为

$$\sigma_{k+1}=\arg\min_{\sigma}\left\{\boldsymbol{E}\left[\mathbf{proj}_{\Omega}\left(\boldsymbol{x}_{k}-\sigma\boldsymbol{\nabla}\boldsymbol{E}\left(\boldsymbol{x}_{k}\right)\right)\right]\right\} \tag{6-7}$$

在图像重构正则化模型中，目标解往往是无法直接获得的，需要通过光学传感器进行采集，而光学传感器成像过程可以表述为第一种类的积分方程，通过离散化，获得线性方程组，因此，目标函数可以表示为具有等式约束的最优化问题，表达式为

$$\inf_{Ax=\mathbf{b}}\{E(x)\} \tag{6-8}$$

利用拉格朗日乘子原理，将有条件约束的最优化问题转化为无条件约束的最优化问题，表达式为

$$\arg\min_{x,\beta}\left\{E(x)+\beta^{\mathrm{T}}(Ax-b)\right\} \tag{6-9}$$

式中，$E(x)$是光滑函数，β是拉格朗日乘子（也称为对偶变量），A是采样系统，b是获得的观测图像。通过对原始变量和拉格朗日乘子进行变分，则有

$$\frac{\partial\left(E(x)+\beta^{\mathrm{T}}(Ax-b)\right)}{\partial x}=\nabla E(x)+A^{\mathrm{T}}\beta \tag{6-10}$$

$$\frac{\partial\left(E(x)+\beta^{\mathrm{T}}(Ax-b)\right)}{\partial \beta}=Ax-b \tag{6-11}$$

由式（6-4）可知，式（6-9）获得原始-对偶最优解的条件表达式分别为

$$\left(x^k-x^*\right)^{\mathrm{T}}\frac{\partial\left(E(x)+\beta^{\mathrm{T}}(Ax-b)\right)}{\partial x}=\left(x^k-x^*\right)^{\mathrm{T}}\left(\nabla E\left(x^*\right)+A^{\mathrm{T}}\beta^*\right)\geqslant 0 \tag{6-12}$$

$$\left(\beta^k-\beta^*\right)^{\mathrm{T}}\frac{\partial\left(E(x)+\beta^{\mathrm{T}}(Ax-b)\right)}{\partial \beta}=\left(\beta^k-\beta^*\right)^{\mathrm{T}}\left(Ax^*-b\right)\geqslant 0 \tag{6-13}$$

式（6-5）、式（6-8）中的目标函数是光滑的，然而在实际应用中，正则化模型往往含有非光滑项，表达式为

$$\inf_{x}\left\{\sum_{i=1}^{m}E_i\left(P_ix\right)+\sum_{j=1}^{n}R_j\left(Q_jDx\right)\right\} \tag{6-14}$$

式中，$E_i\left(P_ix\right)$为光滑项，$R_j\left(Q_jDx\right)$为非光滑项，$i=1,2,\cdots,m$，$j=1,2,\cdots,n$，且线性投影算子$P_1,P_2,\cdots,P_m$之间是相互正交的，$Q_1,Q_2,\cdots,Q_n$之间也是相互正交的，从而保证光滑项和非光滑项具有可分离的特性，即规模较大的原始问题可以分解为一系列小的原始子问题。大的原始问题形成的算子规模较大，不容易处理，但分解后小的原始子问题形成的算子规模较小，容易处理，而且可以根据每个小的子问题的特点，设计不动点迭代算子及加速不动点迭代算子，从而有利于形成高效、快速的交替迭代算法。

不失一般性，为了说明迭代算法的形成过程，下面将式（6-14）中的光滑项和正则项都设置为一项，然后利用 Fenchel 对偶变换，将原始目标函数转化为原始-对偶模型，形成鞍点问题，也称极小值-极大值问题，表达式为

$$\inf_x \sup_y \left\{ \boldsymbol{E}(\boldsymbol{x}) + \langle \boldsymbol{y}, \boldsymbol{D}\boldsymbol{x} \rangle - \boldsymbol{R}^*(\boldsymbol{y}) \right\} \tag{6-15}$$

利用一阶 KKT 条件，则式（6-15）获得最优解的条件为

$$\boldsymbol{D}\boldsymbol{x} \in \partial \boldsymbol{R}^*(\boldsymbol{y}) \tag{6-16}$$

$$-\boldsymbol{D}^* \boldsymbol{y} \in \partial \boldsymbol{E}(\boldsymbol{x}) \tag{6-17}$$

记作

$$\boldsymbol{T}\begin{pmatrix} \boldsymbol{x} \\ \boldsymbol{y} \end{pmatrix} := \begin{pmatrix} \partial \boldsymbol{E}(\boldsymbol{x}) \\ \partial \boldsymbol{R}^*(\boldsymbol{y}) \end{pmatrix} + \begin{pmatrix} 0 & \boldsymbol{D}^* \\ -\boldsymbol{D} & 0 \end{pmatrix}\begin{pmatrix} \boldsymbol{x} \\ \boldsymbol{y} \end{pmatrix} = \begin{pmatrix} \partial \boldsymbol{E} & \boldsymbol{D}^* \\ -\boldsymbol{D} & \partial \boldsymbol{R}^* \end{pmatrix}\begin{pmatrix} \boldsymbol{x} \\ \boldsymbol{y} \end{pmatrix} \tag{6-18}$$

那么原始-对偶模型获得最优解可以表述为单调闭包问题，表达式为

$$0 \in \boldsymbol{T}\begin{pmatrix} \boldsymbol{x} \\ \boldsymbol{y} \end{pmatrix} = \begin{pmatrix} \boldsymbol{T}_1 \\ \boldsymbol{T}_2 \end{pmatrix}\begin{pmatrix} \boldsymbol{x} \\ \boldsymbol{y} \end{pmatrix} \tag{6-19}$$

式中，$\boldsymbol{T}_1 = \left[\partial \boldsymbol{E} \quad \boldsymbol{D}^*\right]$，$\boldsymbol{T}_2 = \left[-\boldsymbol{D} \quad \partial \boldsymbol{R}^*\right]$。式（6-19）的物理意义是将极小值-极大值问题形成的最大单调算子 $\boldsymbol{T}$，分解为两个单调算子和的形式，即 $\boldsymbol{T} = \left[\boldsymbol{T}_1 \ \boldsymbol{T}_2\right]^{\mathrm{T}}$。从而将大的难以计算的复杂问题分裂为两个小的子问题，两个小的子问题形成的单调算子容易计算，有利于形成快速交替迭代算法。从变分不等式的角度来说，鞍点问题式（6-15）的等价变分表达式为

$$\boldsymbol{E}(\boldsymbol{x}) - \boldsymbol{E}^*(\boldsymbol{x}^*) + \left\langle \left[-\boldsymbol{D} \quad \boldsymbol{D}^*\right], \begin{bmatrix} \boldsymbol{x} - \boldsymbol{x}^* \\ \boldsymbol{y} - \boldsymbol{y}^* \end{bmatrix} \right\rangle - \boldsymbol{R}^*(\boldsymbol{y}) + \boldsymbol{R}^*(\boldsymbol{y}^*) \geqslant 0 \tag{6-20}$$

6.2　基于转化模型的交替迭代算法

6.2.1　基于原始-对偶模型的迫近-梯度交替迭代算法

由式（6-16）和式（6-17）可知，二者是目标函数式（6-15）获得最优解的条件，这两个条件实质是两个小的子问题，每一个小的子问题都可以表述成单调算子的形式，且每个单调算子都由两步组成——梯度步和迫近算子步。利用耦合变量，将两个子问题形成的单调算子耦合在一起，可以形成高效的迭代算法，即 Chambolle Pock 迭代算法（简称 CP 迭代算法）。CP 迭代算法是针对由两项构成的能量泛函正则化模型提出的，如果能量泛函正则化模型由多项组成，如式（6-14），可以将其表示成紧缩矩阵的形式，即将多项正则化模型表示成两

项正则化模型的形式，然后基于变分不等式，对目标函数进行分解，分解后的子问题重复上面的步骤再进行分解，直至分解为最简单的子问题为止。可以将分解看成一个递归过程，分解后的所有子问题之间通过变量耦合，形成高效原始-对偶模型混合梯度迭代算法。为了明确子问题形成迭代算法的过程，下面针对原始-对偶模型式（6-15），解析两个小的子问题式（6-16）、式（6-17）集梯度步与迫近算子步于一体的过程。

对于式（6-16），利用次微分、迫近算子的定义和等价形式，则有

$$\begin{aligned}&\boldsymbol{Dx}\in\partial\boldsymbol{R}^*(\boldsymbol{y})\Leftrightarrow\boldsymbol{y}+\tau\boldsymbol{Dx}\in\boldsymbol{y}+\tau\partial\boldsymbol{R}^*(\boldsymbol{y})\Leftrightarrow\\&\boldsymbol{y}+\tau\boldsymbol{Dx}\in(\boldsymbol{I}+\tau\partial\boldsymbol{R}^*)(\boldsymbol{y})\Leftrightarrow\boldsymbol{y}=\mathbf{prox}_{\partial\boldsymbol{R}^*}^{\tau}(\boldsymbol{y}+\tau\boldsymbol{Dx})\end{aligned}\tag{6-21}$$

同理，对于式（6-17），有

$$\begin{aligned}&-\boldsymbol{D}^*\boldsymbol{y}=\partial\boldsymbol{E}(\boldsymbol{x})\Leftrightarrow\boldsymbol{x}-\sigma\boldsymbol{D}^*\boldsymbol{y}=\boldsymbol{x}+\sigma\partial\boldsymbol{E}(\boldsymbol{x})\Leftrightarrow\\&\boldsymbol{x}-\sigma\boldsymbol{D}^*\boldsymbol{y}=(\boldsymbol{I}+\sigma\partial\boldsymbol{E})(\boldsymbol{x})\Leftrightarrow\boldsymbol{x}=\mathbf{prox}_{\partial\boldsymbol{E}}^{\sigma}(\boldsymbol{x}-\sigma\boldsymbol{D}^*\boldsymbol{y})\end{aligned}\tag{6-22}$$

式（6-21）为计算原始-对偶模型中对偶问题的最优解，迫近算子为正则项对偶函数的次微分，自变量为梯度上升步；式（6-22）为计算原始-对偶模型中原始问题的最优解，迫近算子为拟合项的次微分，自变量为梯度下降步，二者交替迭代，形成基于原始-对偶模型的混合迫近-梯度迭代算法。将式（6-21）和式（6-22）表示成迭代算法的形式，表达式分别为

$$\boldsymbol{y}_{k+1}=(\boldsymbol{I}+\tau\partial\boldsymbol{R}^*)^{-1}(\boldsymbol{y}_k+\tau_k\boldsymbol{D}\bar{\boldsymbol{x}}_k)=\mathbf{prox}_{\partial\boldsymbol{R}^*}^{\tau_k}(\boldsymbol{y}_k+\tau_k\boldsymbol{D}\bar{\boldsymbol{x}}_k)\tag{6-23}$$

$$\boldsymbol{x}_{k+1}=(\boldsymbol{I}+\sigma_k\partial\boldsymbol{E})^{-1}(\boldsymbol{x}_k-\sigma_k\boldsymbol{D}^*\boldsymbol{y}_{k+1})=\mathbf{prox}_{\partial\boldsymbol{E}}^{\sigma_k}(\boldsymbol{x}_k-\sigma_k\boldsymbol{D}^*\boldsymbol{y}_{k+1})\tag{6-24}$$

$$\bar{\boldsymbol{x}}_{k+1}=\boldsymbol{x}_{k+1}+\rho(\boldsymbol{x}_{k+1}-\boldsymbol{x}_k)\tag{6-25}$$

当 $\rho=0$ 时，且 $\tau_k=\tau$，$\sigma_k=\sigma$，即迭代步长都取常数，式（6-23）~式（6-25）迭代算法转化为经典 Arrow-Hurwicz 迭代算法。当 $\rho=1$ 时，迭代步长 τ_k、σ_k 都取常数，式（6-23）~式（6-25）转化为 CP 迭代算法。

若式（6-14）中的正则项用有界变差函数来描述，拟合项用示性函数来表示，即 $\boldsymbol{I}_\Omega(\boldsymbol{x})=\begin{cases}0 & \boldsymbol{x}\in\Omega\\+\infty & \boldsymbol{x}\notin\Omega\end{cases}$，$\Omega=\{\boldsymbol{x}\mid\boldsymbol{Ax}=\boldsymbol{b}\}$，二者形成能量泛函正则化模型，采用式（6-23）~式（6-25）迭代算法，重构降质的直升机图像、草坪图像。

为了对原始-对偶混合梯度迭代算法有直观认识，下面进行图像重构仿真实

验。图 6-1 为原始-对偶混合梯度迭代算法重构直升机图像仿真实验结果，图 6-2 为原始-对偶混合梯度迭代算法重构草坪图像仿真实验结果。

（a）原始直升机图像　（b）采集直升机图像

（c）重构图像　（d）迭代残差图像

（e）水平方向对偶图像　（f）垂直方向对偶图像

图 6-1　原始-对偶混合梯度迭代算法重构直升机图像仿真实验结果

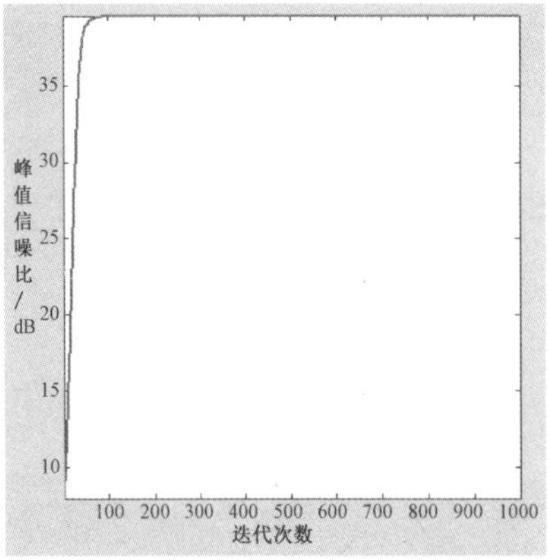

（g）峰值信噪比随迭代次数的变化

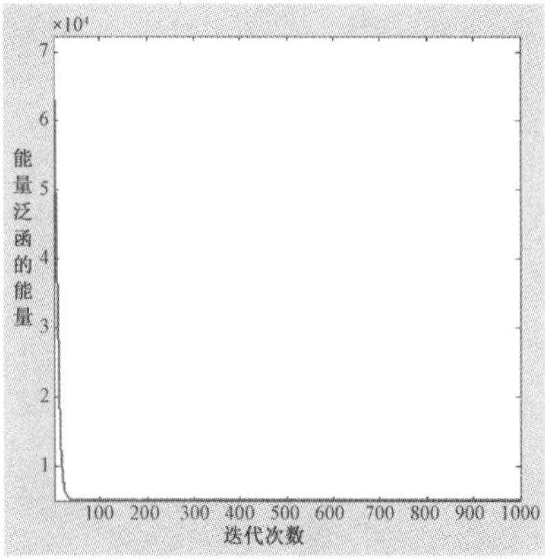

（h）能量泛函的能量随迭代次数的变化

图 6-1　原始-对偶混合梯度迭代算法重构直升机图像仿真实验结果（续）

（a）原始草坪图像

（b）采集图像

（c）重构图像

（d）迭代残差图像

图 6-2　原始-对偶混合梯度迭代算法重构草坪图像仿真实验结果

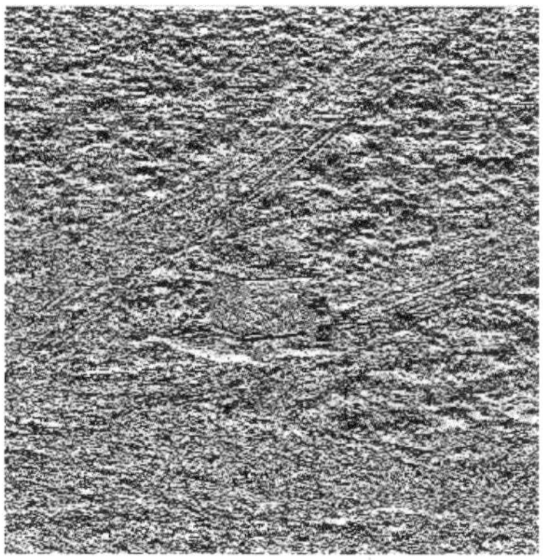

（e）水平方向对偶图像

（f）垂直方向对偶图像

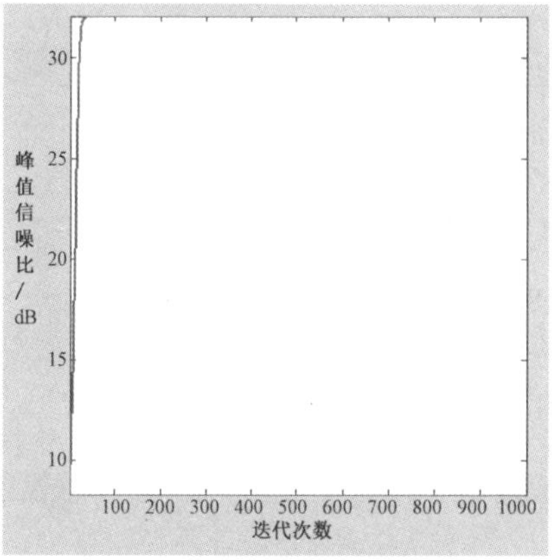

（g）峰值信噪比随迭代次数的变化

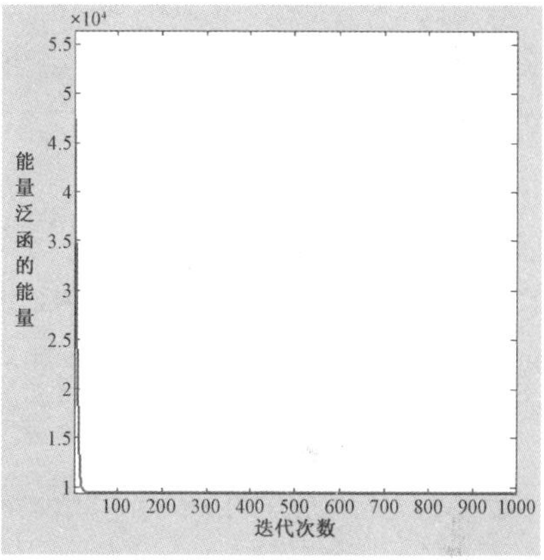

（h）能量泛函的能量随迭代次数的变化

图 6-2　原始-对偶混合梯度迭代算法重构草坪图像仿真实验结果（续）

若能量泛函正则化模型式（6-14）仅由一项拟合项和一项正则项构成，且不具有约束条件，利用一阶 KKT 条件，推导出 CP 迭代算法。若式（6-14）为有约束条件的能量泛函正则化模型，需要将模型式（6-14）转化为无约束条件最优化模型，然后利用一阶 KKT 条件，推导类 CP 迭代算法。在实际成像过程中，像素是非负的，可将其作为正则化模型的约束条件，则有条件约束的最优化正则化模型表达式为

$$\inf_{x\geqslant 0}\left\{\boldsymbol{E}\left(\boldsymbol{Ax}\right)+\boldsymbol{R}\left(\boldsymbol{Dx}\right)\right\} \tag{6-26}$$

式（6-26）的转化表达式为

$$\inf_{x\geqslant 0}\left\{ \boldsymbol{E}\left(\boldsymbol{Ax}\right)+\boldsymbol{R}\left(\boldsymbol{Dx}\right)+\boldsymbol{I}_C\left(\boldsymbol{x}\right)\right\} \tag{6-27}$$

式中，$C=\left\{\boldsymbol{x}\geqslant 0\right\}$，$\boldsymbol{I}_C\left(\boldsymbol{x}\right)=\begin{cases}0 & \boldsymbol{x}\in C\\ +\infty & \boldsymbol{x}\notin C\end{cases}$。

利用 Fenchel 对偶变换，将式（6-27）转化为原始-对偶模型，表达式为

$$\inf_{\boldsymbol{x}}\sup_{\boldsymbol{u},\boldsymbol{v}}\left\{\left\langle \boldsymbol{u},\boldsymbol{Ax}\right\rangle+\left\langle \boldsymbol{v},\boldsymbol{Dx}\right\rangle-\boldsymbol{E}^*\left(\boldsymbol{u}\right)-\boldsymbol{R}^*\left(\boldsymbol{v}\right)+\boldsymbol{I}_C\left(\boldsymbol{x}\right)\right\} \tag{6-28}$$

利用一阶 KKT 条件，则式（6-28）获得最优解的条件为

$$0\in \boldsymbol{A}^*\boldsymbol{u}+\boldsymbol{D}^*\boldsymbol{v}+\partial \boldsymbol{I}_C\left(\boldsymbol{x}\right) \tag{6-29}$$

$$\boldsymbol{Ax}\in\partial \boldsymbol{E}^*\left(\boldsymbol{u}\right) \tag{6-30}$$

$$\boldsymbol{Dx}\in\partial \boldsymbol{R}^*\left(\boldsymbol{v}\right) \tag{6-31}$$

对于式（6-29），利用次微分、迫近算子的定义和等价形式，则有

$$-\boldsymbol{A}^*\boldsymbol{u}-\boldsymbol{D}^*\boldsymbol{v}\in\partial \boldsymbol{I}_C\left(\boldsymbol{x}\right)\Leftrightarrow -\alpha\boldsymbol{A}^*\boldsymbol{u}-\alpha\boldsymbol{D}^*\boldsymbol{v}\in\alpha\partial \boldsymbol{I}_C\left(\boldsymbol{x}\right)\Leftrightarrow$$

$$\boldsymbol{x}-\alpha\boldsymbol{A}^*\boldsymbol{u}-\alpha\boldsymbol{D}^*\boldsymbol{v}\in \boldsymbol{x}+\alpha\partial \boldsymbol{I}_C\left(\boldsymbol{x}\right)\Leftrightarrow \boldsymbol{x}-\alpha\boldsymbol{A}^*\boldsymbol{u}-\alpha\boldsymbol{D}^*\boldsymbol{v}\in\left(\boldsymbol{I}+\alpha\partial \boldsymbol{I}_C\right)\boldsymbol{x}\Leftrightarrow$$

$$\boldsymbol{x}=\left(\boldsymbol{I}+\alpha\partial \boldsymbol{I}_C\right)^{-1}\left(\boldsymbol{x}-\alpha\boldsymbol{A}^*\boldsymbol{u}-\alpha\boldsymbol{D}^*\boldsymbol{v}\right)=\mathbf{prox}_{\partial \boldsymbol{I}_C}^{\alpha}\left(\boldsymbol{x}-\alpha\boldsymbol{A}^*\boldsymbol{u}-\alpha\boldsymbol{D}^*\boldsymbol{v}\right) \tag{6-32}$$

对于式（6-30），同理则有表达式

$$\boldsymbol{Ax}\in\partial \boldsymbol{E}^*\left(\boldsymbol{u}\right)\Leftrightarrow \beta\boldsymbol{Ax}\in\beta\partial \boldsymbol{E}^*\left(\boldsymbol{u}\right)\Leftrightarrow \boldsymbol{u}+\beta\boldsymbol{Ax}\in \boldsymbol{u}+\beta\partial \boldsymbol{E}^*\left(\boldsymbol{u}\right)\Leftrightarrow$$

$$\boldsymbol{u}+\beta\boldsymbol{Ax}\in\left(\boldsymbol{I}+\beta\partial \boldsymbol{E}^*\right)\boldsymbol{u}\Leftrightarrow \boldsymbol{u}=\left(\boldsymbol{I}+\beta\partial \boldsymbol{E}^*\right)^{-1}\left(\boldsymbol{u}+\beta\boldsymbol{Ax}\right)\Leftrightarrow \boldsymbol{u}=\mathbf{prox}_{\partial \boldsymbol{E}^*}^{\beta}\left(\boldsymbol{u}+\beta\boldsymbol{Ax}\right) \tag{6-33}$$

$$\boldsymbol{Dx}\in\partial \boldsymbol{R}^*\left(\boldsymbol{v}\right)\Leftrightarrow \boldsymbol{v}=\mathbf{prox}_{\partial \boldsymbol{R}^*}^{\sigma}\left(\boldsymbol{v}+\sigma\boldsymbol{Dx}\right) \tag{6-34}$$

将式（6-32）~式（6-34）表示成迭代算法的形式，表达式分别为

$$\boldsymbol{x}_{k+1}=\left(\boldsymbol{I}+\alpha\partial \boldsymbol{I}_C\right)^{-1}\left(\boldsymbol{x}_k-\alpha\boldsymbol{A}^*\boldsymbol{u}_{k+1}-\alpha\boldsymbol{D}^*\boldsymbol{v}_{k+1}\right)=\mathbf{prox}_{\partial \boldsymbol{I}_C}^{\alpha}\left(\boldsymbol{x}_k-\alpha\boldsymbol{A}^*\boldsymbol{u}_{k+1}-\alpha\boldsymbol{D}^*\boldsymbol{v}_{k+1}\right) \tag{6-35}$$

$$\boldsymbol{u}_{k+1}=\left(\boldsymbol{I}+\beta\partial \boldsymbol{E}^*\right)^{-1}\left(\boldsymbol{u}_k+\beta\boldsymbol{A}\overline{\boldsymbol{x}}_k\right)\Leftrightarrow \boldsymbol{u}_{k+1}=\mathbf{prox}_{\partial \boldsymbol{E}^*}^{\beta}\left(\boldsymbol{u}_k+\beta\boldsymbol{A}\overline{\boldsymbol{x}}_k\right) \tag{6-36}$$

$$\boldsymbol{Dx}\in\partial \boldsymbol{R}^*\left(\boldsymbol{v}\right)\Leftrightarrow \boldsymbol{v}_{k+1}=\mathbf{prox}_{\partial \boldsymbol{R}^*}^{\sigma}\left(\boldsymbol{v}_k+\sigma\boldsymbol{D}\overline{\boldsymbol{x}}_k\right) \tag{6-37}$$

式中，

$$\overline{\boldsymbol{x}}_{k+1}=\boldsymbol{x}_{k+1}+\rho\left(\boldsymbol{x}_{k+1}-\boldsymbol{x}_k\right) \tag{6-38}$$

式（6-27）可以看成由一项拟合项、一项正则项和一项约束项组成的能量泛函正则化模型，利用一阶 KKT 条件，借助次微分、迫近算子，构成类 CP 迭代算法，

对于由多项函数组成的能量泛函正则化模型，可以用类似的方法进行推导。

6.2.2　基于增广拉格朗日模型的交替方向乘子迭代算法

CP 迭代算法几乎不需要引入辅助变量，只需利用 Fenchel 变换，将原始问题转化为鞍点问题，利用关于原始变量和对偶变量的最优条件，形成原始变量下降步和对偶变量上升步，若式（6-23）、式（6-24）的追近算子容易计算，则 CP 算法操作简单，容易实现。与 CP 迭代算法不同，近年来发展起来一种交替方向乘子算法（Alternating Direction Method of Multipliers，ADMM），该算法通过引入辅助变量，将原始能量泛函正则化模型由一元函数转化为多元函数，多元函数中的变量相互制约，构成多元能量泛函优化模型的约束条件，即将正则化模型转化为有约束条件的最优化问题。利用增广拉格朗日乘子原理，将辅助变量集成于原始能量泛函正则化模型中，根据最优解满足的一阶 KKT 条件，计算关于原始变量和辅助变量的次微分，通过表达式的转化，若转化模型分裂出的“拟合项”和“正则项”各自构成的追近算子容易计算，那么可以获得快速 ADMM 算法。目前，ADMM 算法已在最优控制、人工智能、大数据处理、图像重构和信息反演等领域得到广泛应用。为了阐述该算法的具体形成过程，下面以图像重构中的 L_1+TV 模型为例，给出 ADMM 算法的推导过程。

由式（6-14）可知，若正则化模型由两项组成，拟合项用 L_1 范数来描述，正则项用有界变差函数来描述，则能量泛函正则化模型表达式为

$$\inf_{\boldsymbol{x}}\left\{\boldsymbol{E}\left(\boldsymbol{A}\boldsymbol{x}\right)+\boldsymbol{R}\left(\boldsymbol{D}\boldsymbol{x}\right)\right\} \tag{6-39}$$

式中，$\boldsymbol{E}\left(\boldsymbol{A}\boldsymbol{x}\right)=\left\|\boldsymbol{A}\boldsymbol{x}-\boldsymbol{b}\right\|_{\mathrm{L}_1}$，$\boldsymbol{R}\left(\boldsymbol{D}\boldsymbol{x}\right)=\left\|\boldsymbol{D}\boldsymbol{x}\right\|_{\mathrm{L}_1}$。引入辅助变量 $\boldsymbol{u}=\boldsymbol{A}\boldsymbol{x}$，$\boldsymbol{v}=\boldsymbol{D}\boldsymbol{x}$，$\boldsymbol{y}=\boldsymbol{x}$，从而将式（6-39）转化为

$$\inf\left\{\boldsymbol{E}\left(\boldsymbol{u}\right)+\boldsymbol{R}\left(\boldsymbol{v}\right)\right\} \tag{6-40}$$

式中，$\boldsymbol{E}\left(\boldsymbol{u}\right)=\left\|\boldsymbol{u}-\boldsymbol{b}\right\|_{\mathrm{L}_1}$，$\boldsymbol{R}\left(\boldsymbol{v}\right)=\left\|\boldsymbol{v}\right\|_{\mathrm{L}_1}$。由于引入辅助变量，式（6-40）转化为有约束条件的最优化问题，将约束条件转化为紧缩矩阵，表达式为

$$\begin{bmatrix}\boldsymbol{I}\\ \boldsymbol{A}\\ \boldsymbol{D}\end{bmatrix}\boldsymbol{x}-\begin{bmatrix}1&0&0\\0&1&0\\0&0&1\end{bmatrix}\begin{bmatrix}\boldsymbol{y}\\ \boldsymbol{u}\\ \boldsymbol{v}\end{bmatrix}=0 \tag{6-41}$$

对有约束条件的最优化模型式（6-40）应用拉格朗日乘子原理，将式（6-40）转

化为无约束条件的增广拉格朗日模型，表达式为

$$\begin{aligned}(\boldsymbol{x},\boldsymbol{u},\boldsymbol{v},\boldsymbol{y},\alpha,\beta,\gamma)=\underset{\boldsymbol{x},\boldsymbol{u},\boldsymbol{v},\boldsymbol{y},\alpha,\beta,\gamma}{\arg\min}\Big\{&\boldsymbol{E}(\boldsymbol{u})+\boldsymbol{R}(\boldsymbol{v})+\alpha(\boldsymbol{x}-\boldsymbol{y})+\beta(\boldsymbol{A}\boldsymbol{x}-\boldsymbol{u})+\gamma(\boldsymbol{D}\boldsymbol{x}-\boldsymbol{v})\\&+\frac{\tau}{2}\left(\|\boldsymbol{x}-\boldsymbol{y}\|_2^2+\|\boldsymbol{A}\boldsymbol{x}-\boldsymbol{u}\|_2^2+\|\boldsymbol{D}\boldsymbol{x}-\boldsymbol{v}\|_2^2\right)\end{aligned} \quad (6\text{-}42)$$

由一阶 KKT 条件，计算式（6-42）关于 $\boldsymbol{x}$ 的次微分，则有

$$\boldsymbol{x}=\left(\boldsymbol{I}+\boldsymbol{A}^{\mathrm{T}}\boldsymbol{A}+\boldsymbol{D}^{\mathrm{T}}\boldsymbol{D}\right)^{-1}\left(\boldsymbol{y}+\boldsymbol{A}^{\mathrm{T}}\boldsymbol{u}+\boldsymbol{D}^{\mathrm{T}}\boldsymbol{v}-\frac{1}{\tau}\left(\alpha+\boldsymbol{A}^{\mathrm{T}}\beta+\boldsymbol{D}^{\mathrm{T}}\gamma\right)\right) \quad (6\text{-}43)$$

通过对图像施加周期边界条件，设置 $\boldsymbol{D}$ 为一阶差分算子，则可以通过快速傅里叶变换，对矩阵 $\boldsymbol{I}+\boldsymbol{A}^{\mathrm{T}}\boldsymbol{A}+\boldsymbol{D}^{\mathrm{T}}\boldsymbol{D}$ 进行对角化，从而快速获得矩阵 $\boldsymbol{I}+\boldsymbol{A}^{\mathrm{T}}\boldsymbol{A}+\boldsymbol{D}^{\mathrm{T}}\boldsymbol{D}$ 的逆矩阵，使得算法具有较快的收敛速度。

由一阶 KKT 条件，计算式（6-42）关于 $\boldsymbol{u}$ 的次微分，则有

$$\boldsymbol{u}=\mathbf{prox}_{\boldsymbol{E}}^{\tau}(\beta+\tau\boldsymbol{A}\boldsymbol{x})=(\tau+\partial\boldsymbol{E})^{-1}(\beta+\tau\boldsymbol{A}\boldsymbol{x}) \quad (6\text{-}44)$$

由一阶 KKT 条件，计算式（6-42）关于 $\boldsymbol{v}$ 的次微分，则有

$$\boldsymbol{v}=\mathbf{prox}_{\boldsymbol{R}}^{\tau}(\gamma+\tau\boldsymbol{D}\boldsymbol{x})=(\tau+\partial\boldsymbol{R})^{-1}(\gamma+\tau\boldsymbol{D}\boldsymbol{x}) \quad (6\text{-}45)$$

由一阶 KKT 条件，计算式（6-42）关于 $\boldsymbol{y}$ 的次微分，则有

$$\boldsymbol{y}=\frac{1}{\tau}\alpha+\boldsymbol{x} \quad (6\text{-}46)$$

将式（6-43）、式（6-44）、式（6-45）、式（6-46）改写为迭代算法常用的形式，表达式为

$$\boldsymbol{x}^k=\left(\boldsymbol{I}+\boldsymbol{A}^{\mathrm{T}}\boldsymbol{A}+\boldsymbol{D}^{\mathrm{T}}\boldsymbol{D}\right)^{-1}\left(\boldsymbol{y}^{k-1}+\boldsymbol{A}^{\mathrm{T}}\boldsymbol{u}^{k-1}+\boldsymbol{D}^{\mathrm{T}}\boldsymbol{v}^{k-1}-\frac{1}{\tau}\left(\boldsymbol{\alpha}^{k-1}+\boldsymbol{A}^{\mathrm{T}}\boldsymbol{\beta}^{k-1}+\boldsymbol{D}^{\mathrm{T}}\boldsymbol{\gamma}^{k-1}\right)\right) \quad (6\text{-}47)$$

$$\boldsymbol{u}^k=\mathbf{prox}_{\boldsymbol{E}}^{\tau}\left(\boldsymbol{\beta}^{k-1}+\tau\boldsymbol{A}\boldsymbol{x}^k\right)=(\tau+\partial\boldsymbol{E})^{-1}\left(\boldsymbol{\beta}^{k-1}+\tau\boldsymbol{A}\boldsymbol{x}^k\right) \quad (6\text{-}48)$$

$$\boldsymbol{v}^k=\mathbf{prox}_{\boldsymbol{R}}^{\tau}\left(\gamma^{k-1}+\tau\boldsymbol{D}\boldsymbol{x}^k\right)=(\tau+\partial\boldsymbol{R})^{-1}\left(\gamma^{k-1}+\tau\boldsymbol{D}\boldsymbol{x}^k\right) \quad (6\text{-}49)$$

$$\boldsymbol{y}^k=\frac{1}{\tau}\boldsymbol{\alpha}^{k-1}+\boldsymbol{x}^k \quad (6\text{-}50)$$

$$\boldsymbol{\alpha}^k=\boldsymbol{\alpha}^{k-1}+\tau\left(\boldsymbol{x}^k-\boldsymbol{y}^k\right) \quad (6\text{-}51)$$

$$\boldsymbol{\beta}^k=\boldsymbol{\beta}^{k-1}+\tau\left(\boldsymbol{A}\boldsymbol{x}^k-\boldsymbol{u}^k\right) \quad (6\text{-}52)$$

$$\gamma^k=\gamma^{k-1}+\tau\left(\boldsymbol{D}\boldsymbol{x}^k-\boldsymbol{v}^k\right) \quad (6\text{-}53)$$

式中，k 为迭代次数，$\boldsymbol{\alpha}$、$\boldsymbol{\beta}$、$\boldsymbol{\gamma}$ 为拉格朗日乘子，迭代式（6-47）~式（6-53），

形成交替方向乘子迭代算法。

利用 Barbara 图像［见图 6-3（a）］、Woman 图像［见图 6-4（a）］进行试验，采用 CP 迭代算法、ADMM 算法重构图像，重构结果如图 6-3（b）、6-3（c）和图 6-4（b）、6-4（c）所示，同时给出目标函数中的能量随迭代次数的变化趋势曲线，如图 6-3（d）和图 6-4（d）所示，图中的实线为 CP 迭代算法，虚线为 ADMM 算法。

（a）采集 Barbara 图像

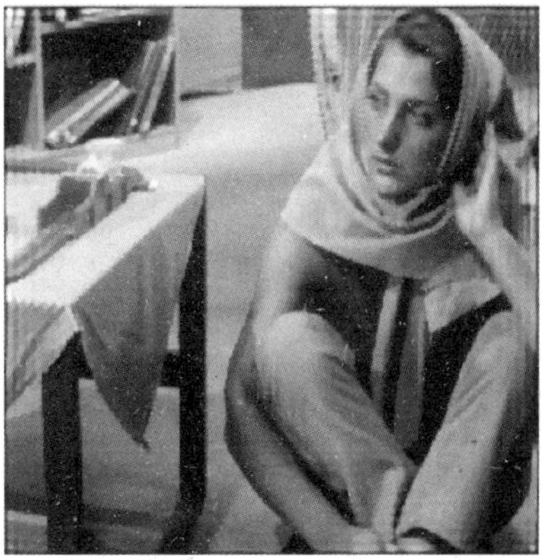

（b）CP 迭代算法重构图像

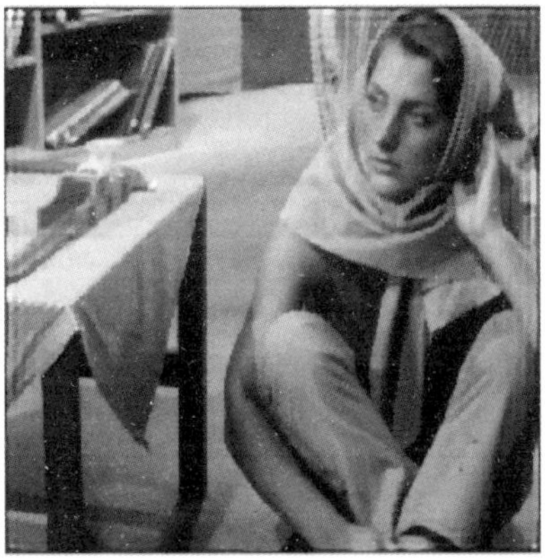

（c）ADMM 迭代算法重构图像

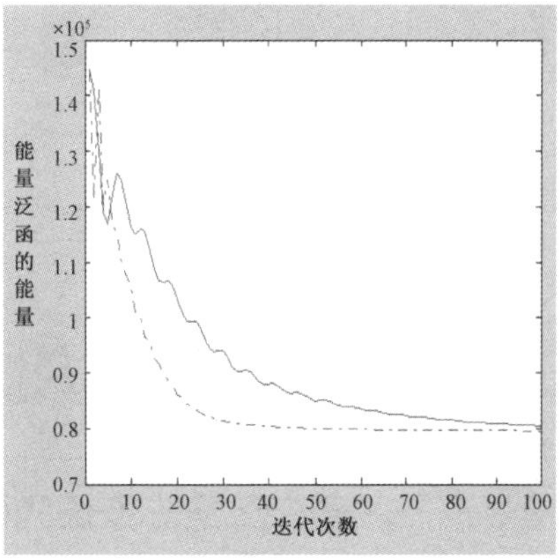

（d）能量泛函的能量随迭代次数的变化

图 6-3　不同迭代算法重构 Barbara 图像

（a）采集 Woman 图像

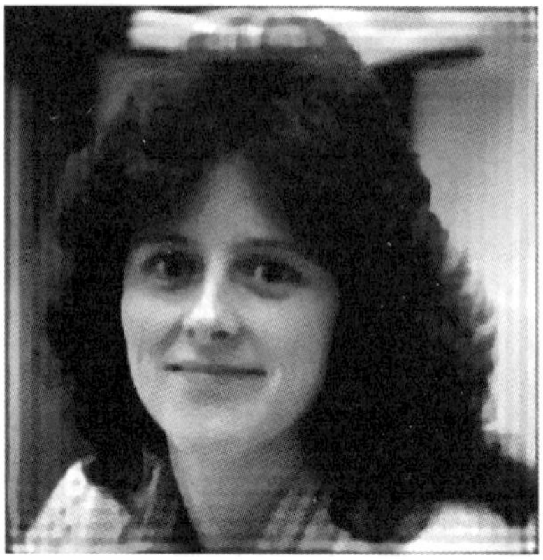

（b）CP 迭代算法重构图像

（c）ADMM 迭代算法重构图像

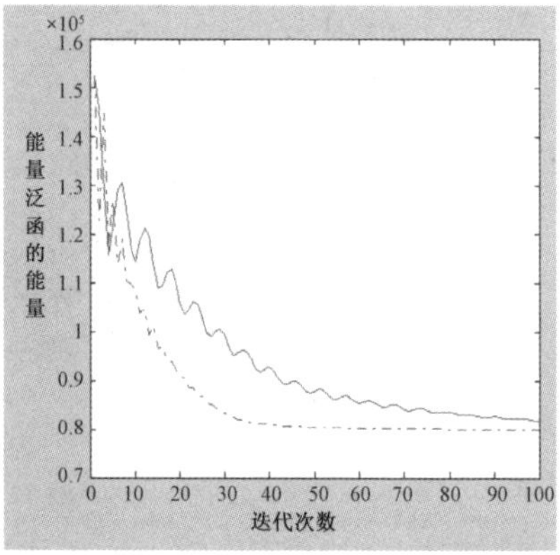

（d）能量泛函的能量随迭代次数的变化

图 6-4　不同迭代算法重构 Woman 图像

6.3　交替迭代算法步长及迫近算子的计算

6.3.1　交替迭代算法步长的确定

在式（6-23）和式（6-24）的迭代过程中，需要确定迭代步长，而步长的确定对算法是否收敛及收敛速度会产生十分重要的影响，在 Chambolle Pock 迭代算法中，当步长满足条件 $\tau\sigma\|\boldsymbol{D}\|^2\leqslant 1$ 时，迭代算法收敛。基于原始-对偶模型设计的交替迭代算法，步长 σ 和 τ 之间是相互制约的，当原始步长较大时，原始迭代残差下降较快，但对偶迭代残差下降较慢，或者对偶迭代残差下降较快，原

始迭代残差下降较慢，造成获得的逼近解不太理想。步长的确定方法有精确线搜索方法和非精确线搜索方法，精确线搜索方法的计算量较大，一般采用非线性搜索方法。非线性搜索方法主要有 Armijo 准则、Armijo-Goldstein 准则、Armijo-Wolfe 准则、Barzilai-Borwein（BB）准则及循环 BB 准则等。下面以原始-对偶模型式（6-15）为例，推导出自适应原始-对偶步长选择准则。由最优条件式（6-16）和式（6-16），原始变量迭代残差和对偶变量迭代残差表达式分别为

$$\boldsymbol{p}^k = \frac{\boldsymbol{x}^{k-1} - \boldsymbol{x}^k}{\sigma_{k-1}} - \boldsymbol{D}^*\left(\boldsymbol{y}^{k-1} - \boldsymbol{y}^k\right) \in \partial \boldsymbol{E}(\boldsymbol{x}) + \boldsymbol{D}^* \boldsymbol{y}^k \tag{6-54}$$

$$\boldsymbol{d}^k = \frac{\boldsymbol{y}^{k-1} - \boldsymbol{y}^k}{\tau_{k-1}} - \boldsymbol{D}\left(\boldsymbol{x}^{k-1} - \boldsymbol{x}^k\right) \in \partial \boldsymbol{R}^*\left(\boldsymbol{y}^k\right) - \boldsymbol{D}\boldsymbol{x}^k \tag{6-55}$$

由一阶 KKT 条件可知，若交替迭代算法式（6-23）和式（6-24）收敛，则迭代残差式（6-54）、式（6-55）的迭代残差之和趋于零，表达式为

$$\lim_{k\to\infty}\left(\left\|\boldsymbol{p}^k\right\|_1 + \left\|\boldsymbol{d}^k\right\|_1\right) = 0 \tag{6-56}$$

由于原始变量和对偶变量同时交替迭代，为防止原始变量残差下降过快或过慢，对逼近解造成不利影响，必须采用一种机制来平衡原始变量迭代更新步长和对偶变量迭代更新步长，表达式为

$$t^k = \frac{2\sigma_{k-1}\tau_{k-1}\left\langle \boldsymbol{D}\left(\boldsymbol{x}^{k-1} - \boldsymbol{x}^k\right), \boldsymbol{y}^{k-1} - \boldsymbol{y}^k\right\rangle}{\omega\sigma_{k-1}\left\|\boldsymbol{x}^{k-1} - \boldsymbol{x}^k\right\|_2^2 + \omega\tau_{k-1}\left\|\boldsymbol{y}^{k-1} - \boldsymbol{y}^k\right\|_2^2} \tag{6-57}$$

式中，$\omega \in (0,1)$。如果 $t^k > 1$，则应减小步长，满足平衡条件，表达式为

$$\tau_{k+1} = \rho\tau_k t^k, \sigma_{k+1} = \frac{\rho\sigma_k}{t^k}, \theta^{k+1} = \theta^0 \tag{6-58}$$

式中，$\rho \in (0,1)$。如果 $\left\|\boldsymbol{p}^k\right\|_1 > \eta\left\|\boldsymbol{d}^k\right\|_1$，$\eta > 1$，则应增加原始变量迭代步长，减小对偶变量迭代步长，表达式为

$$\tau_{k+1} = \frac{\tau_k}{1-\theta^k}, \sigma_{k+1} = \sigma_k\left(1-\theta^k\right), \theta^{k+1} = \mu\theta^k \tag{6-59}$$

式中，$\mu \in (0,1)$。如果 $\left\|\boldsymbol{p}^k\right\|_1 < \eta^{-1}\left\|\boldsymbol{d}^k\right\|_1$，则应减小原始变量迭代步长，增加对偶变量迭代步长，表达式为

$$\tau_{k+1} = \tau_k\left(1-\theta^k\right), \sigma_{k+1} = \frac{\sigma_k}{1-\theta^k}, \theta^{k+1} = \mu\theta^k \tag{6-60}$$

否则，原始变量迭代步长、对偶变量迭代步长保持不变。

6.3.2 迫近算子的计算

6.3.2.1 Moreau 分解原理

在利用能量泛函正则化模型进行图像重构时，往往需要对模型进行转化，如将目标函数转化为对偶模型、原始-对偶模型、增广拉格朗日模型等，利用算子分裂原理，将转化模型分裂为一系列子问题。在进行算法设计时，需要利用子问题设计快速迭代算法，而分裂后的子问题一般是非光滑的，无法利用经典导数对子问题进行处理，从而限制最速下降迭代算法、牛顿迭代算法和基于一阶、二阶导数迭代算法的应用。随着非线性优化理论的发展和研究的深入，利用集值理论定义非光滑函数的次微分，将非光滑项加上二次强迫项，用二次函数逼近非光滑函数，构成迫近算子，借助次微分，由一阶 KKT 条件，获得迫近函数的最优解。在非光滑优化理论中，迫近算子的地位如同光滑优化理论中的牛顿迭代算法，迫近算子是解决非光滑目标优化问题的强有力工具。从前面的 CP 迭代算法、ADMM 算法可知，迭代算法需要计算原函数或对偶函数的迫近算子，若迫近算子容易计算，则容易形成快速交替迭代算法。然而，有时原始目标函数的迫近算子不容易计算，而其对偶函数的迫近算子容易计算，或者原始函数的迫近算子容易计算，而其对偶函数的迫近算子不容易计算，那么该如何利用原始函数和对偶函数之间的对偶关系，将不容易计算的迫近算子转化为容易计算的迫近算子。1965 年，Moreau 利用类似正交分解原理，建立了 Moreau 分解等式，该等式将原始函数的迫近算子和其对偶函数的迫近算子有机地组合在一起，为原函数或其对偶函数迫近算子的计算开辟了一条新的途径，推动了基于迫近算子的迭代算法的广泛应用。

定理 6.2 Moreau 分解等式 由 2.4 节可知，迫近算子有两种形式，即非参数化迫近算子和参数化迫近算子，与其相对应，Moreau 分解表达式也有两种形式，分别为非参数化 Moreau 分解等式和参数化 Moreau 分解等式，二者统称为 Moreau 分解。

根据非参数化迫近算子的定义式（2-55），则非参数化 Moreau 分解表达式为

$$\mathbf{prox}_f(\boldsymbol{x})+\mathbf{prox}_{f^*}(\boldsymbol{x})=\boldsymbol{x} \tag{6-61}$$

根据参数化迫近算子的定义式（2-105），则参数化 Moreau 分解表达式为

$$\mathbf{prox}_f^{\lambda}(\boldsymbol{x})+\lambda\mathbf{prox}_{f^*}^{1/\lambda}\left(\frac{\boldsymbol{x}}{\lambda}\right)=\boldsymbol{x} \tag{6-62}$$

当 $\lambda=1$ 时，参数化 Moreau 分解表达式（6-62）转化为非参数化 Moreau 分解表达式（6-61），即非参数化 Moreau 分解是参数化 Moreau 分解的特殊情况。下面对式（6-62）进行简要解释。

令 $\boldsymbol{u}=\mathbf{prox}_f^{\lambda}(\boldsymbol{x})$，根据迫近算子的定义，则有

$$\mathbf{prox}_f^{\lambda}(\boldsymbol{x})=\arg\min_{\boldsymbol{u}}\left\{\boldsymbol{f}(\boldsymbol{u})+\frac{1}{2\lambda}\|\boldsymbol{u}-\boldsymbol{x}\|_2^2\right\} \tag{6-63}$$

令 $\boldsymbol{v}=\mathbf{prox}_{f^*}^{1/\lambda}\left(\frac{\boldsymbol{x}}{\lambda}\right)$，根据迫近算子的定义，则有

$$\mathbf{prox}_{f^*}^{1/\lambda}\left(\frac{\boldsymbol{x}}{\lambda}\right)=\arg\min_{\boldsymbol{v}}\left\{\boldsymbol{f}^*(\boldsymbol{v})+\frac{\lambda}{2}\left\|\boldsymbol{v}-\frac{\boldsymbol{x}}{\lambda}\right\|_2^2\right\} \tag{6-64}$$

由式（6-63），则有表达式

$$0\in\partial\boldsymbol{f}(\boldsymbol{u})+\frac{\boldsymbol{u}-\boldsymbol{x}}{\lambda}\Leftrightarrow\frac{\boldsymbol{x}-\boldsymbol{u}}{\lambda}\in\partial\boldsymbol{f}(\boldsymbol{u}) \tag{6-65}$$

由于函数 $\boldsymbol{f}(\cdot)$ 和其共轭函数 $\boldsymbol{f}^*(\cdot)$ 都是凸函数，而凸函数次微分的逆为其共轭函数的次微分，从而式（6-65）的转化表达式为

$$0\in\partial\boldsymbol{f}(\boldsymbol{u})+\frac{\boldsymbol{u}-\boldsymbol{x}}{\lambda}\Leftrightarrow\boldsymbol{u}\in\partial\boldsymbol{f}^*\left(\frac{\boldsymbol{x}-\boldsymbol{u}}{\lambda}\right) \tag{6-66}$$

由式（6-63），则有

$$0\in\partial\boldsymbol{f}^*(\boldsymbol{v})+\left(\boldsymbol{v}-\frac{\boldsymbol{x}}{\lambda}\right)/\lambda\Leftrightarrow\left(\frac{\boldsymbol{x}}{\lambda}-\boldsymbol{v}\right)/\lambda\in\partial\boldsymbol{f}^*(\boldsymbol{v}) \tag{6-67}$$

由于函数 $\boldsymbol{f}(\cdot)$ 和其共轭函数 $\boldsymbol{f}^*(\cdot)$ 都是凸函数，而凸函数次微分的逆为其共轭函数的次微分，从而式（6-67）的转化表达式为

$$0\in\partial\boldsymbol{f}^*(\boldsymbol{v})+\left(\boldsymbol{v}-\frac{\boldsymbol{x}}{\lambda}\right)/\lambda\Leftrightarrow\boldsymbol{v}\in\partial\boldsymbol{f}\left(\left(\frac{\boldsymbol{x}}{\lambda}-\boldsymbol{v}\right)/\lambda\right) \tag{6-68}$$

由式（6-65）和式（6-67），则有

$$\boldsymbol{f}\left(\left(\frac{\boldsymbol{x}}{\lambda}-\boldsymbol{v}\right)/\lambda\right)\geqslant\boldsymbol{f}(\boldsymbol{u})+\left(\left(\frac{\boldsymbol{x}}{\lambda}-\boldsymbol{v}\right)/\lambda-\boldsymbol{u}\right)^{\mathrm{T}}\partial\boldsymbol{f}(\boldsymbol{u})=\boldsymbol{f}(\boldsymbol{u})+\left(\left(\frac{\boldsymbol{x}}{\lambda}-\boldsymbol{v}\right)/\lambda-\boldsymbol{u}\right)^{\mathrm{T}}\frac{\boldsymbol{x}-\boldsymbol{u}}{\lambda} \tag{6-69}$$

$$f^*\left(\frac{\boldsymbol{x}-\boldsymbol{u}}{\lambda}\right) \geqslant f^*(\boldsymbol{v})+\left(\frac{\boldsymbol{x}-\boldsymbol{u}}{\lambda}-\boldsymbol{v}\right)^{\mathrm{T}} \partial f^*(\boldsymbol{v})=f^*(\boldsymbol{v})+\left(\frac{\boldsymbol{x}-\boldsymbol{u}}{\lambda}-\boldsymbol{v}\right)^{\mathrm{T}}\left(\frac{\boldsymbol{x}}{\lambda}-\boldsymbol{v}\right) / \lambda \tag{6-70}$$

由式（6-66）和式（6-68），则有

$$f^*(\boldsymbol{v}) \geqslant f^*\left(\frac{\boldsymbol{x}-\boldsymbol{u}}{\lambda}\right)+\left(\boldsymbol{v}-\frac{\boldsymbol{x}-\boldsymbol{u}}{\lambda}\right)^{\mathrm{T}} \partial f^*\left(\frac{\boldsymbol{x}-\boldsymbol{u}}{\lambda}\right)=f^*\left(\frac{\boldsymbol{x}-\boldsymbol{u}}{\lambda}\right)+\left(\boldsymbol{v}-\frac{\boldsymbol{x}-\boldsymbol{u}}{\lambda}\right)^{\mathrm{T}} \boldsymbol{u} \tag{6-71}$$

$$f(\boldsymbol{u}) \geqslant f\left(\left(\frac{\boldsymbol{x}}{\lambda}-\boldsymbol{v}\right) / \lambda\right)+\left(\boldsymbol{u}-\left(\frac{\boldsymbol{x}}{\lambda}-\boldsymbol{v}\right) / \lambda\right)^{\mathrm{T}} \partial f\left(\left(\frac{\boldsymbol{x}}{\lambda}-\boldsymbol{v}\right) / \lambda\right)$$

$$f(\boldsymbol{u}) \geqslant f\left(\left(\frac{\boldsymbol{x}}{\lambda}-\boldsymbol{v}\right) / \lambda\right)+\left(\boldsymbol{u}-\left(\frac{\boldsymbol{x}}{\lambda}-\boldsymbol{v}\right) / \lambda\right)^{\mathrm{T}} \boldsymbol{v} \tag{6-72}$$

将式（6-69）~式（6-72）相加，整理，则有

$$\|\boldsymbol{x}-\boldsymbol{u}-\lambda \boldsymbol{v}\| \leqslant 0 \tag{6-73}$$

而范数$\|\cdot\| \geqslant 0$，从而有 $\boldsymbol{x}=\boldsymbol{u}+\lambda \boldsymbol{v}$。

6.3.2.2 Moreau 分解等式的应用

在图像重构能量泛函正则化模型中，利用算子分裂原理，将模型分裂为“拟合项”子问题和“正则项”子问题，然后采用合理的数学工具，对两个子问题进行处理，一般情况下，子问题之间进行耦合，形成交替迭代算法。但在子问题的处理过程中，由于原始能量泛函正则化模型是非光滑的，分裂后的子问题仍然具有非光滑函数的特性。在优化领域，对于光滑函数的处理，常计算目标函数的一阶、二阶导数，形成基于梯度的一阶迭代算法及基于海森矩阵的二阶牛顿迭代算法；对于非光滑函数来说，追近算子是解决非光滑优化问题的有效工具，其理论位置如同处理光滑函数中的一阶、二阶导数的地位。而能量泛函正则化模型分裂后获得的“拟合项”子问题和“正则项”子问题一般都是非光滑的，为形成有效的交替迭代算法，需要计算“拟合项”子问题的追近算子和“正则项”子问题的追近算子。在算法形成的过程中，有时需要计算“拟合项”子问题和“正则项”子问题对应的对偶函数的追近算子，然而有时原始函数或对偶函数形成的追近算子不容易计算，但其对偶函数或原始函数形成的追近算子容易计算，由 Moreau 分解可知，原始函数的追近算子和其对偶函数的追近算子具有定量的

等式关系，利用 Moreau 分解等式，可以将复杂函数迫近算子转化为容易计算的迫近算子，该等式为复杂函数迫近算子的计算提供了一条崭新的途径，拓宽了迫近算子在非光滑优化理论中的应用。

例 6.1　在医学领域，为了对人体的代谢和病理改变进行定量分析，确保临床诊断的有效性，常采用正电子发射断层成像（Positron Emission Tomograph，PET）技术获取采集样本，由于成像过程受泊松噪声的影响，为重构理想的图像，用 Kullback-Leibler 距离描述能量泛函正则化模型中的拟合项，即 $\boldsymbol{f}(\boldsymbol{x})=\|\boldsymbol{x}-\boldsymbol{b}\ln\boldsymbol{x}\|_1$，由第 2 章例 2.11 可知，其对应的参数化迫近算子表达式为

$$\mathbf{prox}_{f}^{\lambda}(\boldsymbol{u})=\begin{cases}\dfrac{\boldsymbol{u}-\lambda+\sqrt{(\boldsymbol{u}-\lambda)^2+4\lambda\boldsymbol{b}}}{2} & \boldsymbol{b}>0\\ \max(\boldsymbol{u}-\lambda,0) & \boldsymbol{b}=0\end{cases} \tag{6-74}$$

利用 Moreau 分解原理，计算函数 $\boldsymbol{f}(\boldsymbol{x})$ 对偶函数的迫近算子。

解： 由于原函数和对偶函数是相对的，若将 $f^*(\cdot)$ 看作原函数，那么 $f(\cdot)$ 就是原函数的对偶函数，根据式（6-62），则有

$$\mathbf{prox}_{f^*}^{\lambda}(\boldsymbol{x})=\boldsymbol{x}-\lambda\mathbf{prox}_{f}^{1/\lambda}\left(\frac{\boldsymbol{x}}{\lambda}\right) \tag{6-75}$$

当 $\boldsymbol{b}>0$ 时，根据参数化迫近算子的定义，式（6-75）的转化表达式为

$$\begin{aligned}\mathbf{prox}_{f^*}^{\lambda}(\boldsymbol{x})&=\boldsymbol{x}-\lambda\operatorname*{argmin}_{\boldsymbol{u}}\left\{\boldsymbol{f}(\boldsymbol{u})+\frac{\lambda}{2}\left\|\boldsymbol{u}-\frac{\boldsymbol{x}}{\lambda}\right\|^2\right\}\\&=\boldsymbol{x}-\lambda\operatorname*{argmin}_{\boldsymbol{u}}\left\{\|\boldsymbol{u}-\boldsymbol{b}\ln\boldsymbol{u}\|_1+\frac{\lambda}{2}\left\|\boldsymbol{u}-\frac{\boldsymbol{x}}{\lambda}\right\|^2\right\}\end{aligned} \tag{6-76}$$

由于 PET 技术是电子计数的过程，获得的是离散函数，则式（6-76）的离散表达式为

$$\begin{aligned}\mathbf{prox}_{f^*}^{\lambda}(\boldsymbol{x})&=\boldsymbol{x}-\lambda\operatorname*{argmin}_{u_i}\left\{\sum_{i=1}^{n}\left[u_i-b_i\ln u_i+\frac{\lambda}{2}\left(u_i^2-\frac{2u_ix_i}{\lambda}+\frac{x_i^2}{\lambda^2}\right)\right]\right\}\\&=\boldsymbol{x}-\lambda\operatorname*{argmin}_{u_i}\left\{\sum_{i=1}^{n}\left[u_i-b_i\ln u_i+\frac{\lambda}{2}\left(u_i^2-\frac{2u_ix_i}{\lambda}+\frac{x_i^2}{\lambda^2}\right)\right]\right\}\\&=\boldsymbol{x}-\lambda\operatorname*{argmin}_{u_i}\left\{\sum_{i=1}^{n}\left(u_i-b_i\ln u_i+\frac{\lambda u_i^2}{2}-u_ix_i\right)\right\}\end{aligned} \tag{6-77}$$

而上式获得最优解的条件是第二项满足一阶 KKT 条件，从而有

$$\frac{\mathrm{d}}{\mathrm{d}u_i}\left(u_i - b_i \ln u_i + \frac{\lambda u_i^2}{2} - u_i x_i\right) \Rightarrow 1 - \frac{b_i}{u_i} + \lambda u_i - x_i = 0$$

$$\Rightarrow \lambda u_i^2 + (1-x_i)u_i - b_i = 0 \Rightarrow u_i = \frac{(x_i - 1) \pm \sqrt{(1-x_i)^2 + 4\lambda b_i}}{2\lambda} \quad (6\text{-}78)$$

舍去负根，则有

$$u_i = \frac{(x_i - 1) + \sqrt{(1-x_i)^2 + 4\lambda b_i}}{2\lambda} \quad (6\text{-}79)$$

将式（6-79）代入式（6-77）中，则有

$$\mathbf{prox}_{f^*}^{\lambda}(\boldsymbol{x}) = \boldsymbol{x} - \frac{(\boldsymbol{x}-1) + \sqrt{(1-\boldsymbol{x})^2 + 4\lambda \boldsymbol{b}}}{2}$$

$$\Rightarrow \mathbf{prox}_{f^*}^{\lambda}(\boldsymbol{x}) = \frac{\boldsymbol{x} + 1 - \sqrt{(1-\boldsymbol{x})^2 + 4\lambda \boldsymbol{b}}}{2} \quad (6\text{-}80)$$

当 $\boldsymbol{b}$=0 时，由参数化迫近算子的定义，则式（6-75）的转化表达式为

$$\mathbf{prox}_{f^*}^{\lambda}(\boldsymbol{x}) = \boldsymbol{x} - \lambda \operatorname*{argmin}_{u}\left\{\boldsymbol{f}(\boldsymbol{u}) + \frac{\lambda}{2}\left\|\boldsymbol{u} - \frac{\boldsymbol{x}}{\lambda}\right\|^2\right\}$$

$$= \boldsymbol{x} - \lambda \operatorname*{argmin}_{u_i}\left\{\sum_{i=1}^{n}\left(u_i + \frac{\lambda u_i^2}{2} - u_i x_i\right)\right\} \quad (6\text{-}81)$$

而上式获得最优解的条件是第二项满足一阶 KKT 条件，从而有

$$\frac{\mathrm{d}}{\mathrm{d}u_i}\left(u_i + \frac{\lambda u_i^2}{2} - u_i x_i\right) \Rightarrow 1 + \lambda u_i - x_i = 0 \Rightarrow u_i = \frac{x_i - 1}{\lambda} \quad (6\text{-}82)$$

将式（6-82）代入式（6-80）中，根据能量泛函实际的物理意义，当 $x_i \geqslant 1$ 时，$\mathbf{prox}_{f^*}^{\lambda}(\boldsymbol{x}) = 1$；当 $x_i < 1$ 时，$\mathbf{prox}_{f^*}^{\lambda}(\boldsymbol{x}) = \boldsymbol{x}$。综上所述，则函数 $\boldsymbol{f}(\boldsymbol{x}) = \|\boldsymbol{x} - \boldsymbol{b}\ln \boldsymbol{x}\|_1$ 的迫近算子 $\mathbf{prox}_{f^*}^{\lambda}(\boldsymbol{x})$ 的表达式为

$$\mathbf{prox}_{f^*}^{\lambda}(\boldsymbol{x}) = \begin{cases} \frac{1}{2}\left(\boldsymbol{x} + 1 - \sqrt{(1-\boldsymbol{x})^2 + 4\lambda \boldsymbol{b}}\right) & \boldsymbol{b} > 0 \\ 1 & \boldsymbol{b} = 0, \boldsymbol{x} \geqslant 1 \\ \boldsymbol{x} & \boldsymbol{b} = 0, \boldsymbol{x} < 1 \end{cases} \quad (6\text{-}83)$$

6.4 图像重构中迫近算子的计算

基于原始能量泛函正则化模型进行图像重构时，为体现图像的不同特征，正则化模型往往由多项组成，每一项具有不同的特性，如光滑性和非光滑特性等。对于具有不同特性的能量泛函正则化模型，进行整体操作比较困难，而且图像数据规模较大，即使能将大规模正则化模型中的各项特性进行统一，使正则化模型整体呈现出单一特性，如利用逼近技术，将正则化模型中的非光滑项转化为光滑项，可以利用梯度最速下降迭代算法、牛顿迭代算法及其改进的迭代算法等进行求解，但整体特性统一后的正则化模型形成的矩阵规模较大，若二阶矩阵不具有特殊结构，则会造成迭代算法收敛速度较慢，无法满足工业实时重构图像的处理要求，限制正则化模型的应用。产生该问题的主要原因是试图将具有不同特性的能量泛函正则化模型进行统一，抹杀正则化模型不同部分所具有的特性。模型特性统一带来了两个方面的严重后果，一方面改变了原始正则化模型的解空间，造成改造后的正则化模型无法准确体现图像的结构特性；另一方面是将本来处理的大规模问题进一步大规模化、复杂化，从而不利于形成有效的迭代算法。针对此问题，近年来发展起来一种基于原始模型无条件约束的分裂迭代算法，即 Douglas-Rachford Splitting（DRS）分裂迭代算法，DRS 分裂迭代算法不是对模型的特性进行统一，而是对正则化模型中的不同项所具有的不同特性进行分裂处理，实行“分而治之”。对正则化模型进行分裂处理带来的好处主要有两个方面，一方面是遵从正则化模型建立时各项所描述的图像的结构特性，各项没有改变泛函所在的解空间，分裂后的子问题能准确描述图像的结构，有利于形成高精度逼近解；另一方面是将大规模无约束条件的最优化问题分裂为一系列小的最优化子问题，可以针对子问题的特点，设计快速迭代算法，同时子问题的规模较小，容易操作。基于 DRS 分裂迭代算法，将正则化模型分裂为“拟合项”和“正则项”两个大的子问题，分裂后形成大的子问题容易计算，如对于非光滑部分，可以转化为容易计算的迫近算子，两个大的子问题耦合，交替迭代，即利用“拟合项”和“正则项”各自形成的迫近算子，逼近目标函数整体构成的最大单调算子，从而将大的、不容易计算的单调算子转化为一系列小的、容易计算的单调算子。交替迭代算法中的每一个子问题，都需要计算迫近算子，如式（4-27）和式（4-28），有的子问题形成的迫近算子容易计算，但有的子问题形成的迫近算子计算比较困难，这是由正则化模型本身的特性决定的。针对此问题，2004 年，Chambolle 提出将非光滑的原始正则化模型转化为光滑的对偶正则化模型，由于对偶模型具有光滑特性，形成的迫近算子容易计算，从而拓宽了正则化模型在图像重构中的应用，发展起来许多基于对偶模型的交替迭代算法。从上面的分析可知，无论基于原始模型形成的分裂迭代算法，还是基于对偶模型形成的分裂迭代算法，都需要计算迫近算子，即基于原始正则化模型形成的交替迭代算法，需要计算由分裂原始子问题构成的迫近算子；而基于对偶正则化模型形成的交替迭代算法，需要计算由分裂的对偶子问题构成的迫近算子。有时原始子问题构成的迫近算子容易计算，而对偶子问题构成的迫近算子不容易计算，或者相反。针对迫近算子的计算问题，Moreau 利用空间正交分解原理，形成原始子空间和对偶子空间，二者构成互补空间，从而给出 Moreau 分解等式，该等式将原始函数的迫近算子和对偶函数的迫近算子耦合在一起，为迫近算子的计算开辟了一条途径。在此基础上，利用 Fenchel 对偶变换，将原始正则化模型转化为原始-对偶正则化模型，即形成鞍点问题，然后利用算子分裂原理，将原始-对偶模型分裂为原始子问题和对偶子问题，原始子问题形成基于原始函数的迫近-梯度下降步，对偶子问题形成基于对偶函数的迫近-梯度上升步，原始子问题和对偶子问题交替迭代，形成 Chambolle-Pock 交替迭代算法。

定理 6.3 若能量泛函正则化模型 $\boldsymbol{E}(\boldsymbol{x})=\sum_{i=1}^{m}E_i(x_i)$，$E_i(x_i)$是真、凸、下半连续函数，$\boldsymbol{E}(\boldsymbol{x})$的对偶函数为 $\boldsymbol{E}^*(\boldsymbol{u})=\sum_{i=1}^{m}E_i^*(u_i)$，则对偶函数的迫近算子满足的表达式为

$$\left(\boldsymbol{I}+\tau\partial\boldsymbol{E}^*\right)^{-1}(\boldsymbol{v})=\begin{bmatrix}\left(I+\tau\partial E_1^*\right)^{-1}(v_1)\\ \left(I+\tau\partial E_2^*\right)^{-1}(v_2)\\ \vdots\\ \left(I+\tau\partial E_m^*\right)^{-1}(v_m)\end{bmatrix}\tag{6-84}$$

证明：由 Fenchel 对偶变换的定义可知，$\boldsymbol{E}(\boldsymbol{x})$ 的对偶函数表达式为

$$\boldsymbol{E}^*(\boldsymbol{u})=\sup_{\boldsymbol{x}}\sum_{i=1}^{m}\left[\langle x_i,u_i\rangle-E_i(u_i)\right]=\sum_{i=1}^{m}\left\{\sup_{x_i}\left[\langle x_i,u_i\rangle-E_i(u_i)\right]\right\}=\sum_{i=1}^{m}E_i^*(u_i) \quad (6\text{-}85)$$

由追近算子的定义，则有

$$\boldsymbol{u}=\arg\min_{\boldsymbol{u}}\left\{\frac{1}{2\tau}\|\boldsymbol{u}-\boldsymbol{v}\|_2^2+\boldsymbol{E}^*(\boldsymbol{u})\right\}\Leftrightarrow\boldsymbol{u}=\left(\boldsymbol{I}+\tau\boldsymbol{E}^*\right)^{-1}(\boldsymbol{v}) \quad (6\text{-}86)$$

对于每一个分量，由追近算子的定义，则有

$$u_i=\arg\min_{u_i}\left\{\frac{1}{2\tau}\|u_i-v_i\|_2^2+E_i^*(u_i)\right\}\Leftrightarrow u_i=\left(I+\tau E_i^*\right)^{-1}(v_i) \quad (6\text{-}87)$$

6.5　本章小结

本章首先介绍变分不等式，分析变分不等式基本原理，并引出不动点迭代算法。

其次给出由两项、三项函数组成的原始正则化模型，利用 Fenchel 变换，将原始正则化模型转化为原始-对偶模型，利用算子分裂原理，将模型分裂为“原始子问题”和“对偶子问题”，子问题交替迭代形成追近-梯度交替迭代算法；通过引入辅助变量，将无约束条件的最优化模型转化为具有线性方程组约束的最优化模型，利用拉格朗日乘子原理，将最优化模型转化为增广拉格朗日模型，利用一阶 KKT 条件，原始变量和辅助变量交替迭代，形成交替方向乘子迭代算法，并以图像重构模型为例，验证追近-梯度交替迭代算法和 ADMM 算法的有效性。

最后分析交替迭代算法步长更新准则，以原始迭代步和对偶迭代步的残差之和作为约束条件，给出原始迭代步长和对偶迭代步长更新相互制约准则，使得原始迭代步长和对偶迭代步长具有自适应更新机制。由于分裂后的“原始子问题”和“对偶子问题”形成的交替迭代算法需要计算追近算子，而追近算子的计算成败关系到迭代算法的成败。本章基于非参数化追近算子和参数化追近算子，给出非参数化 Moreau 分解和参数化 Moreau 分解等式，以 Kullback-Leibler 距离描述的原始图像重构模型为例，由第 2 章给出的原始 Kullback-Leibler 距离的追近算子，利用 Moreau 分解等式，计算 Kullback-Leibler 距离的对偶函数的追近算子。

本章参考文献

[1] 李旭超. 能量泛函正则化模型理论分析及应用[M]. 北京：科学出版社，2018.

[2] JUDITSKY A, NEMIROVSKI A, TAUVEL C. Solving variational inequalities with stochastic mirror-prox algorithm[J]. Stochastic Systems, 2011, 1(1):17-58.

[3] NESTEROV Y. Dual extrapolation and its applications to solving variational inequalities and related problems[J]. Mathematical Programming, 2007, 109(2-3):319-344.

[4] NESTEROV Y，SHIKHMAN V. Quasi-monotone subgradient methods for nonsmooth convex minimization[J]. Journal of Optimization Theory and Applications, 2015, 165(3):917-940.

[5] NESTEROV Y. Primal-dual subgradient methods for convex problems [J]. Mathematical Programming, 2009, 120(1):221-259.

[6] CHEN G，TEBOULLE M. Convergence analysis of a proximal-like minimization algorithm using Bregman functions [J]. SIAM Journal on Optimization, 1993, 3(3):538-543.

[7] KIM S J, KOH K, LUSTIG M, et al. An interior-point method for large-scale L1-regularized least squares [J]. IEEE Journal on Selected Topics in Signal Processing, 2007, 1(4):606-617.

[8] RYU E K, TAYLOR A B, BERGELING C, et al. Operator splitting performance estimation: Tight contraction factors and optimal parameter selection [J]. SIAM Journal on Optimization, 2020, 30 (3): 2251-2271.

[9] BOT R I, CSETNEK E R. A forward-backward dynamical approach to the minimization of the sum of a nonsmooth convex with a smooth nonconvex function [J]. ESAIM Control Optimization and Calculus of Variations, 2018, 24(2): 463-477.

[10] WEN Z W, YIN W T, ZHANG H C, et al. On the convergence of an active set

method for L_1-minimization [J]. Optimization Methods and Software, 2012, 27(6):1127-1146.

[11] ZHANG X Q, BURGER M, OSHER S. A unified primal-dual algorithm framework based on Bregman iteration [J]. Journal of Scientific Computing, 2011, 46(1):20-46.

[12] JUDITSKY A, NEMIROVSKI A. Solving variational inequalities with monotone operators on domains given by linear minimization oracles [J]. Mathematical Programming, 2016, 156(1-2): 221-256.

[13] CHAMBOLLE A, POCK T. A first-order primal-dual algorithms for convex problem with applications to imaging[J]. Journal of Mathematical Imaging and Vision, 2011, 40 (1):120-145.

[14] COX B, JUDITSKY A, NEMIROVSKI A. Dual subgradient algorithms for large-scale nonsmooth learning problems[J]. Mathematical Programming, 2014, 148(1-2): 143-180.

[15] 李旭超. 能量泛函正则化模型在图像恢复中的应用[M]. 北京：电子工业出版社，2014.

[16] GU G Y, HE B S, YUAN X M. Customized proximal point algorithms for linearly constrained convex minimization and saddle-point problems: A unified approach[J]. Computational Optimization and Applications, 2014, 59 (1-2): 135-161.

[17] YANG J, LIU H W. A modified projected gradient method for monotone variational inequalities [J]. Journal of Optimization Theory and Applications, 2018,179(1):197-211.

[18] MALITSKY Y. Proximal extrapolated gradient methods for variational inequalities [J]. Optimization Methods and Software, 2018, 33(1):140-164.

[19] BOT R I, CSETNEK E R. An inertial forward-backward-forward primal-dual splitting algorithm for solving monotone inclusion problems [J]. Numerical Algorithms, 2016,71 (3):519-540.

[20] CRUZ J Y B, MILLAN R D. A variant of forward-backward splitting method

for the sum of two monotone operators with a new search strategy [J]. Optimization, 2015, 64(7):1471-1486.

[21] BAUSCHKE H H, COMBETTES P L. Convex Analysis and Monotone Operator Theory in Hilbert Spaces [M]. New York: Springer, 2011.

[22] ALVAREZ F, ATTOUCH H. An inertial proximal method for maximal monotone operators via discretization of a nonlinear oscillator with damping[J]. Set-Valued Analysis, 2001, 9 (1-2): 3-11.

举报电话：（010）88254396；（010）88258888

传　　真：（010）88254397

E-mail：　dbqq@phei.com.cn

通信地址：北京市万寿路 173 信箱

电子工业出版社总编办公室

邮　　编：100036